祁连山
自然保护区东大山
生物资源

李　刚/编著

科学出版社

北　京

内 容 简 介

本书主要从植物、动物和真菌三个方面介绍了东大山的生物资源，综合分析评价了东大山生物多样性，并通过大量的图片资料直观地展示东大山自然景观和部分生物资源。本书分6章介绍了东大山的基本情况、生物多样性的研究、植物、动物、真菌及生物多样性综合评价。本书附有东大山的植物、动物和真菌名录，以便为相关的科研工作提供参考。

本书可以作为高等院校、科研院所生命科学类相关专业学生参考用书，也可作为相关科研单位在东大山工作时的参考用书。

图书在版编目(CIP)数据

祁连山自然保护区东大山生物资源 / 李刚编著 . —北京：科学出版社，2017.12

ISBN 978-7-03-055935-7

Ⅰ.①祁… Ⅱ.①李… Ⅲ.①祁连山–自然保护区–生物资源–研究 Ⅳ.①Q-92

中国版本图书馆 CIP 数据核字（2017）第 312848 号

责任编辑：林　剑／责任校对：彭　涛
责任印制：张　伟／封面设计：无极书装

科 学 出 版 社 出版
北京东黄城根北街 16 号
邮政编码：100717
http://www.sciencep.com

北京建宏印刷有限公司 印刷
科学出版社发行　各地新华书店经销

*

2017 年 12 月第 一 版　开本：787×1092　1/16
2017 年 12 月第一次印刷　印张：10　插页：6
字数：226 000

定价：99.00 元
（如有印装质量问题，我社负责调换）

序

　　生物多样性是人类赖以生存和发展的基础，不仅在维持生态平衡、稳定环境方面具有关键作用，还为人类对生命世界的多方面、多层次持续利用提供了可能。近年来，物种灭绝的加剧、遗传多样性的减少和生态系统的破坏等生态问题引发了国际社会对生物多样性问题的极大关注，生物多样性调查及保护成为生态环境研究领域的重点。由于恶劣的自然气候条件，我国西北地区生物资源相对匮乏，而祁连山由于其自身特殊的地理区位和气候条件形成了多样化复合生态系统，为不同生物栖息创造了适宜的生态环境，成为西北地区重要的生物物种基因库。这些生物资源是维持该地区脆弱生态系统生物多样性的基石，对其开展详细全面的调查不仅是生物多样性保护的要求，也是保障生态可持续发展的基础。

　　东大山隶属于祁连山国家级自然保护区，作为我国西北重要的生态安全屏障，祁连山不仅保障着河西走廊的生态安全，同时在维护青藏高原生态平衡、阻止沙漠蔓延侵袭、维持河西走廊绿洲稳定等方面也发挥着十分重要的作用。近年来，祁连山的生态环保问题得到国家的高度重视，维持该区生物多样性成为生态恢复的重要内容。祁连山自然保护区东大山自然保护站李刚高级工程师在该站工作 20 多年，积累了丰富的生物资源知识。《祁连山自然保护区东大山生物资源》一书不仅对以往零星的研究资料进行了汇总，更为重要的是依据多年的工作经验对生物资源种类进行了补充，形成了较为完善的东大山生物资源目录，填补了很多空白，对了解东大山生物资源整体情况提供了宝贵的资料。

　　该书主要分为植物、动物和真菌三个部分介绍东大山生物资源，涵盖了大部分生物资源种类，内容翔实。该书通过大量的图片资料直观地展示了东大山的自然景观和部分生物资源，为该地区今后生物多样性研究提供了珍贵资料。该书结构严谨、逻辑严密，内容翔实，详细介绍了每种生物资源的形态特征和分布范围；补充了部分植物资源的药用价值和经济价值，动物资源的生活习性等；科学评价了东大山生物多样性和生态环境现状并提出了保护建议。这些资料对于开展东大山生物多样性保护和研究具有极高的参考价值，也希望该书能对河西走廊乃至西北生态脆弱区生物多样性保护和生态治理有所裨益。

冯起　2017.11.1

中国科学院
西北生态环境资源研究院

前　　言

东大山位于内蒙古高原南缘，河西走廊之北［东连龙首山，西望合黎山，北邻巴丹吉林沙漠，南隔河西走廊（张掖）与祁连山相望］，由阿拉善地台的隆起和河西走廊凹陷形成，是中生代以来发育成的断块山，在大地貌上具有断块山的一般特征；隶属于祁连山国家级自然保护区（龙首山脉的主峰），是河西走廊北山中保存面积最大、最完整的一片天然林，被誉为"镶嵌在丝绸之路上的一颗璀璨明珠"。由于受大陆性荒漠气候和大陆性草原气候的双重影响，东大山植被类型比较复杂，生物资源种类比较丰富。

据《甘州府志》载："合黎山生奇林木箭，是汉匈奴偶余王所居地，诸侯做穹庐及车，皆仰此木材。"据《张掖市志》（1994 年）载："1954 年在龙首山坡，出土直径40cm、至今逾万年的栎树化石，足以为证。现在龙首山主峰东大山（海拔 3637m）有天然林，其他均为童山秃岭。"

东大山的森林植被除了在涵养水源方面有明显作用外，在科学研究上，对研究荒漠中山地森林植被的发育和演变，以及扩大荒漠中山地森林植被的分布面积有重要借鉴作用。

1980 年东大山被甘肃省人民政府批准为省级自然保护区，并列为高山森林荒漠演替规律的观察场所；1988 年划归甘肃祁连山国家级自然保护区，面积约为 9560hm^2。建立自然保护区以来，国家实施了天然林保护和生态公益林等保护工程，东大山生物多样性得到恢复和保护，生态环境明显改善，森林面积逐年增加，野生动植物数量也明显增加。

关于东大山生物资源的研究，早在 20 世纪 80 年代（原）中国科学院兰州沙漠研究所的丘明新、陈必寿对东大山的植被类型进行了分类；（原）兰州大学生物系的刘乃发、高明、白庆利、王海林、矫小阳和（原）甘肃省张掖地区动管站的胥明肃、李建国、刘红军等对东大山的鸟类区系进行了调查；2003~2004 年（原）河西学院生物系的王强强、李虎、李琴琴、于海萍、崔玮、张勇对东大山的大型真菌进行了两次调查；2005~2012 年，河西学院的韩多红老师和东大山的技术干部带领学生多次到东大山采集植物标本，初步整理了东大山植物名录。

本书重点对历年来东大山生物资源的研究进行了归纳整理。作者凭借 20 多年在东大山工作的经验，对动植物资源的种类进行了补充和完善，同时利用现有生物多样性评价体系对东大山的植物、动物和真菌资源进行了生物多样性评价，并结合东大山的现状和存在的问题提出了一些改进措施。

在本书即将付梓之际，对诸位前辈及同行表示衷心的感谢，没有他们的支持，本书难以成书：感谢河西学院谢宗平老师和韩多红老师，在本书的初稿形成之初进行了大量的修改和查证；感谢兰州大学张立勋教授，对书稿进行了仔细的审阅；感谢中国科学院西北生态环境资源研究院杨保研究员、中国科学院兰州文献情报中心曲建升研究员、兰州大学张家武教授和强明瑞教授，对本书提出了宝贵修改意见；感谢东大山管理站全体干部职工对本书编写提供的帮助和支持。

本书的出版若能够为河西走廊脆弱的生物多样性保护和研究起到添砖加瓦的作用，也就甚感欣慰了。总之，编著者虽然已尽全力，但水平有限，书中不足之处在所难免，敬请专家和读者批评指正。

李　刚
2017 年 8 月

目 录

 # 第1章 概 论

1.1 自然地理概况

1.1.1 地质地貌

东大山是河西走廊北山的一部分，位于龙首山山脉的西段，是龙首山的主峰。其东连龙首山，西望合黎山，北邻巴丹吉林沙漠，南隔河西走廊（张掖）与祁连山相望。区域地质构造上属阿拉善台块的一部分，是中生代以来发育成的断块山。在地貌上具有断块山的一般特征，即顶部平坦，边缘陡峭，南缘为东大山主脉，其南坡陡峭，侵蚀强烈，岩石裸露，几乎寸草不生，北缘与阿拉善台块相近，较为平缓，一般坡度在 30°左右，多为陡坡急坡。最高海拔 3637m，最低海拔 2200m。基本地形特征是东南高西北低，自主峰至老寺顶呈西北走向，由东大山主梁及两侧的大小支梁和沟系组成。

受大陆性荒漠气候、森林草原气候及植被物群系的影响，东大山的土壤类型因海拔及坡向不同而异。阴坡从低到高依次主要分布有灰棕漠土、森林褐色土、亚高山灌丛草甸土等；阳坡则多为栗钙土；山坡下则多为坡积土。各土类母岩主要是前震旦纪的花岗片麻岩、云母石英片岩，也有震旦纪的石英岩、矽质灰岩、千枚状板岩等；林区则主要是绿色片岩，母质主要是第四纪次生黄土。

1.1.2 水文

东大山内分布有季节性河流 7 条，分别是榆树河、刺马河、大黑沟、小黑沟、草沟河、沙枣泉河、石落泉河，河流总长度 92.95km，流域面积 12.785hm²，年径流量 4.92 亿平方米。东大山内有闸子沟、黄羯子、冰沟等数处泉水，距管理站站部 150m 处有泉眼一处，水质尚可，流量不大，一昼夜水量不足 10m³，是站部人畜饮水的主要来源。

1.1.3 土壤

灰棕漠土，也称灰棕色荒漠土，分布在海拔 2400～2600m 的阴坡，是温带荒漠气候条件下粗骨母质上发育的地带性土壤，有机质含量低，介于灰漠土和棕漠土之间。

森林褐色土为东大山森林的主要土壤，分布在海拔 2700～3000m 的阴坡、半阴坡。其层次分布明显，苔藓和枯枝落叶层厚 3～10cm，有机质含量丰富（0～96cm 为 8.50%），淋溶作用较强，粒块状结构，质地为轻壤，土壤疏松，较为湿润。

亚高山灌丛草甸土分布在海拔 3400m 以上的高山顶部，是一种发育不完全的土壤，土层较薄，表土层有腐殖质层累积，有机质含量较高（0～94cm 为 7.5%～10.02%），含磷量较高（大于 0.20%），质地为轻壤到中壤，土壤较紧实，结构较好，含水量高，平缓处出现积水。

栗钙土多分布于阳坡。特点是深厚干旱，有机质含量低（0～99cm 土层为 2.20%）。

坡积土分布在山坡下及大小冲积扇上，保护区范围内不多，其间混杂着大量的石块及沙砾，持水力极差，呈荒漠景观。

1.1.4 气候

林区四周为大陆性荒漠气候，东大山因海拔较高，气候垂直变化较明显，在山麓地带均为干旱的大陆性荒漠气候，而林区属于半湿润的森林草原气候。据中国科学院西北生态环境资源研究院东大山自然保护站气象哨观测（2014 年 10 月～2016 年 10 月）：气温垂直递减率为 -0.41℃/100m；林线附近平均风速为 1.37m/s，森林下限附近平均风速为 0.94m/s；林线附近主导风向为西北风，约占全年的 40%，森林下限附近主导风向为偏南风，约占全年 42%。海拔 2699m 处年平均气温为 2.76℃，最冷月月均温为 -10.27℃，最热月月均温为 15.53℃；年极端最高温为 29.41℃，极端最低温为 -25.05℃；年平均降水量为 377mm，年降水量主要集中在夏季，约占全年降水量的 52%，蒸发量为 2298.7mm（1985 年），年平均相对湿度为 50%；年无霜期为 205 天左右（全无霜期以平均气温 0℃ 为衡量标准），早霜约在 10 月下旬，晚霜约在 4 月上旬。海拔 3240m 处年平均气温为 0.54℃，最冷月月均温为 -12.47℃（1 月），最热月月均温为 11.69℃（7 月）；年极端最高温为 26.5℃，极端最低温为 -29.72℃；年平均降水量为 380mm，年降水量主要集中在夏季，约占全年降水量的 57%，蒸发量为 2298.7mm（1985 年），年平均相对湿度为 53.94%；全年无霜期为 163 天左右，早霜约在 10 月上旬，晚霜约在 4 月下旬。

1.1.5 生物

东大山总面积为 9560.30hm²，林业用地面积为 6405.00hm²，约占总面积的 67.00%；非林业用地面积为 3155.30hm²，约占总面积的 33.00%。其中，有林地面积为 1300.90hm²，占林业用地面积的 20.31%；灌木林地面积为 3086.80hm²，占 48.19%；宜林荒山荒地面积为 2002.90hm²，占 31.27%；疏林地面积为 12.30hm²，占 0.19%。森林覆盖率为 45.90%，活立木总蓄积为 197 510m³。

东大山分布着 45 科 101 属 150 种植物。其中乔木以青海云杉、祁连圆柏和山杨为主；灌木林以杯腺柳（*Salix cupularis* Rehd）、中亚紫菀木（*Asterothamnus centrali-*

asiaticus）、泡泡刺（*Nitraria sphaerocarpa*）、鬼箭锦鸡儿［*Caragana jubata*（Pall.）Poir］和金露梅（*Potentilla fruticosa* L.）为主；草原和草甸以蒿草（*Artemisia argyi*）、小薹草（*Carex parva*）、猪毛菜（*Salsola collina*）、盐爪爪［*Kalidium. foliatum*（Pall.）Moq.］、克氏针茅（*Stipa krylovii* Roshev）和紫花针茅（*Stipa purpurea*）为主。

东大山分布有3纲17目36科57属91种野生动物。其中，国家重点保护动物有金雕（*Aquila chrysaetos*）、甘肃马鹿（*Cervus elaphus kansuensis*）、岩羊（*Pseudois nayaur*）、鹅喉羚（*Gazella subgutturosa*）、豺（*Cuon alpinus*）、秃鹫（*Aegypius monachus*）、猞猁（*Lynx lynx*）、荒漠猫（*Felis bieti*）、暗腹雪鸡（*Tetraogallus himalayensis*）和红隼（*Falco tinnunculus*）等。保护区共有鸟类80余种，隶属12目26科，其中夏候鸟35种，占43.75%；留鸟33种，占41.25%；旅鸟12种，占15%。

东大山分布有大型真菌58种，隶属9目20科38属，其中，食用菌25种，占总数的43.10%；药用菌22种，占总数的37.93%，其中抗癌、抗肿瘤的大型真菌有10种，占总数的17.24%；毒菌有11种，占总数的18.97%。

1.2　历史沿革与区划

1.2.1　历史沿革

1.2.1.1　历代归属

东大山是龙首山的主峰。历史上龙首山、合黎山林木丛生，覆盖面广。据《甘州府志》载，"合黎山生奇林木箭，是汉匈奴偶余王所居地。诸侯做穹庐及车，皆仰此木材"。据《张掖市志》（1994年）载，"1954年在龙首山坡，出土直径40cm、至今逾万年的栎树化石，足以为证。现在龙首山主峰东大山（海拔3637m）有天然林，其他均为童山秃岭"。

中华人民共和国成立前，由于乱砍滥伐，东大山的马圈沟、刺马河、中林沟、大小黑沟、冰沟、危路沟和烂柴河等地段的森林遭到严重破坏，水土流失极为严重。《张掖市志》记载，"解放前东大山设有管护站，派员一名，月巡山一次"。

1.2.1.2　中华人民共和国成立后的演变

中华人民共和国成立后，于1958年9月15起对东大山进行封育，并在平山湖乡仙沟堡建立张掖县东大山国有林场，管护森林，抚育新林。同年建立联防委员会及其他护林组织。翌年11月更名为国营张掖东大山林场。1969年划归张掖机械林场，更名为张掖机械林场东大山分场。1980年经甘肃省人民政府（甘政发〔1980〕232号文件）批准划为省级自然保护区，1984年经张掖县人民政府批准将张掖机械林场东大山分场更名为张掖县东大山自然保护区，建立东大山自然保护区管理站，分设闸子沟、危路沟、中林沟、阴帐、二道沟和马圈沟6个护林站，翌年成立东大山林业公安派出所。1988年划归甘肃祁连山国家级自然保护区管理局管理。2002年6月张掖撤市设区后，根据区委发〔2002〕1号文件，张掖市东大山自然保护区管理站更名为甘州区东大山自然保护区管理站。2003年2月，经甘肃省森林公安局批准恢复成立甘州区公安局森林分局东大山派出所。

1.2.2 现行管理体制及职责

东大山现行管理体制为双重管理体制，即行政上由张掖市甘州区林业局管理，称甘州区东大山自然保护区管理站；业务上归甘肃祁连山国家级自然保护区管理局管理，称甘肃祁连山国家级自然保护区管理局东大山自然保护站。

保护站主要职责如下：①贯彻执行国家有关法律、法规和方针、政策。②依法保护和管理森林、野生动植物、冰川等自然资源和自然环境。③负责总体规划和计划的具体实施。④进行自然保护的宣传教育，普及自然保护知识，教育区内居民和入区人员遵守保护自然资源和自然环境的法律、法规和规定，并对其活动进行检查指导。⑤组织区内有关单位制定森林防火、防盗公约。⑥植树造林，封山育林，扩大森林面积。⑦制止违反相关法律法规的行为，依法处理各类林政案件。

1.2.3 保护区性质与任务

1.2.3.1 性质

东大山自然保护区是森林和野生动物类型的省级自然保护区，又是甘肃祁连山国家级自然保护区管理局的一个保护站，并被甘肃省列为高山荒漠森林分布演替规律的观察场所。

1.2.3.2 任务

东大山自然保护区的任务有：①宣传、贯彻、执行国家有关自然保护的方针、政策、法律、法规。②积极开展科普教育，提高广大人民群众特别是广大牧民认识自然、热爱自然、保护自然的思想意识和科技水平；完善机构、加强管护。③采用行政、法律、技术、工程等综合管理手段，切实保护好以青海云杉和岩羊为主的生物种群及其繁衍生息所需的特定环境，实施有效措施，恢复、扩大和发展生物资源；开展科学研究，探索自然规律，寻求合理利用。④发展青海云杉、岩羊及其他资源合理开发利用的有效途径；在保护自然资源、自然环境不受破坏的前提下，有组织地进行综合或单项科学考察、定位研究、监测自然环境和生物资源动态，接待教学实习、科普旅游、生态旅游人员，以扩大宣传、普及科学知识，丰富人们的精神文化生活。

1.2.4 功能区划分

1.2.4.1 功能区演变

1980年成立自然保护区后，根据不同地质、地貌、气候、土壤、植被保存的完整程度和植物群落分布状况及科研生产经营工作的需要，以确保核心区不受人为干扰破坏为主要职责，将保护区划分为核心区和科学经营实验区。核心区从老寺顶向四周延伸，略位于保护区中心，面积为1333hm²，横跨二道沟、阴帐、中林沟3个保护点，海拔均在2800m以上。科学经营实验区在核心区以外、保护区经营范围以内，面积为3712hm²，占保护区总面积的73.60%，横跨马圈沟、阴帐、中林沟、闸子沟4个保护点，海拔在2600~3637m［《张掖市东大山自然保护区总体规划（1986~1990年）》］。

2001年，采用保护站-功能区-林班三级区划系统，对原有功能区划进行部分调整。仍将保护站功能区划分为两个区，即核心区和实验区，共计区划林班9个，核心区为2、4、6、7林班，实验区为1、3、5、8、9林班。核心区面积为2130hm²，约占总面积（5200hm²）的41%；实验区面积3070hm²，约占总面积的59%（《甘肃祁连山国家级自然保护区管理局东大山保护站森林资源规划设计调查报告》，甘肃省林业勘察设计院，2001年3月）。

2007年，根据甘肃省林业厅《关于组织开展全省森林资源规划设计调查工作的通知》（甘林资字〔2007〕47号）文件精神和《甘肃省森林资源规划设计调查技术操作细则》要求，由甘肃祁连山国家级自然保护区管理局承担完成祁连山自然保护区森林资源规划设计调查（简称二类调查），调查结果于2008年11月7日由甘肃省林业系统自然保护区评审委员会评审通过，于2009年1月6日经甘肃省林业厅厅务会议研究同意，报经甘肃省政府组织省自然保护区评审委员会于2009年1月14日会议论证通过的《甘肃祁连山自然保护区总体规划》中区划的保护区功能区界，全站划为祁连山国家级自然保护区的实验区，共划分了15个林班，220个小班。此时，东大山自然保护站总面积为9560.30hm²。其中，林地面积为6405hm²，约占总面积的67%；非林地为3155.30hm²，约占总面积的33%。林地中：有林地面积为1300.90hm²，占林地面积的20.31%；疏林地面积为12.30hm²，占林地面积的0.19%；灌木林地面积为3086.80hm²，占林地面积的48.19%；宜林荒山荒地面积为2002.90hm²，占林地面积的31.27%。保护区内的林地全部为生态公益林。林种全部为特种用途林，亚林种属于自然保护区林。全站森林覆盖率为45.90%，林木绿化率为45.90%。

1.2.4.2 现行功能区划

2014年，按照国务院办公厅批复（国办函〔2014〕55号）及环境保护部发布（环函〔2014〕219号）的甘肃祁连山国家级自然保护区范围和功能区划，东大山保护区全部被划为祁连山国家级自然保护区的实验区。

1.3 社会经济概况

东大山自然保护区行政区划上属张掖市甘州区平山湖蒙古族乡，区内有平山湖蒙古族乡的住家放牧户6户20人。全乡辖红泉、平山湖、紫泥泉3个行政村，共7个社，散杂居住着蒙古族、汉族、土族、裕固族4个民族人口，共338户825人。其中：蒙古族96户147人、裕固族2户2人；土族3户6人。全乡共有土地面积10.43万hm²，其中可利用草场 7.73 万 hm²，荒山、河床 2.7 万 hm²。2016 年，全乡总产值 1467 万元。其中，第一产业 801 万元，第二产业 38 万元（种植业），第三产业 628 万元。2016 年，全乡羊存栏 4.6 万只，驴、骡、马、牛共计 2700 头/匹；耕地 687 亩①，全乡有贫困户 6 户 20 人，劳动力 460 人，外出务工人员 128 人，年人均收入 8689 元。

---

① 1 亩 ≈ 666.67m²。

第2章　生物多样性的研究

2.1　生物多样性的概念及其组成

　　生物多样性是生物及其环境形成的生态复合体和与此相关的各种生态过程的总和，包括数以百万计的动物、植物、微生物和它们所拥有的基因，以及它们与生存环境形成的复杂的生态系统（蒋志刚等，1997）。因此，生物多样性是一个内涵十分丰富的重要概念，包括多个层次或水平。其中研究较多、意义重大的主要有遗传多样性、物种多样性、生态系统多样性和景观多样性。

　　遗传多样性是指种内基因的变化，包括种内显著不同的种群间及同一种群内的遗传变异，也称为基因多样性。种内的多样性是物种多样性的最重要来源。遗传变异、生活史特点、种群动态及其遗传结构等决定或影响着一个物种与其他物种及其环境相互作用的方式；而且种内的多样性是一个物种对人为干扰进行成功反应的决定因素。种内的遗传变异程度也决定其进化的潜势。

　　物种多样性是指地球上动物、植物、微生物等生物种类的丰富程度。物种多样性包括两方面的含义：其　是指一定区域内的物种丰富程度，称为区域物种多样性；其二是指特定群落中物种的多样性，称为群落物种多样性（蒋志刚等，1997）。物种多样性是衡量一定地区生物资源丰富程度的一个客观指标。物种的丰富程度跟所在地区的地理位置等因素有关，尤其与纬度呈明显的反比关系，即离赤道越远，纬度越高，物种就越稀少。

　　生态系统多样性是指生物圈内生境、生物种群和生态过程的多样性。生态系统多样性主要表现为生态系统类型的多样性和生态系统内部组成、结构、功能、生态过程等方面的多样性。生态系统类型多样性是指在不同地区、生物群落及其生存环境所构成的生态系统类型的多样化；生态系统内部组成、结构、功能、生态过程等方面的多样性是指一个生态系统中，其生物群落由不同的种组成，物种间的结构关系（包括水平结构、垂直结构和营养结构关系，如捕食关系、寄生关系等）多样，执行的功能不同，因此在生态系统中所形成的作用功能和发生的生态过程也不一样。

　　在生物多样性的各个层次中，物种多样性是生物多样性最直观的体现，是生物多样性概念的中心；基因多样性是生物多样性的内在形式，一个物种就是一个独特的基因库，可以说每一个物种都是基因多样性的载体；生态系统多样性是生物多样性的外在形式，保护生物多样性，最有效的形式是保护生态系统多样性。

　　景观多样性是指由不同类型的景观要素或生态系统构成的景观在空间结构、功能机制和时间动态方面的多样化或变异性。景观是一个大尺度的宏观系统，是由相互作用的景观要素组成的、具有高度空间异质性的区域。景观要素是组成景观的基本单元，相当于一个生态系统。依形状的差异，景观要素可分为斑块、廊道和基质。斑块是景观尺度上最小的均质单元，它的起源、大小、形状和数量等对于景观多样性的形成具有十分重要的意义。

2.2　生物多样性的背景

生物多样性是地球生命经过几十亿年发展进化的结果，是人类赖以生存和持续发展的物质基础。然而，随着人口的迅速增长，人类活动的不断加剧，作为人类生存最为重要和基础的生物多样性受到了严重威胁。在过去的2亿年中，自然界每27年就有一种植物物种从地球上消失，每个世纪有90多种脊椎动物灭绝。随着人类活动的加剧，物种灭绝的速度不断加快，现在物种灭绝的速度是自然灭绝速度的1000倍！很多物种未被定名即已灭绝，大量基因丧失，不同类型的生态系统面积锐减。无法再现的基因、物种和生态系统正以人类历史上前所未有的速度消失。如果不立即采取有效措施，人类将面临能否继续以其固有的方式生活的挑战。生物多样性的研究、保护和持续、合理地利用急待加强，刻不容缓。

中国是生物多样性特别丰富的国家之一。据统计，中国的生物多样性居世界第八位，北半球第一位。同时，中国生物多样性又是受到威胁最严重的国家之一。生态系统的大面积破坏和退化，使中国的许多物种变成濒危种和受威胁种。高等植物中濒危种高达4000～5000种，占总种数的15%～20%。在《濒危野生动植物种国际贸易公约》列出的640个世界性濒危物种中，中国有156种，约为总数的1/4，形势十分严峻。

祁连山保护区北坡具有典型的森林生态系统和丰富的野生动植物资源，是西北地区重要的种质资源库和物种遗传基因库。保护区分布有高等植物95科451属1311种，其中国家重点保护植物34种；分布有野生脊椎动物28目63科286种，其中国家一级保护动物14种，二级保护动物39种，国家保护的有益或有重要经济、科学研究价值的动物140种，甘肃省保护动物6种，甘肃省保护的有益或有重要经济、科学研究价值的动物24种；分布有大型真菌52种，隶属8目19科30属（《甘肃祁连山国家级自然保护区区志》2009年）。

东大山位于内蒙古高原南缘，河西走廊之北［东连龙首山，西望合黎山，北邻巴丹吉林沙漠，南隔河西走廊（张掖）与祁连山相望］，是由阿拉善地台的隆起和河西走廊凹陷形成的。东大山隶属于祁连山国家级自然保护区（龙首山脉的主峰），是河西走廊北山中保存面积最大、最完整的一片天然林，被誉为"镶嵌在丝绸之路上的一颗璀璨明珠"。由于受大陆性荒漠气候和大陆性草原气候的双重影响，东大山植被类型较复杂，生物资源种类比较丰富。据有关资料和实地调查：东大山分布有高等植物45科101属150种（其中藻类1科1属2种，蕨类植物1科1属1种，裸子植物3科4属5种，被子植物40科95属142种，珍稀濒危植物有国家二级重点保护植物蒙古扁桃等）。植被分布随海拔的不同而呈明显的山地垂直带，南北坡差异较大。栖息有3纲17目36科57属91种野生动物。其中哺乳纲4目6科7种，鸟纲12目26科80种，爬行纲1

目 4 科 4 种。种群数量较多的有岩羊、甘肃马鹿。林区内还有黄羊、鹅喉羚、豺、猞猁、荒漠猫、暗腹雪鸡、金雕、秃鹫、鸢、红隼、燕隼等国家一级或二级保护动物常年活动。据记载，东大山林区 20 世纪六七十年代曾有雪豹、狼、盘羊等出没，现已绝迹。分布有真菌 9 目 20 科 38 属 58 种。20 世纪六七十年代，由于东大山森林资源被过度采伐，林木长势衰弱，林分天然更新差，水源涵养能力下降，森林生态系统演替受到严重不利影响，生态环境遭受严重破坏。为此，开展东大山生物资源多样性综合治理研究，为生产防治提供科学依据，是保护东大山生物资源，实现区域生态平衡的一项必要而又紧迫的任务。

2.3 生物资源多样性的研究方法、标准

东大山生物资源多样性研究主要采用"已有资料的查阅汇总与调查数据资源分析相结合"的方法。评价标准采用中华人民共和国国家环境保护标准 HJ623—2011《区域生物多样性评价标准》。

2.3.1 植物资源多样性研究

2.3.1.1 森林群落基本特征观察

东大山主要植被类型：青海云杉林；杯腺柳灌丛；克氏针矛草原；冷蒿、克氏针矛草原；短花针矛、沙生针矛、红砂、珍珠荒漠草原；珍珠荒漠；合头草荒漠；木紫苑、泡泡刺荒漠；嵩草和薹草亚高山草甸。

2.3.1.2 野外调查

采用样方法进行野外调查，按海拔的不同，选择有代表性的阴坡和阳坡。在调查区的阴坡和阳坡共设 20m×20m 的乔木小样方各 15 个，乔木层记录所有个体种名和株数；每个样方中做 2 个灌木小样方（5m×5m）和 2 个草本小样方（1m×1m），灌木层记录种名和株数，草本层记录种名和株数。

2.3.1.3 植物多样性的测定方法与公式

丰富度：S =出现在样地内的物种数 α 多样性测度（Magurran，1988）。

Shannon-Wiener 多样性指数：$H' = -\sum P_i \ln P_i$　where $P_i = n_i/N$

$$H' = -\sum n_i/N \times \ln(n_i/N)$$

Pielou 指数（均匀度指数）：$E = H'/\ln S$

Simpson 指数（优势度指数）：$P = 1 - \sum P_i 2$

式中，P_i 为第 i 个种的相对多度；n_i 为第 i 个类群的个体数；N 为群落中所有类群的个体总数（中国山地植物物种多样性调查计划，2004）。

2.3.2 动物资源多样性研究

2.3.2.1 野外调查

对动物种类进行全范围调查，结合已有的数据资料进行访问调查和实地观测，调查野生动物的种类增减情况，主要动物类型有哺乳类、鸟类和爬行类。对东大山所有动物物种名录进行整理，在以往整理资料的基础上进一步校正动物物种种类，确保每一种在东大山生存的动物都能被统计到，同时也对在之前还有生存现在几乎不见或者不能在野生环境下生存的物种进行统计。

2.3.2.2 动物多样性保护价值评价方法

根据国际和中国最新及最权威的物种红色名录中不同等级对野生动物的濒危性予以分级并赋值，如《中国脊椎动物红色名录》等；未评估和数据缺乏等按照无危赋分。动物地理地区依据《中国动物地理区划》。特殊保护野生动物是指国家开展的特殊保护工程中的野生动物。水鸟的特有性分级按照中国特有分布、中国主要分布、中国次要分布、中国边缘分布进行分级并赋值（表2-1）。

表 2-1   野生动物的保护重要性评价指标分级赋值标准

评价指标	分级赋值			
	8	4	2	1
濒危性	极危	濒危	易危	近危和无危
特有性	动物地理地区特有	中国特有	中国主要分布	中国次要或边缘分布
保护等级	国家一级保护或特殊保护	国家二级保护	地方重点保护	其他

（2）野生动物多样性保护价值指数计算

计算每种野生动物的保护重要值和自然保护区野生动物多样性保护价值指数（V_A），公式如下：

$$V_{Ai} = T_{Ai} \times E_{Ai} \times P_{Ai}$$

$$V_A = \sqrt{\sum_{i=1}^{m} V_{Ai}}$$

式中，V_{Ai} 为野生动物 i 的保护重要值，其取值数列为"1、2、4、8、16、32、64、128、256、512"，数值越大表明物种的受威胁程度、地理分布特有程度和重点保护级别越高，其保护价值越高，应予以优先保护；T_{Ai} 为野生动物 i 的濒危性赋值；E_{Ai} 为野生动物 i 的特有性赋值；P_{Ai} 为野生动物 i 的保护等级赋值；m 为自然保护区内野生动物种数。根据我国自然保护区本底调查情况，选择陆生脊椎动物或脊椎动物作为评价对象。

（3）珍稀濒危野生动物多样性保护价值指数（V_{AT}）

计算公式如下：

$$V_{AT} = \sqrt{\sum_{i=1}^{q} V_{Ai}}$$

式中，V_{Ai} 为珍稀濒危野生动物 i 的保护重要值；q 为自然保护区内珍稀濒危野生动物的种类数，包括《中国脊椎动物红色名录》（蒋志刚等，2016）中极危和濒危动物及国家重点保护野生动物。

2.3.3 生物资源多样性研究

2.3.3.1 应采集的数据

1）物种丰富度：东大山野生动物和维管束植物。
2）生态系统类型：森林、草地、高山草甸等。
3）物种特有性：中国特有的动植物种数的相对数量。
4）受威胁物种丰富度：极危、濒危和易危。
5）外来入侵种：可能对生态环境、生活或生产造成明显的损坏或不利影响的外来物种。

2.3.3.2 多样性评价方法

（1）野生动植物丰富度
野生动物和维管束植物按表 2-2 进行采集。

表 2-2　信息采集表

特有物种信息				分布信息
序号	物种名称	受威程度	是否中国特有	
1				
2				
3				

（1）评价指标分级赋值
同样采用等比数列法进行赋值，即后一项与前一项的比数为常数，设定最高赋值为 8，常数为 2，数列为"8、4、2、1"；具体分级赋值标准见表 2-1。
（2）物种特有性
物种特有性计算如下：

$$E_D = \frac{\dfrac{N_{EV}}{286} + \dfrac{N_{EP}}{1311}}{2}$$

式中，E_D 为物种特有性；N_{EV} 为被评价区域内中国特有的野生动物的种数；N_{EP} 为被评价区域内中国特有的野生维管束植物的种数；286 为野生动物种数的参考最大值；1311 为野生维管束植物种数的参考最大值。

（3）生态系统类型多样性

自然或半自然状态下的陆地生态系统和内陆水域生态系统。

（4）受威胁物种的丰富度

受威胁物种的丰富度计算如下：

$$R_\mathrm{T} = \dfrac{\dfrac{N_\mathrm{TV}}{286} + \dfrac{N_\mathrm{TP}}{1311}}{2}$$

式中，R_T 为受威胁物种的丰富度；N_TV 为被评价区域内受威胁的野生动物的种数；N_TP 为被评价区域内受威胁的野生维管束植物的种数。

（5）评价指标归一化处理

归一化后的评价指标＝归一化前的评价指标×归一化系数

式中，归一化系数＝$100/A_{最大值}$。$A_{最大值}$ 为被计算指标归一化处理前的最大值。相关评价指标的参考最大值见表2-3。

表2-3　相关评价指标的参考最大值

指标	参考最大值
野生维管束植物丰富度	1311
野生动物丰富度	286
生态系统类型多样性	124
物种特有性	0.3070
受威胁物种的丰富度	0.1572

（6）指标权重

各评价指标的权重见表2-4。

表2-4　指标权重

评价指标	权重
野生植物丰富度	0.4
野生动物丰富度	0.2
生态系统类型多样性	0.15
物种特有性	0.15
受威胁物种丰富度	0.1

（7）生物多样性指数计算方法

生物多样性指数计算如下。

$$\mathrm{BI} = R'_\mathrm{V} \times 0.4 + R'_\mathrm{P} \times 0.2 + D'_\mathrm{E} \times 0.15 + E'_\mathrm{D} \times 0.15 + R'_\mathrm{T} \times 0.1$$

式中，BI 为生物多样性指数；R'_V 为归一化后的野生动物丰富度；R'_P 为归一化后的野生维管束植物丰富度；D'_E 为归一化后的生态系统类型多样性；E'_D 为归一化后的物种特有性；R'_T 为归一化后的受威胁物种丰富度。

（8）生物多样性状况分级

根据生物多样性指数（BI），将生物多样性状况分为四级：高、中、一般和低（表2-5）。

表 2-5　生物多样性状况分级标准

生物多样性等级	生物多样性指数	生物多样性状况
高	BI≥60	物种高度丰富，特有属、特有种多，生态系统丰富多样
中	30≤BI<60	物种较丰富，特有属、特有种较多，生态系统类型较多，局部地区生物多样性高度丰富
一般	20≤BI<30	物种较少，特有属、特有种不多，局部地区生物多样性较丰富，但生物多样性总体水平一般
低	BI<20	物种贫乏，生态系统类型单一、脆弱，生物多样性极低

第3章 植　　物

3.1　研　究　历　史

1983 年（原）甘肃祁连山水源涵养林研究所傅辉恩研究员和（原）甘肃省张掖县林业局刘绍先高级工程师对东大山进行了实地调查，研究了东大山森林的基本类型及其形态和分布特征，并编写了《张掖东大山森林的基本类型及其特征》；1984 年（原）中国科学院兰州沙漠研究所丘明新和陈必寿研究员对东大山进行了实地调查，研究了东大山的自然状况、植被分布特点、植被类型、植被的经济价值及利用情况和植物的合理利用和保护等情况，并发表了文章《张掖东大山地区的植被》；2010 ~ 2014 年，东大山自然保护区管理站工程技术人员和河西学院农业与生物技术学院师生共同开展了"东大山野生植物资源调查与保护利用"课题，对东大山的野生植物资源进行了进一步的研究，并撰写了《东大山野生花卉资源及园林应用》《东大山野生药用植物资源的利用及保护》《张掖市东大山野菜植物资源及其开发利用》《张掖市东大山自然保护区生态环境现状与建设对策》和《张掖市东大山野生经济植物资源及其开发利用》等论文。

3.2　植　物　物　种

3.2.1　植物物种调查研究

东大山共有野生植物 45 科 101 属 150 种，分布于森林、杂草、灌木丛中。其中，藻类 1 科 1 属 2 种，蕨类植物 1 科 1 属 1 种，裸子植物 3 科 4 属 5 种，被子植物 40 科 95 属 142 种。其中珍稀濒危物种有国家二级重点保护植物蒙古扁桃 [*Amygdalus mongolica* (Maxim) Ricker] 等，群落类型有青海云杉（*Picea crassifolia* Kom.）纯林、杯腺柳（*Salix cupularis* Rehd.）灌丛；蒿草、薹草亚高山草甸；泡泡刺（*Nitraria sphaerocarpa*）荒漠灌丛等。

植物资源名录见附表1。东大山植物物种统计结果及其地理分布见表 3-1。

表 3-1　统计结果及其地理分布

科名	属数	种数	东大山分布区域
念珠藻科（Nostocaceae）	1	2	仙沟堡、三个泉

科名	属数	种数	东大山分布区域
木贼科（Equisetaceae）	1	1	大黑沟、阴帐河
松科（Pinaceae）	1	1	一道沟、二道沟、三道沟
柏科（Cupressaceae）	2	3	一道沟、二道沟、三道沟
麻黄科（Ephedraceae）	1	1	仙沟堡、黑沟台、马圈沟
杨柳科（Salicaceae）	2	4	天涝池、大黑沟、阴帐河
蓼科（Polygonaceae）	3	6	大黑沟、阴帐河、揽柴河
藜科（Chenopodiaceae）	8	12	大黑沟、揽柴河、阴帐河
苋科（Amaranthaceae）	1	2	大黑沟
马齿苋科（Portulacaceae）	1	1	大黑沟
石竹科（Caryophyllaceae）	2	3	天涝池、阴帐河、揽柴河
毛茛科（Ranunculaceae）	4	5	大黑沟、一道沟
小檗科（Berberidaceae）	1	1	一道沟、二道沟、三道沟
罂粟科（Papaveraceae）	1	2	阴帐河、揽柴河
十字花科（Cruciferae）	3	4	东大山广布
景天科（Crassulaceae）	1	1	大黑沟、三个泉、三道沟
蔷薇科（Rosaceae）	6	14	一道沟、二道沟、三道沟
豆科（Leguminosae）	8	13	东大山广布
牻牛儿苗科（Geraniaceae）	1	1	大黑沟
蒺藜科（Zygophyllaceae）	2	4	揽柴河、阴帐河
远志科（Polygalaceae）	1	1	马圈沟、大黑沟、阴帐河
大戟科（Euphorbiaceae）	1	1	黑沟脑
锦葵科（Malvaceae）	2	2	仙沟台、三个泉
柽柳科（Tamaricaceae）	2	2	大黑沟
胡颓子科（Elaeagnaceae）	1	1	大黑沟、揽柴河
柳叶菜科（Onagraceae）	1	1	大黑沟、阴帐河、揽柴河
伞形科（Umbelliferae）	7	7	一道沟、二道沟、揽柴河
报春花科（Primulaceae）	1	2	一道沟
白花丹科（Plumbaginaceae）	1	1	大黑沟、三道沟
龙胆科（Gentianaceae）	1	1	大黑沟
旋花科（Convolvulaceae）	1	2	大黑沟、揽柴河
紫草科（Boraginaceae）	1	1	大黑沟
唇形科（Labiatae）	3	3	大黑沟、阴帐河
茄科（Solanaceae）	1	1	东大山广布
玄参科（Scrophulariaceae）	1	2	三道沟
车前科（Plantaginaceae）	1	2	东大山广布
茜草科（Rubiaceae）	2	3	大黑沟

科名	属数	种数	东大山分布区域
忍冬科（Caprifoliaceae）	1	1	马圈沟
败酱科（Valerianaceae）	1	1	阴帐河、揽柴河
桔梗科（Campanulaceae）	1	1	大黑沟
菊科（Compositae）	11	15	东大山广布
百合科（Liliaceae）	2	8	大黑沟、揽柴河、阴帐河
鸢尾科（Iridaceae）	1	2	东大山广布
禾本科（Gramineae）	5	7	东大山广布
莎草科（Cyperaceae）	1	1	天涝池
合计	101	150	

3.2.2 植物科属统计分析

3.2.2.1 科的统计分析

统计结果（表3-2）表明，植物的类群中，含 2～5 种的寡种科和区域性单科种所占总科数的比例位居前两位，两者共占全部植物总科数的 82.22%，构成植物科的组成主体，其他类群所占科的比例较小。在不同类群所包含的物种数方面，含 10～14 种的中型科包含的物种数达 54 种，占全部物种数的 36.00%；含 2～5 种的寡种科包含的物种数达 49 种，占全部物种数的 32.66%；含 6～9 种的小型科含有 28 种，占总种数的 18.66%。区域性单科尽管在科的组成方面占据优势，但在物种组成比例方面位列倒数第一，只含有 19 种。因此，在全部植物科的组成方面，尽管以含 2～5 种的寡种科和区域性单科种不占据优势，但在物种组成方面相对复杂，其原因在于植物种类的总体数量方面占据优势地位并不高，但受地理条件和气候的影响，植物科的不同类群在植物组成方面复杂化。

表 3-2 东大山保护区植物科的统计分析

类群划分	科名（所含种数）	科数量	占总科数比例/%	所含种数	占总种数比例/%
含 15 种以上的较大科		0	0	0	0
含 10～14 种的中型科	藜科（12）、蔷薇科（14）、豆科（13）、菊科（15）	4	8.89	54	36.00
含 6～9 种的小型科	伞形科（7）、百合科（8）、蓼科（6）、禾本科（7）	4	8.89	28	18.66

类群划分	科名（所含种数）	科数量	占总科数比例/%	所含种数	占总种数比例/%
含2~5种的寡种科	念珠藻科（2）、柏科（3）、毛茛科（5）、罂粟科（2）、苋科（2）、石竹科（3）、锦葵科（2）、杨柳科（4）、十字花科（4）、藜科（4）、旋花科（2）、唇形科（3）、车前科（2）、玄参科（2）、茜草科（3）、报春花科（2）、怪柳科（2）、鸢尾科（2）	18	40.00	49	32.66
区域性单种科	木贼科（1）、麻黄科（1）、松科（1）、马齿苋科（1）、小檗科（1）、远志科（1）、牻牛儿苗科（1）、龙胆科（1）、茄科（1）、桔梗科（1）、忍冬科（1）、败酱科（1）、景天科（1）、大戟科（1）、胡颓子科（1）、紫草科（1）、柳叶菜科（1）、白花丹科（1）、莎草（1）	19	42.22	19	12.66
合计		45		152	

3.2.2.2　属的统计分析

从统计结果（表3-3）可看出，东大山不具有含15种以上的大型属和含10~14种的较大型属，所有的属所包含的种数都在10种以下。在各类型中，以区域性单种属所占属的比例最高，达到72.27%，在各类型中占绝对优势，含2~5种的小型属占25.74%，属数比例居第二，两者共同包括所有植物中属数比例达98.01%，反映出东大山保护区植物属的分布以单种属和含2~5种的小型属为主。在不同类群所含物种比例方面，区域性单种属和含2~5种的小型属位列前两位，分别为49.33%和41.33%，两者共同包含植物占总种数的90.66%。从属的构成可以看出，区域性单种属构成了东大山保护区内植物区系中属的主体，而区域性单种属和小型属则共同构成了该区植物区系中种的主体。

表3-3　东大山保护区植物属的统计分析

类群划分	属名（所含种数）	属数量	占总属数比例/%	所含种数	占总种数比例/%
含15种以上的大型属		0	0	0	0
含10~14种的较大型属		0	0	0	0
含6~9种的中型属	葱属（7）、委陵菜属（7）	2	1.98	14	9.33

类群划分	属名（所含种数）	属数量	占总属数比例/%	所含种数	占总种数比例/%
含2~5种的小型属	念珠藻属（2）、圆柏属（2）、柳属（3）、铁线莲属（2）、紫堇属（2）、盐爪爪属（4）、滨藜属（2）、苋属（2）、蓼属（4）、独行菜属（2）、蔷薇属（3）、野决明属（2）、锦鸡儿属（3）、棘豆属（2）、草木樨属（2）、白刺属（3）、车前属（2）、马先蒿属（2）、拉拉藤属（2）、点地梅属（2）、苦苣菜属（2）、蒿属（4）、鸢尾属（2）、旋花属（2）、芨芨草属（2）、针茅属（2）	26	25.74	62	41.33
区域性单种属	木贼属（1）、麻黄属（1）、云杉属（1）、刺柏属（1）、杨属（1）、唐松草属（1）、毛茛属（1）、楼斗菜属（1）、碱蓬属（1）、合头草属（1）、猪毛菜属（1）、驼绒藜属（1）、地肤属（1）、盐生草属（1）、马齿苋属（1）、繁缕属（1）、蝇子草属（2）、大黄属（1）、酸模属（1）、小檗属（1）、蜀葵属（1）、锦葵属（1）、荠菜属（1）、播娘蒿属（1）、枸子属（1）、蛇莓属（1）、桃属（1）、杏属（1）、岩黄芪属（1）、米口袋属（1）、甘草属（1）、苦马豆属（1）、远志属（1）、骆驼蓬属（1）、老鹳草属（1）、阿魏属（1）、胡萝卜属（1）、水芹菜属（1）、茴香属（1）、变豆菜属（1）、防风属（1）、柴胡属（1）、龙胆属（1）、枸杞属（1）、紫苏属（1）、薄荷属（1）、荆芥属（1）、沙参属（1）、茜草属（1）、忍冬属（1）、缬属（1）、瓦松属（1）、柽柳属（1）、红砂属（1）、大戟属（1）、胡颓子属（1）、柳叶菜属（1）、鹤虱属（1）、紫菀属（1）、牛蒡属（1）、蓟属（1）、旋覆花属（1）、蒲公英属（1）、香青属（1）、火绒草属（1）、千里光属（1）、莴苣属（1）、冰草属（1）、赖草属（1）、早熟禾属（1）、补血草属（1）、百合属（1）、薹草属（1）	73	72.27	74	49.33
合计		101	100	150	100

　　科及属的分布状态说明，由于受地理位置和气候因子的限制，科、属的类型和数量相对较少，各科所蕴含物种数也不多，因此东大山保护区内科的组成以区域性单种科和含2~5种的寡种科为主，属的组成以区域性单种属和含2~5种的小型属为主，含有种数较多的有葱属（*Allium*）、委陵菜属（*Potentilla*）。

3.3 植被群落类型

3.3.1 植被分布特点

在东大山保护区，海拔2450m以上的山地植被类型较为复杂，有森林植被、灌丛、山地草原和亚高山草甸。海拔2450m以下的植被类型则很简单，只有荒漠植被。各类植被的分布随海拔的不同而呈明显的山地垂直带。垂直带谱北坡比南坡完整。北坡从山脚到山顶由5个带组成，即荒漠带、草原带、森林带、亚高山灌丛带和亚高山草甸带（表3-4，图3-1）。

表3-4　东大山北坡植被带分布的海拔

植被带名称	海拔
珍珠荒漠带和合头草荒漠带	2450m以下
克氏针矛和冷蒿草原带	2450～2600m
青海云杉林森林带	2600～3200m
杯腺柳、箭叶锦鸡儿亚高山灌丛带	3200～3540m
薹草、蒿草亚高山–高山草甸带	3540m以上

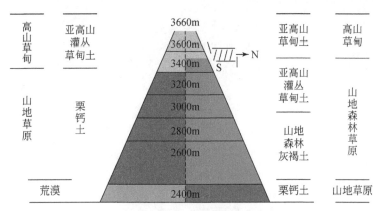

图3-1　东大山土壤和植被垂直分布图

此外，在草原带中也分布着一些团块状的青海云杉林，有人称其为山地森林草原带，但在东大山地区该带不占主要地位。在亚高山–高山草甸中还分布着少量的呈小片状的杯腺柳（*Salix cupularis* Rehd.）、鬼箭锦鸡儿［*Caragana jubata*（Pall.）Poir.］灌丛，有人称其为高山灌丛草甸带，但该带在东大山北坡与灌丛带和草原带相比也居次要地位。

南坡则明显缺乏森林带和亚高山灌丛带，而主要由荒漠带和草原带构成。海拔2000m以下为珍珠猪毛菜（*Salsola passerina* Bung）、合头草（*Sympegma regelii* Bunge）荒漠带，2600m以上为短花针茅（*Stipa breviflora* Griseb.）、克氏针茅（*Stipa krylovii*

Roshev）草原带。海拔 2000～2600m 为荒漠与草原过渡带——荒漠草原带，该带由短花针茅、红砂［*Reaumuria songarica*（Pall.）Maxim.］、珍珠猪毛菜等植物组成。

3.3.2　各类植被群落类型概述

东大山植被类型详见表 3-5。

表 3-5　东大山植被类型

植被类型	分布与生境	植物群落概况	主要植物的生长发育	其他
青海云杉林	海拔 2600～3200m 的阴坡，土壤为森林褐色土，地表较湿润	青海云杉林发育良好，盖度 40%；林下苔藓层分布较均匀，盖度 60%	青海云杉生长发育正常	灌木种类为杯腺柳、箭叶锦鸡儿
杯腺柳灌丛	海拔 3200～3540m 的阴坡及青海云杉林中，土壤为亚杯腺灌丛草甸土	灌丛生长发育良好，主要由杯腺柳、鬼箭锦鸡儿和金露梅组成，但杯腺柳占绝对优势；灌丛盖度达 85%	杯腺柳生长发育良好	箭叶锦鸡儿和金露梅的发育较杯腺柳差
克氏针茅草原	东大山南北坡均有分布，南坡海拔 2600m 以上，北坡 2450m 以上至青海云杉下限	群落发育正常，总盖度 30%～40%。常见植物还有冷蒿、芨芨草、驼绒藜、醉马草等	克氏针茅生长良好，株高 20～30cm。过度放牧的地段发育不良	产草量较高，是各类家畜优良的放牧场
冷蒿、克氏针茅草原	海拔 2450m 左右的北坡，土壤为栗钙土	群落发育不良，总盖度 30% 以上，冷蒿盖度 15%。常见植物还有短花针茅、小花棘豆、芨芨草、赖草等	植物生长低矮，多数植物都难开花结果。过度放牧，啃食严重	亩产鲜草 70kg 左右
短花针茅、沙生针茅、红砂、珍珠荒漠草原	海拔 2000～2800m，土壤为棕钙土和荒漠灰钙土	群落发育正常，总盖度 20%～30%。构成群落的植物种类较多，有红砂、珍珠猪毛菜、芨芨草、骆驼蓬等	草丛和灌丛比较低矮	亩产鲜草 50～60kg
珍珠荒漠	山地南北山前平原，土壤为荒漠灰钙土和灰棕荒漠土	群落发育良好，总盖度 25% 左右。种类有尖叶盐爪爪、白茎盐生草、短花针茅、西伯利亚滨藜等	建群种珍珠为超旱生植物，生长正常	群落的地表有地衣和发菜，为当地较好的牧场
合头草荒漠	广泛分布于山前平原及低山，土壤为石膏灰棕荒漠土	除局部区域外，群落总体发育不良。总盖度只有 1%～3%。种类有盐爪爪、多根葱等	合头草生长低矮	亩产鲜草 10kg 左右

植被类型	分布与生境	植物群落概况	主要植物的生长发育	其他
木紫苑、泡泡刺荒漠	分布在东大山西南部辽阔的戈壁滩，土壤为灰棕荒漠土	群落发育正常，但总盖度低，一般只有3%左右。伴生植物较少，有红砂、白茎盐生草等	植物生长良好	
蒿草、薹草亚高山草甸	海拔3500m以上（东大山主峰附近），土壤为亚高山草甸土或高山草甸土，地表长呈湿润状态	群落发育良好，总盖度高达98%。种类有蒿草、薹草、小花棘豆、二裂委陵菜、火绒草等	植物生长稠密，但草群低矮，呈植毡状	该类型为当地夏季放牧场，但已放牧过度

3.4 资源植物

东大山共有植物45科101属150种，分布于森林、杂草、灌木丛中。按栽培的观赏价值和经济价值等用途可分为：花卉植物、药用植物、蔬菜植物、染料植物、蜜源植物、饲料植物、抗旱保持水土植物、淀粉植物、浆果植物和其他用途植物等。

3.4.1 花卉植物

东大山有花卉植物15科20属23种（表3-6），其中毛茛科和蔷薇科种类较多，多分布于山坡、林缘等处。

表3-6 东大山花卉植物概况

科名	属名	种名	适用范围
柏科	圆柏属	叉子圆柏（*Sabina vulgaris* Ant.）	花坛、草坪
桔梗科	沙参属	长柱沙参（*Adenophora stenanthina* Kitagawa）	花境及切花
菊科	紫菀木属	中亚紫菀木（*Asterothamnus centrali-asiaticus*）	花坛、花境、切花
	旋覆花属	欧亚旋覆花（*Inula britanica* L.）	花坛、花境
柳叶菜科	柳兰属	柳兰（*Epilobium angustifolium* L.）	花坛、花境、切花
茜草科	猪殃殃属	蓬子菜（*Galium verum* L.）	花境、切花
鸢尾科	鸢尾属	马蔺［*Iris lactea* Pall. var. *chinensis*（Fisch.）Koidz.］	花坛、花境
		鸢尾（*Iris tectorum*）	花坛、花境、切花
报春花科	点地梅属	西藏点地梅（*Androsace mariae* Kanitz）	花坛、草地
毛茛科	楼斗菜属	楼斗菜（*Aquilegia viridiflora* Pall.）	花坛、草地
	铁线莲属	甘青铁线莲［*Clematis tangutica*（Maxim.）Korsh.］	棚架、假山
		黄花铁线莲（*Clematis intricata* Bunge.）	棚架、假山
	唐松草属	瓣蕊唐松草（*Thalictrum petaloideum* L.）	花坛、花境

科名	属名	种名	适用范围
龙胆科	龙胆属	秦艽（*Gentiana macrophylla* Pall.）	花坛、花境
蓝雪科	补血草属	黄花补血草 [*Limonium aureum*（L.）Hill]	花坛、花境
石竹科	蝇子草属	女娄菜（*Silene aprica* Turcz. ex Fisch et Mey.）	花境、花坛
罂粟科	紫堇属	地丁草（*Corydalis bungeana* Turcz.）	花坛、石园
	栒子属	灰栒子（*Cotoneaster acutifolius* Turcz.）	石园、假山
蔷薇科	委陵菜属	金露梅（*Potentilla fruticosa* L.）	木本花卉
		银露梅（*Potentilla glabra* Lodd.）	木本花卉
	蔷薇属	多花蔷薇，别名野蔷薇（*Rosa multiflora* Thunb.）	花坛、花篱
百合科	百合属	大花卷丹（*Lilium leichtlinii* var. *maximowiczii* Baker）	花坛、花境
忍冬科	忍冬属	唐古特忍冬（原名陇塞忍冬）（*Lonicera tangutica* Maxim.）	绿地，庭院绿篱

3.4.2　药用植物

东大山有药用植物 34 科 65 属 75 种（表 3-7），分布于森林、杂草、灌木丛中。蕨类植物 1 科 1 属 1 种，裸子植物 2 科 3 属 4 种，被子植物 31 科 61 属 70 种。其中有 19 科含有 1 种野生药用植物，所含的种数为药用植物种数的 24.68%；有 14 科含有 2~5 个植物种类，所含的种数为药用植物种数的 54.54%。蔷薇科、菊科所含的植物种数均在 6 种以上，成为东大山地区野生药用植物的主要药用资源。经统计，在东大山分布的药用植物资源中，全草类药用植物最多，根及根茎类药用植物次之，果类、种子类等较少。

表 3-7　东大山药用植物概况

科名	属名	种名	药用部位	资源量
木贼科	木贼属	问荆（*Equisetum arvense* L.）	全草	多
麻黄科	麻黄属	中麻黄（*Ephedra intermedia* Schrenk.）	幼茎、根	多
柏科	圆柏属	祁连圆柏（*Sabina Przewalskii* Kom.）	叶	多
		叉子圆柏（*Sabina vulgaris* Ant.）	枝、叶	多
	刺柏属	刺柏（*Juniperus formosana* Hayata.）	根	较多
豆科	棘豆属	甘肃棘豆（*Oxytropis kansaensis* Bunge.）	根	较多
	锦鸡儿属	鬼箭锦鸡儿 [*Cardganq jabata*（Pall.）Poir.]	根、花	多
	苦马豆属	苦马豆 [*Sphaerophysa salsula*（Pall.）Dc.]	根、果实	多
	岩黄芪属	红花岩黄芪（*Hedysarum multijugum* Maxim. in Bull.）	根	较多
	草木樨属	黄香草木樨（*Melilotus officinalis*（L.）Desr.）	全草	零星分布

科名	属名	种名	药用部位	资源量
蓼科	蓼属	扁蓄（Polygonum avicular L.）	全草	零星分布
		珠芽蓼（Polygonum viviparum L.）	根状茎	较多
	大黄属	唐古特大黄（Rheum palmatum L.）	根	较少
藜科	滨藜属	西伯利亚滨藜（Atriplex sibirica L.）	果实、全草	较少
		中亚滨藜（Atriplex centralasiatica Iljin.）	果实、全草	较少
	地肤属	地肤 Kochia scoparia（L.）Schrad.	种子、全草	较少
	猪毛菜属	猪毛菜（Salsola collina Pall.）	全草	较少
石竹科	繁缕属	湿地繁缕（Stellaria uda f. n. Willimams）	全草	较少
	蝇子草属	女娄草（Silene aprica Turcz. ex Fisch et Mey.）	全草	较少
		蝇子草（Silene gallica Linn.）	全草	较少
毛茛科	耧斗菜属	耧斗菜（Aquilegia viridiflora Pall.）	全草	较少
	铁线莲属	黄花铁线莲（Clematis intricata Bunge.）	根、全草	较多
		甘青铁线莲（Lematis tangutica Korsh.）	根、全草	较多
	唐松草属	瓣蕊唐松草（Thalictrum prtaloideum L.）	根、全草	较少
小檗科	小檗属	置疑小檗（Berberis dubia Schneid）	根、茎	较少
罂粟科	紫堇属	紫堇（Corydalis edulis Maxirm）	根、全草	少
十字花科	独行菜属	独行菜（Lepidium apetalum Willd）	根、种子	较少
		宽叶独行菜（Lepidium latifolium L.）	根、种子	较少
景天科	瓦松属	瓦松（Orostachys fimbriatus Bge）	全草	较多
蔷薇科	栒子属	灰栒子（Cotoneaster acutifolius Turci.）	枝、叶、果实	较多
	金露梅属	金露梅（Dasiphora fruticosa Rydb）	叶、花	多
	委陵菜属	二裂委陵菜（Potentilla bifurca L.）	全草	较多
	蛇莓属	蛇莓 [Duchesnea indica（Andrews）Foche]	全草	较多
	桃属	蒙古扁桃 [Amygdalus mongolica（Maxim）Ricker]	种仁	较少
	杏属	山杏（Siberian apricot）	种仁	零星分布
牻牛儿苗科	老鹳草属	老鹳草（Geranium wilfordii Maxim.）	全草	较少
车前科	车前属	平车前（Plantago depressa Willd.）	全草、种子	较多
		车前（Plantago asiatica L.）	全草、种子	较少
茜草科	猪殃殃属	猪殃殃（Gallium aparinel L.）	全草	较多
		蓬子菜（Galium verum L.）	全草、根	较多
	茜草属	茜草（Rubia cordifolia L.）	根	较多
桔梗科	沙参属	长柱沙参（Adenophora stenanthinaki Tagawa）	根	较多

第3章 植物

科名	属名	种名	药用部位	资源量
菊科	千里光属	北千里光（*Senecio dubitabilis*）	全草	较多
	旋覆花属	欧亚旋覆花（*Inula britanica* L.）	花序	较多
	火绒草属	高山火绒草（*Leontopodium alpinum* L.）	地上全草	多
	紫菀属	高山紫菀（*Aster alpinus* L.）	根	多
	香青属	乳白香青（*Anaphalis lactea* Maxim.）	全草	较少
	牛蒡属	牛蒡（*Arctium lappa* L.）	果实、根	较多
	蓟属	刺儿菜［*Cirsium setosum*（Willd.）MB.］	全草、根	较多
	蒿属	黄花蒿（*Artemisia annua* L.）	叶	较少
		艾草 *Artemisia argyi* H. Lév. & Vaniot	全草	较多
	蒲公英属	蒲公英（*Taraxacum mongolicum* Hand-Mazz）	全草	较多
百合科	百合属	山丹（细叶百合）（*Lilium pumilum* Dc.）	鳞茎	较多
	葱属	高山韭（*Allium sikkimense* Baker）	全草、种子	较多
鸢尾科	鸢尾属	马蔺（*Iris lactea* Pall. var. *chinensis* Koidz.）	花、种子、根	较多
败酱科	缬草属	小缬草（*Valeriana tangutica* Batal.）	根状茎、根	较少
禾本科	早熟禾属	早熟禾（*Poa annua* L.）	地上全草	较少
蒺藜科	白刺属	小果白刺（*Nitraria sibirica* Pall.）	果实	多
		唐古特白刺（*N. tangatorum* Bolor.）	果实	多
	骆驼蓬属	骆驼蓬［*Peganum harmala* L.］	种子	多
远志科	远志属	西伯利亚远志（*Polygala sibirica* L.）	根	较少
柽柳科	柽柳属	柽柳（*Tamarix chinensis* Lour）	枝叶	较多
瑞香科	狼毒属	狼毒（*Stellera chamaejasme* L.）	根	较多
胡颓子科	胡颓子属	沙枣（*Elaeagnus angustifolia* L.）	果实、树皮	较少
伞形科	柴胡属	北柴胡（*Bupleurum chinense* Dc.）	根	较多
	胡萝卜属	野胡萝卜（*Daucus carota* L.）	果实	较少
	防风属	防风［*Ssaposhnikovia divaricata*（Turcz.）Schischk］	根	较少
	阿魏属	硬阿魏（*Ferula bungeana* Kitagawa）	茎	较少
忍冬科	忍冬属	陇塞忍冬（*Aonicera tangutica* Maxim）	茎叶、花蕾	较少
报春花科	点地梅属	直立点地梅［*Androsace erecta* Maxim］	全草	较多
		西藏点地梅［*Androsace mariae*］	全草	较多
龙胆科	龙胆属	秦艽（*Gentiana macrophylla* Pall）	根	较多
旋花科	打碗花属	打碗花（*Calystegia hederacea* Wall）	全草	零星分布
紫草科	鹤虱属	鹤虱（*Lappula myosotis* Riwolf）	果实	较多
茄科	枸杞属	枸杞（*Lycium barbarum* L.）	果实	较少

3.4.3 蔬菜植物

野生蔬菜绿色无污染，含人体所必需的糖、蛋白质、维生素等，而且许多野菜的营养成分，如胡萝卜素、核黄素等的含量远远高于常见蔬菜，且味道鲜美可口，为一般蔬菜所不及。当下人们特别注重养生健康，这些野生蔬菜恰能迎合市场需求，因此可以对野生蔬菜进行驯化和人工培育并将其投入市场。经初步统计，东大山有野生蔬菜15科31属46种（表3-8），含有种类较多的科有蓼科、十字花科、伞形科、唇形科、菊科、百合科等。常见的可食用野菜有发菜（*Nostoc flagelliforme* Born. ex Flah.）、地木耳（*Nostoc commune* Vauch.）、马齿苋（*Portulaca oleracea* L.）、荠菜（*Capsella bursa-pastoris* L.）、苦苣菜（*Sonchus oleraceus* L.）、野葱（*Allium chrysanthum* L.）等。

表3-8　东大山蔬菜植物概况

科名	属名	种名	利用部位及价值
念珠藻科	念珠藻属	发菜（*Nostoc flagelliforme* Born. ex Flah.）	藻体可食用
		地木耳（*Nostoc commune* Vauch.）	藻体可食用
苋科	苋属	绿苋（*Amaranthus viridis* L.）	嫩茎叶可食用
		反枝苋（*Amaranthus retroflexus* L.）	嫩茎叶可食用
马齿苋科	马齿苋属	马齿苋（*Portulaca oleracea* L.）	幼苗、嫩茎叶可食用
蓼科	蓼属	扁蓄（*Polygonum aviculare* L.）	嫩茎叶可食用
		水蓼（*Polygonum hydropiper* L.）	嫩叶、幼茎可食用
		酸模叶蓼（*Polygonum lapathifolium* L.）	嫩叶、幼茎可食用
	酸模属	酸模（*Rumex acetosa* L.）	嫩茎叶可食用
锦葵科	蜀葵属	蜀葵（*Alcea rosea* L.）	嫩茎叶可食用
	锦葵属	冬葵（*Malva crispa* Linn.）	嫩茎叶、幼苗可食用
十字花科	独行菜属	独行菜（*Lepidium apetalum* Willd）	嫩茎叶可食用
		宽叶独行菜（*Lepidium latifolium* L.）	嫩茎叶可食用
	荠菜属	荠菜（*Capsella bursa-pastoris* L.）	嫩茎叶可食用
	播娘蒿属	播娘蒿［*Descurainia sophia*（L.）Schur］	幼苗可食用
蔷薇科	委陵菜属	二裂委陵菜（*Potentilla bifurca* L.）	嫩茎叶可食用
		多茎委陵菜（*Potentilla multicaulis* Bge.）	嫩茎叶可食用
蝶形花科	草木樨属	黄香草木樨（*Melilotus suareolens* Ledeb.）	嫩芽、嫩茎叶可食用
		白香草木樨［*Melilotus officinalis*（L.）Desr.］	嫩芽、嫩茎叶可食用
牻牛儿苗科	老鹳草属	尼泊尔老鹳草（*Geranium depales* Sweet）	嫩茎叶可食用
伞形科	水芹菜属	水芹［*Oenanthe javanica*（BL.）Dc］	嫩叶、幼茎可食用
	茴香属	茴香（*Foeniculum vulgare* Mill.）	嫩叶、幼茎可食用
	变豆菜属	薄片变豆菜（山芹菜）（*Sanicula lamelligera* Hance）	嫩叶、幼茎可食用
旋花科	旋花属	田旋花（*Convolvulus arvensis* L.）	嫩茎叶可食用
	打碗花属	打碗花（*Calystegia hederacea* Wall.）	嫩茎叶可食用
唇形科	紫苏属	紫苏（*Perilla frutescens* L.）	嫩叶、幼茎可食用
	薄荷属	薄荷（*Mentha haplocalyx* Brig）	嫩叶、幼茎可食用
	荆芥属	荆芥（*Nepetu cataria* L.）	嫩叶、幼茎可食用

科名	属名	种名	利用部位及价值
车前科	车前属	平车前（*Plantago depressa* Willd.）	嫩茎叶可食用
		车前（*Plantago asiatical* L.）	嫩茎叶可食用
菊科	牛蒡属	牛蒡（*Arctium lappa* L.）	根、叶柄、嫩叶可食用
	蓟属	刺儿菜［*Cirsium setosum*（Willd.）MB.］	幼苗、嫩叶可食用
	旋覆花属	欧亚旋覆花（*Inula britanica* L.）	嫩叶可食用
	苦苣菜属	苦苣菜（*Sonchus oleraceus* L.）	嫩叶、幼苗、根均可食用
		苣荬菜（*Sonchus brachyotus* DC.）	嫩茎叶可食用
	山莴苣属	山莴苣［*Lagedium sibiricum*（L.）Sojak］	嫩茎叶可食用
	蒿属	茵陈蒿（*Artemisia capillaries*）	嫩茎叶可食用
		艾蒿（*Artemisia argyi* Levl. et Van. var. *argyi*）	嫩茎叶可食用
	蒲公英属	蒲公英（*Taraxacum mongolicum* Hand-Mazz）	全株可食用
百合科	百合属	山丹（*Lilium pumilum* L.）	鳞茎、花蕾可食用
	葱属	高山韭（*Allium sikkimense* L.）	全草、种子可食用
		山韭（*Allium senescens* L.）	茎、叶可食用
		蒙古韭（*Allium mongolicum* L.）	茎、叶可食用
		天蓝韭（*Allium cyaneum* L.）	茎、叶可食用
		唐古韭（*Allium tanguticum* L.）	茎、叶可食用
		野葱（*Allium chrysanthum* L.）	茎、叶可食用

3.4.4 染料植物

从植物中提取的天然色素染料无毒、无污染，广泛用于食品、饮料的着色或纸、绢、棉的染色等。东大山有染料植物 4 科 4 属 5 种（表 3-9），其中，茜草（*Rubia cordifolia* L.）能提取红色素，欧亚旋覆花（*Inula britanica* L.）能提取黄色素，甘青铁线莲［*Clematis tangutica*（Maxim.）Korsh.］和黄花铁线莲（*Clematis intricata* Bunge.）能提取黄色素，山丹（*Lilium pumilum* L.）能提取红色素，等等。

表 3-9 东大山染料植物概况

科名	属名	种名	利用部位及价值
毛茛科	铁线莲属	甘青铁线莲［*Clematis tangutica*（Maxim.）Korsh.］	可提取黄色素
		黄花铁线莲（*Clematis intricata* Bunge.）	可提取黄色素
茜草科	茜草属	茜草（*Rubia cordifolia* L.）	可提取红色素
菊科	旋覆花属	欧亚旋覆花（*Inula britanica* L.）	可提取黄色素
百合科	百合属	山丹（*Lilium pumilum* L.）	可提取红色素

3.4.5 蜜源植物

蜜源植物是指能分泌花蜜，产生花粉，为蜜蜂提供食物的植物。东大山有蜜源植物 6 科 9 属 14 种（表 3-10），其中色泽鲜艳、花蜜多、分布量大的植物主要有山丹（*Lilium pumilum* L.）、甘青铁线莲［*Clematis tangutica*（Maxim.）Korsh.］、黄花铁线莲（*Clematis intricata* Bunge.）、金露梅（*Potentilla fruticosa* L.）、高山黄华［*Thermopsis alpina*（Pall）Ledeb.］和黄香草木樨（*Melilotus suareolens* Ledeb.）等。

表 3-10　东大山蜜源植物概况

科名	属名	种名	利用部位及价值
毛茛科	铁线莲属	甘青铁线莲［*Clematis tangutica*（Maxim.）Korsh.］	蜜源植物，量丰富
		黄花铁线莲（*Clematis intricata* Bunge.）	蜜源植物，量丰富
蔷薇科	委陵菜属	蕨麻（鹅绒委陵菜）（*Potentilla anserina* L.）	蜜源植物，量丰富
		朝天委陵菜（*Potentilla supina* L.）	蜜源植物，量丰富
	金露梅属	金露梅（*Potentilla fruticosa* L.）	蜜源植物，量丰富
		银露梅（*Potentilla glabra* Lodd.）	蜜源植物，量丰富
	蔷薇属	山刺玫（*Rosa davurica* Pall.）	芳香蜜源植物，量丰富
		多花蔷薇（*Rosa multiflora* Thunb.）	蜜源植物，量丰富
豆科	草决明属	高山黄华［*Thermopsis alpina*（Pall）Ledeb.］	蜜源植物，量丰富
	草木樨属	黄香草木樨（*Melilotus suareolens* Ledeb.）	蜜源植物，量丰富
		白香草木樨［*Melilotus albus* Medic. ex Desr.］	蜜源植物，量丰富
茄科	枸杞属	枸杞（*Lycium barbarum* L.）	蜜源植物，量较少
玄参科	马先蒿属	皱褶马先蒿（*Pedicularis plicata* Maxim）	密源植物，量较多
百合科	百合属	山丹（*Lilium pumilum* L.）	蜜源植物，量较少

3.4.6 饲料植物

东大山可供饲用的植物有 16 科 31 属 50 种（表 3-11），其中资源量大、分布较广、口感好、动物喜食的植物主要有反枝苋（*Amaranthus retroflexus* L.）、马齿苋（*Portulaca oleracea* L.）、苦苣菜（*Sonchus oleraceus* L.）、鹅绒委陵菜（*Potenlilla anserine* L.）、朝天委陵菜（*Potentilla supina* L.）、多茎委陵菜（*Potentilla multicaulis* Bge.）、猪殃殃（*Gallium aparinel* L.）等。

表 3-11　东大山饲料植物概况

科名	属名	种名	利用部位及价值
藜科	盐爪爪属	圆叶盐爪爪（*Kalidium Schrenkianum* Bunge）	盐生植物
		细叶盐爪爪（*Kalidium gracidl* Feuzel）	盐生植物
		盐爪爪［*Kalidium foliatum*（Pall.）Moq.］	盐生植物
	碱蓬属	碱蓬（*Salicornia glauca* Bge）	种子可榨油
	猪毛菜属	猪毛菜（*Salsola passerina* Bunge.）	嫩株可食用，可做饲料

祁连山自然保护区东大山生物资源

科名	属名	种名	利用部位及价值
苋科	苋属	绿苋（*Amaranthus viridis* L.）	嫩茎叶可食用
		反枝苋（*Amaranthus retroflexus* L.）	嫩茎叶可食用
马齿苋科	马齿苋属	马齿苋（*Portulaca oleracea* L.）	幼苗、嫩茎叶可食用
石竹科	蝇子草属	女娄菜（*Silene aprica* Turcz. ex Fisch et Mey.）	嫩苗可食用，可做饲料
蓼科	蓼属	扁蓄（*Polygonum aviculare* L.）	嫩茎叶可食用
		蓼（*Polygonum hydropiper* L.）	嫩叶、幼茎可食用
		酸模叶蓼（*Polygonum lapathifolium* L.）	嫩叶、幼茎可食用
	酸模属	酸膜（*Rumex acetosa* L.）	嫩茎叶可食用
十字花科	独行菜属	独行菜（*Lepidium apetalum* willd）	嫩茎叶可食用
		宽叶独行菜（*Lepidium latifolium* L.）	嫩茎叶可食用
	荠菜属	荠菜（*Capsella bursa-pastoris* L.）	嫩茎叶可食用
	播娘蒿属	播娘蒿［*Descurainia sophia*（L.）Schur］	幼苗可食用
蔷薇科	委陵菜属	鹅绒委陵菜（*Potentilla anserina* L.）	叶可食用，可做饲料
		朝天委陵菜（*Potentilla supina* L.）	叶可食用，可做饲料
		大萼委陵菜（*Potentilla conferta* Bge.）	叶可食用，可做饲料
		二裂委陵菜（*Potentilla bifurca* L.）	嫩茎叶可食用
		多茎委陵菜（*Potentilla multicaulis* Bge.）	嫩茎叶可食用
	金露梅属	金露梅（*Potentilla fruticosa* L.）	观赏花卉
		银露梅（*Potentilla glabra* Lodd.）	观赏花卉
蝶形花科	草木樨属	黄香草木樨（*Melilotus suareolens* Ledeb.）	嫩芽、嫩茎叶可食用
		白香草木樨［*Melilotus albus* Medic. ex Desr.］	嫩芽、嫩茎叶可食用
牻牛儿苗科	老鹳草属	老鹳草（*Geranium wilfordii* Maxim.）	嫩茎叶可食用
伞形科	水芹菜属	水芹［*Oenanthe javanica*（BL.）Dc］	嫩叶、幼茎可食用
	变豆菜属	山芹菜（*Sanicula lamelligera* Hance）	嫩叶、幼茎可食用
旋花科	旋花属	田旋花（*Convolvulus arvensis* L.）	嫩茎叶可食用
	打碗花属	打碗花（*Calystegia hederacea* Wall.）	嫩茎叶可食用
车前科	车前属	平车前（*Platago major* L.）	嫩茎叶可食用
		车前（*Patago asiatical* L.）	嫩茎叶可食用
茜草科	猪殃殃属	猪殃殃（*Gallium aparinel* L.）	可做饲料
菊科	牛蒡属	牛蒡（*Arctium lappa* L.）	根、叶柄、嫩叶可食用
	蓟属	刺儿菜［*Cirsium setosum*（Willd.）MB.］	幼苗、嫩叶可食用
	旋覆花属	欧亚旋覆花（*Inula britanica* L.）	嫩叶可食用
	苦苣菜属	苦苣菜（*Sonchus oleraceus* L.）	嫩叶、幼苗、根均可食用
		苣荬菜（*Sonchus brachyotus* DC.）	嫩茎叶可食用
	山莴苣属	山莴苣［*Lagedium sibiricum*（L.）Sojak］	嫩茎叶可食用
	蒲公英属	蒲公英［*Taraxacum mongolicum* Hand-Mazz］	全株可食用，全草入药

科名	属名	种名	利用部位及价值
禾本科	冰草属	冰草［*Agropyron cristatum*（L.）Gaertn.］	盐生，抗旱
	芨芨草属	芨芨草［*Achnatherum splendens*（Trin.）］	纤维
	早熟禾属	早熟禾（*Poa annua* L.）	饲料
百合科	葱属	高山韭（*Allium sikkimense* L.）	全草、种子可食用
		山韭（*Allium senescens* L.）	茎、叶可食用
		蒙古韭（*Allium mongolicum* L.）	茎、叶可食用
		天蓝韭（*Allium cyaneum* L.）	茎、叶可食用
		唐古韭（*Allium tanguticum* L.）	茎、叶可食用
		野葱（*Allium chrysanthum* L.）	茎、叶可食用

3.4.7　抗旱保持水土植物

东大山分布的抗旱保持水土的植物有 4 科 7 属 11 种（表 3-12），主要种类有甘肃锦鸡儿（*Cardganq gansnensis* Pojark）、盐爪爪［*Kalidium foliatum*（Pall.）Moq.］、白刺（*Nitiaria tangutorum* Bolor）、冰草［*Agropyron cristatum*（L.）Gaertn.］等。

表 3-12　东大山抗旱保持水土植物概况

科名	属名	种名	利用部位及价值
藜科	盐爪爪属	圆叶盐爪爪（*Kalidium schrenkianum* Bunge）	盐生抗旱
		细叶盐爪爪（*Kalidium gracidl* Feuzel）	盐生抗旱
		盐爪爪［*Kalidium foliatum*（Pall.）Moq.］	盐生抗旱
蝶形花科	野决明属属	披针叶黄华（*Thermopsis lanceolata* R. Br.）	耐盐旱生
	锦鸡儿属	高山锦鸡儿（*Caragana alpina* Liou F.）	保持水土
		甘肃锦鸡儿（*Cardganq gansnensis* Pojark）	保持水土
		鬼箭锦鸡儿（*Caragana jubata* L.）	保持水土
	棘豆属	小花棘豆（*Oxytxopis glabra* DC.）	防风固沙
蒺藜科	白刺属	白刺（*Nitiaria tangutorum* Bolor）	耐盐抗旱
禾本科	冰草属	冰草［*Agropyron cristatum*（L.）Gaertn.］	盐生抗旱
	芨芨草属	芨芨草［*Achnatherum splendens*（Trin.）Nevski］	抗旱

3.4.8　淀粉植物

野生淀粉植物可提取淀粉，而植物淀粉可用来酿酒和制醋等，还可以作为其他工业原料。东大山有淀粉植物约 2 科 3 属 3 种（表 3-13），其中淀粉含量较高的种类有鹅绒委陵菜（*Potenlilla anserine* L.）等。

第3章　植物

029

表 3-13　东大山淀粉植物概况

科名	属名	种名	利用部位及价值
蔷薇科	栒子属	灰栒子（*Cotoneaster acutifolius* Turcz）	果富含淀粉
	委陵菜属	鹅绒委陵菜（*Potenlilla anserine* L.）	根富含淀粉
百合科	百合属	山丹（*Lilium pumilum* L.）	鳞茎富含淀粉

3.4.9　浆果植物

浆果植物的果都含有丰富的维生素 C 和维生素 A，既可做提取维生素的原料，又可用来生产果汁、果酱、果酒等。东大山分布有浆果植物 3 科 4 属 4 种（表 3-14），常见种类有黄刺玫（*Rosa xanthina* Lindl.）、白刺（*Nitiaria tangutorum* Bolor）等。

表 3-14　东大山浆果植物资源概况

科名	属名	种名	利用部位及价值
蔷薇科	金露梅	金露梅（*Potentilla fruticosa* L.）	观赏花卉；果可做饮料
	蔷薇属	黄刺玫（*Rosa xanthina* Lindl.）	果可做果酒或果酱
蒺藜科	白刺属	白刺（*Nitiaria tangutorum* Bolor）	果可做饮料或果酒
忍冬科	忍冬属	陇塞忍冬（*Lonicera tangutica* Maxim.）	果可做果酱或果酒

3.4.10　其他用途植物

东大山还分布有多种其他用途的经济植物，如纤维植物芨芨草 [*Achnatherum splendens*（Trin.）Nevski]、马蔺 [*Iris lactea* Pall. var. *chinensis*（Fisch.）Koidz.] 等，芳香植物紫苏（*Perilla frutescens* L.）、薄荷（*Mentha haplocalyx* Brig）等，编织材料植物吉拉柳（*Salix gilasnanica* C. Wang et. P. Z. Fu）等，但这些植物分布种类较少，开发利用价值不大。

3.5　优势植物形态特征及分布

3.5.1　蓝藻门（Cyanophyta）

念珠藻科（Nostocaceae）
发菜（*Nostoc flagelliforme* Born. ex Flah.）
国家 Ⅰ 级重点保护野生植物（国务院 1999 年 8 月 4 日批准）。
别称：地毛、旃毛菜、地毛菜、仙菜、净池菜、头发菜、龙须菜、猪毛菜。
形态特征：藻体毛发状，平直或弯曲，棕色，干后呈棕黑色。往往许多藻体绕结成团，最大藻团直径可达 0.5m；单一藻体干燥时宽 0.3～0.51mm，吸水后黏滑而带弹

性，直径可达 1.2mm。藻体内的藻丝直或弯曲，许多藻丝几乎纵向平行排列在厚而有明显层理的胶质被内；单一藻丝的胶鞘薄而不明显，无色。细胞全体呈黑蓝色。细胞球形或略呈长球形，直径 4 ~ 6μm，内含物呈蓝绿色。异形胞端生或间生，球形，直径为 5 ~ 7μm，属于原核生物。

分布：东大山外围保护地带（冷蒿、克氏针茅草原带以下）。我国内蒙古、宁夏、甘肃、青海、陕西等省（自治区）的干旱和半干旱地区均有分布，全年降水量为 80 ~ 250mm、母质为第三纪红土地区生长较多。生于海拔 2000m 的山坡草地。

3.5.2 蕨类植物门（Pteridophyta）

木贼科 Equisetaceae

问荆（*Equisetum orrvese* L.）

别称：接续草、公母草、搂接草、空心草、马蜂草、节节草、接骨草。

形态特征：中小型植物。根茎斜升，直立和横走，黑棕色，节和根密生黄棕色长毛或光滑无毛。地上枝当年枯萎。枝二型：①能育枝春季先萌发，高 5 ~ 35cm，中部直径 3 ~ 5cm，节间长 2 ~ 6cm，黄棕色，无轮茎分枝，脊不明显，要密纵沟；鞘筒栗棕色或淡黄色，长约 0.8cm，鞘齿 9 ~ 12 枚，栗棕色，长 4 ~ 7mm，狭三角形，鞘背仅上部有一浅纵沟，孢子散后能育枝枯萎。②不育枝后萌发，高达 40cm，主枝中部直径 1.5 ~ 3.0mm，节间长 2 ~ 3cm，绿色，轮生分枝多，主枝中部以下有分枝。脊的背部弧形，无棱，有横纹，无小瘤；鞘筒狭长，绿色，鞘齿三角形，5 ~ 6 枚，中间黑棕色，边缘膜质，淡棕色，宿存。侧枝柔软纤细，扁平状，有 3 ~ 4 条狭而高的脊，脊的背部有横纹；鞘齿 3 ~ 5 个，披针形，绿色，边缘膜质，宿存。孢子囊穗圆柱形，长 1.8 ~ 4.0cm，直径 0.9 ~ 1.0cm，顶端钝，成熟时柄伸长，柄长 3 ~ 6cm。营养茎在孢子茎枯萎后生出，高 15 ~ 60cm，有棱脊 6 ~ 15 条，叶退化。下部联合成鞘，鞘齿披针形，黑色，边缘灰白色，膜质；分支轮生，中实，有脊棱 3 ~ 4 条，单一或再分支。孢子茎早春先发，常为紫褐色，肉质，不分支，鞘长而大。孢子囊穗 5 ~ 6 月抽出，顶生，钝头，长 2 ~ 3.5cm；孢子叶六角形，盾状着生，螺旋排列，边缘着生长型孢子囊。

分布：东大山林区。在全国各地均有分布。

3.5.3 裸子植物门（Gymnospermae）

3.5.3.1 松科（Pinaceae）

青海云杉（*Picea crassifolia*）

别称：泡松。

红色名录等级为无危（LC），为中国特有植物。

形态特征：高大乔木，杆高可达 23m，胸径可达 30 ~ 60cm，通常无树脂。一年生嫩枝淡绿黄色，有或多或少的短毛，或几无毛至无毛，干后或二年生小枝呈粉红色或淡褐黄色，稀呈黄色，通常有明显或微明显的白粉（尤以叶枕顶端的白粉显著），或无白粉，老枝呈淡褐色、褐色或灰褐色。叶较粗，四棱状条形，近辐射伸展，或小枝上面之叶直上伸展，下面及两侧之叶向上弯伸，多少弯曲或直，长 1.2～3.5cm，宽 2～3mm，先端钝，或具钝尖头，横切面四棱形，稀两侧扁，四面有气孔线，上面每边 5～7 条，下面每边 4～6 条。冬芽圆锥形，基部芽鳞有隆起的纵脊，小枝基部宿存芽鳞的先端常开展或反曲。球果圆柱形或矩圆状圆柱形，长 7～11cm，径 2～3.5cm，成熟前种鳞背部露出部分绿色，上部边缘紫红色；中部种鳞倒卵形，长约 1.8cm，宽约 1.5cm，先端圆，边缘全缘或微成波状，微向内曲，基部宽楔形；苞鳞短小，三角状匙形，长约 4mm；种子斜倒卵圆形，长约 3.5mm，连翅长约 1.3cm，种翅倒卵状，淡褐色，先端圆。花期 4～5 月，球果 9～10 月成熟（彩图 3-1）。

分布：东大山林区，祁连山区。我国青海、甘肃、宁夏、内蒙古大青山海拔 1600～3800m 地带均有分布。常在山谷与阴坡组成单纯林。

3.5.3.2　柏科（Cupressaceae）

（1）祁连圆柏（*Sagbina przewalskii*）

红色名录等级为无危（LC），为中国特有植物。

形态特征：常绿乔木，高达 12m，稀灌木状。树干直或略扭，树皮灰色或灰褐色，裂成条片脱落；枝条开展或直伸，枝皮裂成不规则的薄片脱落；小枝不下垂，一年生枝的一回分枝圆，径约 2mm，二回分枝较密，近等长，方圆形或四棱形，径 1.2～1.5mm，微成弧状弯曲或直。叶有刺叶与鳞叶，幼树的叶通常全为刺叶，壮龄树上兼有刺叶与鳞叶，大树或老树则几全为鳞叶；鳞叶交互对生，排列较疏或较密，菱状卵形，长 1.2～3mm，上部渐狭或微圆，先端尖或微钝、微向外展或向内靠覆，背面被蜡粉，稀无蜡粉，腺体位于叶背基部或近基部，圆形、卵圆形或椭圆形；刺叶三枚交互轮生，少数开展，长 4～7mm，三角状披针形，上面凹，有白粉带，中脉隆起，下面拱圆或上部具钝脊，先端成角质锐尖。雌雄同株，雄球花卵圆形，长约 2.5mm，雄蕊 5 对。球果卵圆形或近圆球形，长 8～13mm，成熟前绿色，微具白粉，熟后蓝褐色、蓝黑色或黑色，微有光泽，有 1 粒种子；种子扁方圆形或近圆形，稀卵圆形，两端钝，长 7～9.5mm，径 6～10mm，具或深或浅的树脂槽，两侧有明显而凸起的棱脊，间或仅上部的脊较明显（彩图 3-2）。

分布：东大山。我国青海、甘肃均有分布，为我国特有树种，可作为干旱地区的造林树种。常生于海拔 2600～4000m 地带的阳坡。

（2）叉子圆柏（*Sabina vulgaris* Ant.）

别称：沙地柏、新疆圆柏。

形态特征：匍匐灌木，高不及 1m；枝密，斜上伸展，枝皮灰褐色，裂成薄片脱落；一年生枝的分枝皆为圆柱形，径约 1mm；小枝细，径约 1mm，近圆形。斜上叶二型：①刺叶常生于幼树上，稀在壮龄树上与鳞叶并存，常交互对生或兼有三叶交叉轮生，排列较密，向上斜展，长 3～7mm，先端刺尖，上面凹，下面拱圆，中部有长椭圆形或条形腺体。②鳞叶交互对生，排列紧密或稍疏，斜方形或菱状卵形，长 1～2.5mm，先端急尖或微钝，背面中部有明显的椭圆形或卵形腺体。雌雄异株，稀同株；雄球花矩圆形或椭圆形，长 2～3mm，雄蕊 5～7 对，各具 2～4 个花药，药隔钝三角形；雌球花曲垂或初期直立而随后俯垂。球果生于向下弯曲的小枝顶端，熟前蓝绿色，熟时褐色至紫蓝色或黑色，少有白粉，具 1~5 粒种子，多为 2~3 粒，形状各式，多为倒三角状球形，长 5~8mm，直径 5~9mm。种子常为卵圆形，微扁，长 4~5mm，顶端钝或微尖，有纵脊与树脂槽（彩图 3-3）。

分布：东大山。我国内蒙古、陕西、新疆、宁夏、甘肃、青海等地均有分布。生于 2500m 以上的阳坡。

3.5.3.3 麻黄科（Ephedraceae）

中麻黄（*Ephedra intermedia* Schrenk ex Mey.）

红色名录等级为近危（NT）。

形态特征：灌木，高 1m 以上，茎直立或匍匐斜上，粗壮，基部分枝多；小枝轮生或对生，圆筒形，灰绿色，有节，节间通常长 3~6mm，径 1~2mm，纵槽纹较细浅。叶退化成膜质鞘状，叶 3 裂及 2 裂混见，下部约 2/3 合生成鞘状，上部裂片窄三角形或钝三角披针形。雄球花通常无梗，数个密集于节上成团状，稀 2~3 个对生或轮生于节上，具 5~7 对交叉对生或 5~7 轮（每轮 3 片）苞片；雄花有雄蕊 5~8 个，花丝全部合生，花药无梗；雌球花 2~3 成簇，对生或轮生于节上，无梗或有短梗，苞片 3~5 轮（每轮 3 片）或 3~5 对交叉对生，通常仅基部合生，边缘常有明显膜质窄边，最上一轮苞片有 2~3 雌花；雌花的珠被管长达 3mm，常成螺旋状弯曲。雌球花成熟时肉质红色，椭圆形、卵圆形或矩圆状卵圆形，长 6~10mm，径 5~8mm。种子包于肉质红色的苞片内，不外露，3 粒或 2 粒，形状变异颇大，常呈卵圆形或长卵圆形，长 5~6mm，径约 3mm。花期 5~6 月，种子 7~8 月成熟（彩图 3-4）。

分布：东大山南部的阳坡。我国辽宁、河北、山东、内蒙古、山西、陕西、甘肃、青海及新疆等地均有分布，以西北各省区最为常见。生于海拔数百米至 2000m 以上的干旱荒漠、沙滩地区及干旱的山坡或草地上。

3.5.4 被子植物门（Angiospermae）

3.5.4.1 杨柳科（Salicaceae）

（1）山杨（*Populu davidiana* Dode）

别称：大叶杨、响杨、麻嘎勒。

红色名录等级为无危（LC）。

形态特征：乔木，高达 25m，胸径约 60cm。树皮光滑灰白色或灰绿色，老树基部黑色粗糙；树冠圆形，小枝圆筒形，赤褐色，光滑，萌发嫩枝被柔毛。叶三角状近圆形或卵圆形，长宽近等，长 3~6cm，先端钝尖、急尖或短渐尖，基部圆形、截形或浅心形，边缘有密波状浅齿，发叶时显红色，萌发嫩枝叶大，下面被柔毛，三角状卵圆形；叶柄侧扁，长 2~6cm。芽卵形或卵圆形，无毛，微有黏质。花序轴有疏毛或密毛；苞片棕褐色，掌状条裂，边缘有密长毛；雄花序长 5~9cm，雄蕊 5~12，花药紫红色；雌花序长 4~7cm；子房圆锥形，柱头 2 深裂，带红色。果序长达 12cm；蒴果卵状圆锥形，长约 5mm，有短柄，2 瓣裂。花期 3~4 月，果期 4~5 月。

分布：东大山。我国黑龙江、内蒙古、吉林、华北、西北、华中及西南高山地区均有分布；垂直分布自东北低山海拔 1200m 以下到青海海拔 2600m 以下地带，湖北西部、四川中部、云南分布在海拔 2000~3800m 地带。多生于山坡、山脊和沟谷地带，常形成小面积纯林或与其他树种形成混交林。

（2）吉拉柳（*Salix gilasnanica* C. Wang et. P. Z. fu）

别称：高山柳。

红色名录等级为无危（LC）。

形态特征：灌木。小枝黑紫色或褐色，较粗壮，光滑。叶倒卵状椭圆形、椭圆形或倒卵形，长 3~5cm，宽 1~3cm；两面无毛，或主脉上稍有柔毛；边缘具腺，近全缘或锯齿，先端急尖至近圆形，基部钝或近圆形，上面深绿色，下面色浅或有白粉；叶柄长 5~13mm，光滑，发红色。芽长 7~10mm。花序长 1.5~3.5cm，有短花序梗，基部有 1~3 小叶；苞片椭圆形至宽倒卵形，先端圆形至截形，两面有毛；雄蕊花丝离生，至中部有绵毛，比苞片长 1 倍，花药椭圆形，黄色；腺体腹生和背生，圆柱形或条形，裂或不分裂，子房卵形，密被柔毛，花柱长，约与子房等长，背腺较腹腺稍细小或无。果序长可达 5cm；蒴果达 6mm。花期在 7 月中旬，果期在 8 月（彩图 3-5）。

分布：东大山。我国西藏东部和云南西北部、四川西部、青海东南部均有分布。生于海拔 3100~4680m 的山坡或山顶。

3.5.4.2 蓼科（Polygonaceae）

珠芽蓼（*Polygonum viviparum* L.）

别称：猴娃七、山高粱、蝎子七、剪刀七、染布子。

形态特征：多年生草本，高 10~40cm。根状茎肥厚，紫褐色。茎直立，不分枝，通常 2~3 株生于根状茎上。叶披针形或矩圆形，长 3~6cm，宽 8~25mm，革质，顶端急尖，基部楔形或圆形，边缘微向下反卷；基生叶有长柄；茎生叶有短柄或近无柄，披针形，较小；托叶鞘筒状，膜质。穗状花序，顶生，中下部生珠芽；苞片宽卵形，膜质；花淡红色；花被 5 深裂，裂片宽椭圆形；雄蕊通常 8，花柱 3。瘦果卵形，有 3 棱，深褐色，有光泽（彩图 3-6）。

分布：东大山。我国内蒙古、吉林、新疆、甘肃、青海、陕西、四川和西藏等地均有分布。

3.5.4.3 藜科（Chenopodiaceae）

（1）盐爪爪 [*Kalidium foliatum*（Pall.）Moq.]

形态特征：小灌木，高 20~50cm。茎平卧或直立，多分枝，木质老枝较粗壮，黄褐色或灰褐色，小枝上部近于草质，黄绿色；叶互生，圆柱形，肉质多汁，长 4~10mm，宽 2~3mm，开展成直角，或稍向下弯，顶端钝，基部下延，半抱茎；穗状花序，顶生，长 8~15mm，直径 3~4mm，每 3 朵花生于 1 鳞状苞片内；花被合生，果实扁平呈盾状，盾片宽五角形，周围有狭窄的翅状边缘；雄蕊 2，伸出花被外，子房卵形，柱头 2，胞果圆形。种子直立，近圆形，两侧压扁，密生乳头状小突起。花果期

7~9月（彩图3-7）。

分布：东大山，甘肃河西走廊。我国内蒙古、黑龙江、河北、宁夏、新疆、青海均有分布。生于洪积扇扇缘地带及盐湖边的潮湿盐土、盐化沙地、砾石荒漠的低湿处和胡杨林下，常常形成盐土荒漠及盐生草甸。

（2）西伯利亚滨藜（*Atriplex sibirica* L.）

形态特征：年生草本，高20~50cm。茎通常自基部分枝，枝外倾或斜伸，钝四棱形，无色条，有粉。叶片卵状三角形至菱状卵形，长3~5cm，宽1.5~3cm，先端微钝，基部圆形或宽楔形，边缘具疏锯齿，近基部的1对齿较大而呈裂片状或仅有1对浅裂片而其余部分全缘，上面灰绿色，无粉或稍有粉，下面灰白色，有密粉，叶柄长3~6mm。团伞花序腋生；雄花花被5深裂，裂片宽卵形至卵形；雄蕊5，花丝扁平，基部连合，花药宽卵形至短矩圆形，长约0.4mm；雌花的苞片连合成筒状，仅顶缘分离，果时鼓胀，略呈倒卵形，长5~6mm（包括柄），宽约4mm，木质化，表面具多数不规则的棘状突起，顶缘薄，牙齿状，基部楔形。胞果扁平，近圆形或卵形；果皮膜质，白色，与种子贴伏；种子直立，红褐色或黄褐色，直径2~2.5mm；花期6~7月，果期8~9月。

分布：东大山。我国宁夏、吉林、河北、甘肃、青海、黑龙江、内蒙古、陕西、辽宁、新疆等地均有分布。生长于海拔200~2900m的地区，多生于渠沿、盐碱荒漠、湖边及河岸固定沙丘。

（3）地肤 [*Kochia scoparia* (L.) Schrad]

别称：地麦、落帚、扫帚苗、扫帚菜、孔雀松、绿帚、观音菜。

形态特征：株丛紧密，植株为嫩绿，秋季叶色变红。株形呈卵圆形至倒卵形、椭圆形或圆球形，分枝多而细，具短柔毛，茎基部半木质化。叶子线状披针形，单叶互生，叶线性、线形或条形。穗状花序，开红褐色小花，花极小。果实扁球形，可入药，叫地肤子。嫩茎叶可以食用，老株可用来作扫帚（彩图3-8）。

分布：东大山。我国黑龙江、吉林、辽宁、内蒙古、河北、山西、陕西、甘肃、宁夏、青海、新疆均有分布。多生于河滩、山沟湿地、路边、海滨等处。

（4）碱蓬（*Salicornia glauca* Bge）

红色名录等级为无危（LC）。

别称：盐蒿。

形态特征：茎直立，粗壮，圆柱状，浅绿色，有条棱，上部多分枝。枝细长，上升或斜伸；叶丝状条形，半圆柱状，通常长1.5~5cm，宽约1.5mm，灰绿色，光滑无毛，稍向上弯曲，先端微尖，基部稍收缩；花两性兼有雌性，单生或2~6朵团集，大多着生于叶的近基部处。两性花，花被杯状，长1~1.5mm，黄绿色。雌花花被近球形，直径约0.7mm，较肥厚，灰绿色，花被裂片卵状三角形，先端钝，结果时增厚，使花被略呈五角星状，开后变黑色。雄蕊5，花药宽卵形至矩圆形，长约0.9mm；柱头2，黑褐色，稍外弯；胞果包在花被内，果皮膜质。种子斜生或横生，双凸镜形，黑色，直径约2mm，周边钝或锐，表面具清晰的颗粒状点纹，稍有光泽，胚乳很少。花果期7~9月。

分布：东大山。我国内蒙古、黑龙江、山东、江苏、河北、河南、浙江、山西、甘肃、宁夏、青海、陕西和新疆南部均有分布。

（5）合头草（*Sympegma regelii* Bunge）

红色名录等级为无危（LC）。

形态特征：直立，高可达 1.5m；根粗壮，黑褐色；老枝多分枝，黄白色至灰褐色，通常具条状裂隙，当年生枝灰绿色，稍有乳头状突起，具多数单节间的腋生小枝，小枝长 3～8mm，基部具关节，易断落。叶长 4～10mm，宽约 1mm，直或稍弧曲，向上斜伸，先端急尖，基部收缩。花两性，通常 1～3 个簇生于具单节间小枝的顶端，花簇下具 1（较少 2）对基部合生的苞状叶，状如头状花序，花被片直立，草质，具膜质狭边，先端稍钝，脉显著浮凸，翅宽卵形至近圆形，不等大，淡黄色，具纵脉纹，雄蕊 5，花药伸出花被外，柱头有颗粒状突起；胞果两侧稍扁，圆形，果皮淡黄色；种子直立，直径 1～1.2mm；胚平面螺旋状，黄绿色。花果期 7～10 月。羊和骆驼喜食其当年生枝叶，易增膘。

分布：东大山。我国新疆、青海北部、甘肃西北部、宁夏均有分布。生于轻盐碱化的荒漠、干山坡、冲积扇、沟沿等处，为荒漠、半荒漠地区的优良牧草。

（6）驼绒藜［*Ceratoides latens*（J. F. Gmel.）Reveal et Holmgren］

红色名录等级为无危（LC）。

形态特征：植株可长到 1m 高，分枝多集中于下部，斜展或平展。叶较小，条形、条状矩圆形或披针形，长 1～2cm，宽 0.2～1cm，先端钝或急尖，基部渐狭、楔形或圆形，1 脉，有时近基处有 2 条侧脉，极稀为羽状。雄花序较短，长达 4cm，紧密。雌花管椭圆形，长 3～4mm，宽约 2mm；花管裂片角状，较长，其长为管长的 1/3 到等长。果直立，椭圆形，被毛。花果期 6～9 月（彩图 3-9）。

分布：东大山。我国新疆、西藏、青海、甘肃和内蒙古等地均有分布。生于戈壁、荒漠、半荒漠、干旱山坡或草原中。

（7）珍珠猪毛菜（*Salsola passerina* Bunge）

红色目录等级为无危（LC）。

形态特征：一年生草本，高 20～100cm；稀为半灌木或小灌木。自基部分枝，枝互生，伸展，茎、枝绿色，有白色或紫红色条纹，生短硬毛或近于无毛。叶片丝状圆柱形，伸展或微弯曲，长 2～5cm，宽 0.5～1.5mm，生短硬毛，顶端有刺状尖，基部边缘膜质，稍扩展而下延。花序穗状，生枝条上部；苞片卵形，顶部延伸，有刺状尖，边缘膜质，背部有白色隆脊；小苞片狭披针形，顶端有刺状尖，苞片及小苞片与花序轴紧贴；花被片卵状披针形，膜质，顶端尖，果时变硬，自背面中上部生鸡冠状突起；花被片在突起以上部分，近革质，顶端为膜质，向中央折曲成平面，紧贴果实，有时在中央聚集成小圆锥体；花药长 1～1.5mm；柱头丝状，长为花柱的 1.5～2 倍。种子横生或斜生。花期 7～9 月，果期 9～10 月。

分布：东大山，甘肃河西走廊。我国东北、华北、西北、西南、河南、山东、江苏、西藏、新疆等地均有分布。生长于海拔 400～4100m 的地区，多生于盐碱的沙质土上。

3.5.4.4 马齿苋科（Portulacaceae）

马齿苋（*Portulaca oleracea* L.）

别称：马苋、五行草、长命菜、五方草、瓜子菜、麻绳菜、马齿菜、蚂蚱菜。

形态特征：一年生草本，全株无毛。茎平卧，伏地铺散，枝淡绿色或带暗红色。叶互生，叶片扁平，肥厚，似马齿状，上面暗绿色，下面淡绿色或带暗红色；叶柄粗短。花无梗，午时盛开；苞片叶状；萼片绿色，盔形；花瓣黄色，倒卵形；雄蕊花药黄色；子房无毛。蒴果卵球形；种子细小，偏斜球形，黑褐色，有光泽。花期5~8月，果期6~9月（彩图3-10）。

分布：东大山。我国各地均有分布。

3.5.4.5 石竹科（Caryophyllaceae）

湿地繁缕（*Stellaria uda* Williams）

形态特征：多年生草本。根茎细，具分枝。茎丛生，叶近基部者短小而密集，茎上部叶片线状披针形，挺直。聚伞花序顶生，蒴果长圆形，稍长于宿存萼。种子肾形，褐色。花期5~6月，果期7~8月。

分布：东大山。我国青海、新疆、四川西部（天全经康定、乾宁至道孚）、云南（德钦）、西藏等地均有分布。生于海拔1160~4750m处的水沟边、坡地或高原地区。

3.5.4.6 毛茛科（Ranunculaceae）

（1）甘青铁线莲 ［*Clematis tangutica*（Maxim.）Korsh.］

形态特征：须根红褐色，密集；茎攀缘圆柱形，表面棕黑色或暗红色，有明显的6条纵纹，羽状复叶。小叶片纸质，卵状披针形或卵圆形，顶端渐尖或钝尖，基部常圆形，边缘全缘，有淡黄色开展的睫毛，小叶柄常扭曲，单花顶生。花梗直而粗壮，被淡黄色柔毛，无苞片；花大，直径可达14cm；萼片淡黄色或白色，匙形或倒卵圆形，顶端圆形，基部渐狭；花丝线形，短于花药，花药黄色；子房狭卵形，花柱上部被短柔毛。瘦果卵形，5~6月开花，6~7月结果（彩图3-11）。

分布：东大山。我国山东东部、辽宁东部均有分布。生于海拔2000m处的山坡杂草丛中及灌丛中。

（2）黄花铁线莲（*Clematis intricata* Bunge.）

别称：透骨草。

红色名录等级为无危（LC）。

形态特征：多年生草质藤本。茎纤细，多分枝，有细棱，近无毛或有疏短毛。一或二回羽状复叶；小叶有柄，2~3全裂或深裂，浅裂，中间裂片线状披针形、披针形或狭卵形，长1~4.5cm，宽0.2~1.5cm，花黄色，顶端渐尖，基部楔形，全缘或有少数牙齿，两侧裂片较短，下部常2~3浅裂。聚伞花序腋生，通常为3花，有时单花；花序梗较粗，长1.2~3.5cm，有时极短，疏被柔毛；中间花梗无小苞片，侧生花梗下部有2片对生的小苞片，苞片叶状，较大，全缘或2~3浅裂至全裂；萼片4，黄色，狭卵形或长圆形，顶端尖，长1.2~2.2cm，宽4~6mm，两面无毛，偶尔内面有极稀柔毛，外面边缘有短绒毛；花丝线形，有短柔毛，花药无毛。瘦果卵形至椭圆状卵形，扁，长2～3.5mm，边缘增厚，被柔毛，宿存花柱长3.5～5cm，被长柔毛。花期6～7月，果期8～9月。

分布：东大山。我国青海东部、甘肃南部、河北、山西、陕西、辽宁凌源、内蒙古西部和南部等地均有分布。生于海拔1600～2600m的山地。

（3）毛茛（*Ranunculus japonicus* Thunb.）

别称：鱼疔草、鸭脚板、野芹菜、山辣椒、毛芹菜、起泡菜、烂肺草。

形态特征：多年生草本，全株被白色细长毛，尤以茎及叶柄上为多。须根多，肉质，细柱状。茎直立，高50～90cm。茎生叶具短柄或无柄，3深裂，裂片倒卵形至菱状卵形，至茎上部裂片渐狭呈线状披针形，两面均有紧贴的灰白色细长柔毛；基生叶具叶柄，柄长7～15cm；叶片近五角形或掌状，长3～6cm，宽4～7cm，常作3深裂，裂片椭圆形至倒卵形，中央裂片又3裂，两侧裂片又作大小不等的2裂，先端齿裂，具尖头。花与叶相对侧生，数朵或单一生于茎顶，具长柄；花直径2cm；花瓣5，黄色，阔倒卵形或微凹，基部钝或阔楔形，具蜜槽；萼片5，长圆形或长卵形，先端钝圆，淡黄色，外密被白色细长毛；雄蕊多数，花药长圆形，纵裂，花丝扁平，与花药几等长；心皮多数，离生，柱头单一。聚合瘦果卵圆形或近球形，瘦果稍歪，卵圆形，表面淡褐色，两面稍隆起，密布细密小凹点，基部稍宽，边缘有狭边，顶端有短喙。花期4～8月，果期6～8月。

分布：东大山。我国各地均有分布。生于北温带的树林和田野。

3.5.4.7　檗科（Berberidaceae）

置疑小檗（*Berberis dubia* Schneid.）

形态特征：落叶灌木，高1～3m。老枝灰黑色，稍具棱槽和黑色疣点，幼枝紫红色，有光泽，明显具棱槽；茎刺单生或三分叉，长7～20mm，与枝同色。叶纸质，狭倒卵形，长1.5～3cm，宽5～18mm，先端近渐尖，基部渐狭，上面深绿色；中脉和侧脉明显隆起，背面淡黄色，两面网脉显著隆起，无毛，也无白粉；叶缘平展，每边具6～14细刺齿；叶柄长1～3mm。总状花序由5～10朵花组成，长1～3cm，花黄色，总梗长0.5～1cm；花梗长3～6mm，细弱，无毛；花瓣椭圆形，长约3.5mm，先端浅缺裂，基部楔形，具2枚腺体；小苞片披针形，长约1.5mm，宽约1mm，先端急尖；萼片2轮，外萼片卵形，长约2.5mm，宽约1.5mm，内萼片阔倒卵形，长约4.5mm，宽约3.5mm；雄蕊长约2.5mm，药隔延伸，先端短突尖；胚珠2枚。浆果倒卵状椭圆形，红色，长约8mm，直径约4mm，顶端不具宿存花柱，不被白粉。花期5～6月，果期8～9月。

分布：东大山。我国甘肃、内蒙古、青海、宁夏均有分布。生于山坡灌丛中及石质山坡、河滩地、岩石上或林下。

3.5.4.8　罂粟科（Papaveraceae）

紫堇（*Corydalis edulis* Maxirm）

别称：蜀堇、苔菜、楚葵、水卜菜。

形态特征：一年生灰绿色草本，高20～50cm，具主根。茎分枝，具叶；花枝花葶状，常与叶对生。基生叶具长柄，叶片近三角形，长5～9cm，上面绿色，下面苍白色，一或二回羽状全裂，一羽片2～3对，具短柄，二回羽片近无柄，倒卵圆形，羽状分裂，裂片狭卵圆形，顶端钝，具短尖。茎生叶与基生叶同形。总状花序疏具 3 ~ 10 花。苞片狭卵圆形至披针形，渐尖，全缘，有时下部疏具齿，约与花梗等长或稍长。花梗长约 5mm。萼片小，近圆形，直径约 1.5mm，具齿。花粉红色至紫红色，平展。外花瓣较宽展，顶端微凹，无鸡冠状突起。上花瓣长 1.5 ~ 2cm；距圆筒形，基部稍下弯，约占花瓣全长的 1/3；蜜腺体长，近伸达距末端，大部分与距贴生，末端不变狭。下花瓣近基部渐狭。内花瓣具鸡冠状突起；爪纤细，稍长于瓣片。柱头横向纺锤形，两端各具 1 乳突，上面具沟槽，槽内具极细小的乳突。蒴果线形，下垂，长 3 ~ 3.5cm，具 1 列种子。种子直径约 1.5mm，密生环状小凹点；种阜小，紧贴种子。

分布：东大山。我国辽宁（千山）、北京、河北（沙河）、山西、河南、陕西、甘肃、四川、云南、贵州、湖北、江西、安徽、江苏、浙江、福建等地均有分布。生于海拔 2500m 左右的丘陵、沟边或多石地。

3.5.4.9　十字花科（Cruciferae）

（1）独行菜（*Lepidium apetalum*）

别称：腺茎独行菜、北葶苈子。

形态特征：一年或二年生草本，高 5 ~ 30cm；茎直立，有分枝，无毛或具微小头状毛。基生叶窄匙形，一回羽状浅裂或深裂，长 3 ~ 5cm，宽 1 ~ 1.5cm；叶柄长 1 ~ 2cm；茎上部叶线形，有疏齿或全缘。总状花序在果期可延长至 5cm；萼片早落，卵形，长约 0.8mm，外面有柔毛；花瓣不存或退化成丝状，比萼片短；雄蕊 2 或 4。短角果近圆形或宽椭圆形，扁平，长 2 ~ 3mm，宽约 2mm，顶端微缺，上部有短翅，隔膜宽不到 1mm；果梗弧形，长约 3mm。种子椭圆形，长约 1mm，平滑，棕红色。花果期 5 ~ 7 月（彩图 3-12）。

分布：东大山。我国东北、华北、西北、西南及江苏、浙江、安徽均有分布。生在海拔 400 ~ 2000m 的山坡、山沟、路旁及村庄附近，为常见的田间杂草。

（2）宽叶独行菜（*Lepidium latifolium* L.）

别称：大辣、止痢草。

形态特征：十字花科植物宽叶独行菜的全草；多年生草本，高 0.3 ~ 1.2m。茎直立，中上部有分枝。叶长圆披针形或广椭圆形，先端短尖，基部楔形，边缘具稀锯齿，基部的叶具长柄，茎上部叶无柄，苞片状。总状花序排成圆锥状；花小，花瓣 4，白色。种子宽椭圆形，扁平，光滑。主根发达粗壮。茎直立无毛，株高 30 ~ 150cm，上部具分枝，基生叶和上部叶长圆状、披针形至卵形，先端急尖，基部楔形，全缘或具齿。角果短，宽卵形或近圆形，无毛、无翅。

分布：东大山。我国甘肃、青海、宁夏、华北、西北、西藏等地均有分布。生于田边、地埂、沟边、河谷。

（3）播娘蒿 ［*Descurainia sophia*（L.）Schur］

别称：大蒜芥、娘娘蒿、麦蒿。

红色名录等级为无危（LC）。

形态特征：一年或二年生草本，高 20 ~ 80ccm，全株呈灰白色。茎直立，上部分枝，具纵棱槽，密被分枝状短柔毛。叶轮廓为矩圆形或矩圆状披针形，长 3 ~ 7cm，宽

1~2 (4) cm, 二或三回羽状全裂或深裂, 最终裂片条形或条状矩圆形, 长2~5mm, 宽1~1.5mm, 先端钝, 全缘, 两面被分枝短柔毛; 茎下部叶有柄, 向上叶柄逐渐缩短或近于无柄。总状花序顶生, 具多数花, 具花梗; 萼片4, 条状矩圆形, 先端钝, 边缘膜质, 背面具分枝细柔毛; 花瓣4, 黄色, 匙形, 与萼片近等长; 雄蕊比花瓣长。花序伞房状, 果期伸长; 萼片直立, 早落, 长圆条形, 背面有分叉细柔毛; 花瓣黄色, 长圆状倒卵形, 长2~2.5mm, 或稍短于萼片, 具爪; 雄蕊6枚, 比花瓣长1/3。长角果圆筒状, 长2.5~3cm, 宽约1mm, 无毛, 稍内曲, 与果梗不成1条直线, 果瓣中脉明显; 果梗长1~2cm。种子每室1行, 种子形小, 多数, 长圆形, 长约1mm, 稍扁, 淡红褐色, 表面有细网纹。花期4~5月 (彩图3-13)。

分布: 东大山。我国东北、华北、华东、西北、西南等地均有分布。生于山地草甸、沟谷、村旁、田边。

3.5.4.10 蔷薇科 (Rosaceae)

(1) 灰栒子 (*Cotoneaster acutifolius* Turcz.)

红色名录等级为无危 (LC)。

形态特征: 落叶灌木, 高2~4m。枝条开张, 小枝细瘦, 圆柱形, 红褐色或棕褐色, 幼时被长柔毛。叶片椭圆卵形至长圆卵形, 长2.5~5cm, 宽1.2~2cm, 先端急尖, 稀渐尖, 基部宽楔形, 全缘, 幼时两面均被长柔毛, 下面较密, 老时逐渐脱落, 最后常近无毛; 托叶线状披针形, 脱落; 叶柄长2~5mm, 具短柔毛。花2~5朵成聚伞花序, 总花梗和花梗被长柔毛; 花直径7~8mm; 花瓣直立, 宽倒卵形或长圆形, 长约4mm, 宽3mm, 先端圆钝, 白色外带红晕; 雄蕊10~15, 比花瓣短; 花柱通常2, 离生, 短于雄蕊, 子房先端密被短柔毛; 苞片线状披针形, 微具柔毛; 萼短筒状或筒钟状, 外面被短柔毛, 内面无毛; 萼片三角形, 先端急尖或稍钝, 外面具短柔毛, 内面先端微具柔毛; 花梗长3~5mm。果实椭圆形稀倒卵形, 直径7~8mm, 黑色, 内有小核2~3个。花期5~6月, 果期9~10月。

分布: 东大山。我国甘肃、宁夏、西藏、内蒙古、青海、陕西、河南、河北、山西、湖北等地均有分布。生长于海拔1400~3700m的地区, 多生长在山坡、山沟、山麓和丛林中。

(2) 山刺玫 (*Rosa davurica* Pall.)

形态特征: 直立灌木, 高约1.5m。分枝较多, 小枝圆柱形, 无毛, 灰褐色或紫褐色, 有带黄色皮刺, 皮刺基部膨大, 稍弯曲, 常成对而生于小枝或叶柄基部。小叶7~9, 连叶柄长4~10cm, 长圆形或阔披针形, 长1.5~3.5cm, 宽5~15mm, 先端急尖或圆钝, 基部圆形或宽楔形, 边缘有重锯齿和单锯齿, 上面深绿色, 无毛; 中脉和侧脉下陷, 下面灰绿色, 有腺点和稀疏短柔毛; 叶轴和叶柄有腺毛、柔毛和稀疏皮刺; 托叶大部贴生于叶柄, 离生部分卵形, 边缘有带腺锯齿, 下面被柔毛。花单生于叶腋, 或2~3朵簇生, 直径3~4cm; 萼筒近圆形, 光滑无毛, 萼片披针形, 先端扩展成叶状, 边缘有不整齐锯齿和腺毛, 下面有稀疏柔毛和腺毛, 上面被柔毛, 边缘较密; 花瓣粉红色, 倒卵形, 先端不平整, 基部宽楔形; 花柱离生, 被毛, 比雄蕊短很多; 苞片卵形, 边缘有腺齿, 下面有腺点和柔毛; 花梗长5~8mm, 有腺毛或无毛。果卵球形或近球形，直径 1 ~ 1.5cm，红色，光滑，萼片宿存，直立。花期6~7月，果期8~9月。

分布：东大山。我国东北、华北、西北的丘陵山区均有分布，以东北三省资源最为丰富，主要分布在大兴安岭、小兴安岭和长白山区。生于疏林地或林缘，耐干旱，耐瘠薄，在有机质含量很低的河岸、沙滩地、荒山荒坡及道路两旁生长良好。

（3）黄刺玫（*Rosa xanthina* Lindl.）

别称：刺玖花、黄刺莓、破皮刺玫、刺玫花。

形态特征：直立灌木，高 2 ~ 3m。枝粗壮，密集，披散；小枝无毛，无针刺，有散生皮刺。小叶 7 ~ 13，连叶柄长 3 ~ 5cm；小叶片宽，卵形或近圆形，稀椭圆形，先端圆钝，基部近圆形或宽楔形，边缘有圆钝锯齿，上面无毛，幼嫩时下面有稀疏柔毛，后逐渐脱落；托叶带状披针形，大部贴生于叶柄，离生部分呈耳状，边缘有锯齿和腺；叶柄和叶轴有稀疏柔毛和小皮刺。花单生于叶腋，花直径 3 ~ 4（~5）cm，重瓣或半重瓣；花瓣黄色，宽倒卵形，先端微凹，基部宽楔形，无苞片；花柱离生，被长柔毛，稍伸出萼筒口外部，比雄蕊短很多；萼筒、萼片外面无毛，萼片披针形，全缘，先端渐尖，内面有稀疏柔毛，边缘较密；花梗长 1 ~ 1.5cm，无毛，无腺。果倒卵圆形或近球形，黑褐色或紫褐色，直径 8 ~ 10mm，无毛，花后萼片反折。花期 4 ~ 6 月，果期 7 ~ 8 月。

分布：东大山。我国甘肃、青海、内蒙古、陕西、吉林、山西、辽宁、河北等地均有分布。

（4）多花蔷薇（*Rosa multiflora* Thunb.）

别称：野蔷薇。

形态特征：落叶灌木，高 1 ~ 2m。枝细长，蔓生或上升，有皮刺。羽状复叶；小叶 5 ~ 9，倒卵状圆形至矩圆形，长 1 ~ 3cm，宽 0.8 ~ 2cm，先端急尖或稍钝，基部圆形或宽楔形，边缘具锐锯齿，有柔毛；叶柄和叶轴常有腺毛；托叶大部附着于叶柄上，先端裂片成披针形，边缘篦齿状分裂并有腺毛。圆锥状伞房花序，花多数；花白色，芳香，直径 2 ~ 3cm；花柱伸出花托口外，结合成柱状，几与雄蕊等长，无毛；花梗有腺毛和柔毛。果球形，直径约 6mm，熟时褐红色，萼脱落。花期 4 ~ 5 月，果熟 9 ~ 10 月。

分布：东大山。我国新疆、山东、河南、江苏、安徽等地均有分布。

（5）鹅绒委陵菜（*Potenlilla anserine* L.）

别称：莲花菜、人参果等。

形态特征：多年生匍匐草本。叶正面深绿，背后如羽毛，密生白细绵毛，宛若鹅绒，故名。根肥大，富含淀粉。整个植株呈粗网状平铺在地面上。春季发芽，夏季长出众多紫红色的须茎，纤细的匍匐枝沿地表生长，可达 97cm，节上生不定根、叶与花梗。羽状复叶，基生叶多数，叶丛直立状生长，高达 15 ~ 25cm，叶柄长 4 ~ 6cm，小叶 15 ~ 17 枚，无柄，长圆状倒卵形、长圆形，边缘有尖锯齿。花鲜黄色，单生于由叶腋抽出的长花梗上，形成顶生聚伞花序。瘦果椭圆形，宽约 1mm，褐色，表面微被毛（彩图 3-14）。

分布：东大山。我国各地均有分布。多生长于河滩沙地、潮湿草地、田边和路旁。

（6）二裂委陵菜（*Potentilla bifurca* L.）

形态特征：多年生草本或亚灌木。根圆柱形，纤细，木质。花茎直立或上升，高5~20cm，密被疏柔毛或微硬毛。羽状复叶，有小叶5~8对，最上面2~3对小叶基部下延与叶轴汇合，连叶柄长3~8cm；叶柄密被疏柔毛或微硬毛，小叶片无柄，对生稀互生，倒卵椭圆形或椭圆形，长0.5~1.5cm，宽0.4~0.8cm，顶端常2裂，稀3裂，基部宽楔形或楔形，两面绿色，伏生疏柔毛；下部叶托叶膜质，褐色，外面被微硬毛，稀脱落几无毛，上部茎生叶托叶草质，绿色，卵状椭圆形，常全缘稀有齿。近伞房状聚伞花序，顶生，疏散；花直径0.7~1cm；花瓣黄色，倒卵形，顶端圆钝，比萼片稍长；萼片卵圆形，顶端急尖，副萼片椭圆形，顶端急尖或钝，比萼片短或近等长，外面被疏柔毛；心皮沿腹部有稀疏柔毛；花柱侧生，棒形，基部较细，顶端缢缩，柱头扩大。瘦果表面光滑。花果期5~9月（彩图3-15）。

分布：东大山。我国内蒙古、新疆、甘肃、青海、宁夏、陕西、山西、黑龙江、河北、四川等地均有分布。生于道旁、沙滩、山坡草地、黄土坡上、半干旱荒漠草原及疏林下，海拔800~3600m。

（7）多裂委陵菜（*Potentilla multicaulis* Bge.）

形态特征：多年生草本。根粗壮，圆柱形。花茎多而密集丛生，铺散或上升，长7~35cm，常带暗红色，被白色短柔毛或长柔毛。基生叶为羽状复叶，有小叶4~6对，稀达8对，间隔0.3~0.8cm，连叶柄长3~10cm，叶柄暗红色，被白色长柔毛，小叶片对生，稀互生，无柄，椭圆形至倒卵形，上部小叶远比下部小叶大，长0.5~2.0cm，宽0.3~0.8cm，边缘羽伏深裂，裂片带形，排列较为整齐，顶端舌状，边缘略微反卷或平坦，上面绿色；主脉、侧脉微下陷，被稀疏伏生柔毛，稀脱落几无毛，下面被白色绒毛，脉上疏生白色长柔毛，茎生叶与基生叶形状相似，唯小叶对数较少；基生叶托叶膜质，棕褐色，外面被白色长柔毛；茎生叶托叶草质，绿色，全缘，卵形，顶端渐尖。聚伞花序多花，初开时密集，花后疏散；花直径0.8~1cm，稀达1.3cm；花瓣黄色，倒卵形或近圆形，顶端微凹，比萼片稍长或长达1倍；萼片三角卵形，顶端急尖，副萼片狭披针形，顶端圆钝，比萼片约短一半；花柱近顶生，圆柱形，基部膨大。瘦果卵球形有皱纹。花果期4~9月（彩图3-16）。

分布：东大山。我国甘肃、新疆、内蒙古、青海、宁夏、陕西、山西、河北、河南、辽宁、四川等地均有分布。生长于耕地边、沟谷阴处、向阳砾石山坡、草地及疏林下，海拔200~3800m。

（8）金露梅（*Potentilla fruticosa* L.）

别称：金腊梅、金老梅。

红色名录等级为无危（LC）。

形态特征：灌木，高可达2m，树皮纵向剥落。小枝红褐色，羽状复叶，叶柄被疏柔毛或绢毛；小叶片长圆形、倒卵长圆形或卵状披针形，两面绿色，托叶薄膜质，单花或数朵生于枝顶，花梗密被长柔毛或绢毛；萼片卵圆形，顶端急尖至短渐尖；花瓣黄色，宽倒卵形，顶端圆钝，比萼片长；花柱近基生。瘦果褐棕色近卵形。花果期6~9月（彩图3-17）。

分布：东大山。我国黑龙江、吉林、辽宁、内蒙古、河北、山西、陕西、甘肃、新疆、四川、云南、西藏等地均有分布。生于山坡草地、砾石坡、灌丛及林缘。

（9）银露梅（*Potentilla glabra* Lodd.）

别称：银老梅、白花棍儿茶。

红色名录等级为无危（LC）。

形态特征：灌木，高0.3～2m，稀达3m，树皮纵向剥落。小枝紫褐色或灰褐色，被稀疏柔毛。叶为羽状复叶，有小叶2对，稀3对小叶，上面一对小叶基部下延与轴汇合，叶柄被疏柔毛；小叶片椭圆形、卵状椭圆形或倒卵椭圆形，长0.5～1.2cm，宽0.4～0.8cm，顶端圆钝或急尖，基部近圆形或楔形，边缘微向下反卷或平坦，全缘，两面绿色，被疏柔毛或几无毛；托叶薄膜质，外被疏柔毛或脱落无毛。顶生单花或数朵，花梗细长，被疏柔毛；花直径1.5～2.5cm，花瓣白色，倒卵形，顶端圆钝；萼片卵形，急尖或短渐尖，副萼片披针形、倒卵披针形或卵形，比萼片短或近等长，外面被疏柔毛；花柱近基生，棒状，基部较细，在柱头下缢缩，柱头扩大。瘦果表面被毛。花果期6～11月（彩图3-18）。

分布：东大山。我国甘肃、内蒙古、青海、陕西、山西、河北、安徽、湖北、四川、云南等地均有分布。生于山坡草地、河谷岩石缝中、灌丛及林中。

（10）蒙古扁桃［*Amygdalus mongolica*（Maxim）Ricker］

别称：乌兰-布衣勒斯、山樱桃。

红色名录等级为易危（VU），国家三级野生保护植物。

形态特征：落叶灌木，高1～2m，为喜光性树种。根系发达，耐寒、耐旱、耐瘠薄；枝条开展，多分枝，小枝顶端转变成枝刺；嫩枝红褐色，被短柔毛，老时灰褐色。短枝上叶多簇生，长枝上叶常互生；叶片宽椭圆形、近圆形或倒卵形，长8～15mm，宽6～10mm，先端圆钝，有时具小尖头，基部楔形，两面无毛，叶边有浅钝锯齿，侧脉约4对，下面中脉明显突起；叶柄长2～5mm，无毛。花单生，稀数朵簇生于短枝上；花瓣倒卵形，长5～7mm，粉红色；花梗极短；萼筒钟形，长3～4mm，无毛；萼片长圆形，与萼筒近等长，顶端有小尖头，无毛；雄蕊多数，长短不一致；子房被短柔毛；花柱细长，几与雄蕊等长，具短柔毛。果实宽卵球形，长12～15mm，宽约10mm，顶端具急尖头，外面密被柔毛；果梗短；果肉薄，成熟时开裂，离核。核卵形，长8～13mm，顶端具小尖头，基部两侧不对称，腹缝压扁，背缝不压扁，表面光滑，具浅沟纹，无孔穴。种仁扁宽卵形，浅棕褐色。花期5月，果期8月（彩图3-19）。

分布：东大山。我国甘肃、内蒙古及宁夏部分地区有分布。生长于海拔1000～2400m的荒漠，荒漠草原区的山地、丘陵、石质坡地、山前洪积平原及干河床等地。

（11）山杏（*Armeniace ansu* Kom.）

别称：西伯利亚杏。

形态特征：灌木或小乔木，高2～5m；树皮暗灰色；小枝无毛，稀幼时疏生短柔毛，灰褐色或淡红褐色。叶片卵形或近圆形，长5～10cm，宽4～7cm，先端长渐尖至尾尖，基部圆形至近心形，叶缘有细钝锯齿，两面无毛，稀下面脉腋间具短柔毛；叶柄长2～3.5cm，无毛，有或无小腺体。花单生，直径1.5～2cm，先于叶开放，花瓣近圆形或倒卵形，白色或粉红色；雄蕊几与花瓣等长；花梗长1～2mm；花萼紫红色；萼

筒钟形，基部微被短柔毛或无毛；萼片长圆状椭圆形，先端尖，花后反折；子房被短柔毛。果实扁球形，直径 1.5~2.5cm，黄色或橘红色，有时具红晕，被短柔毛；果肉较薄而干燥，成熟时开裂，味酸涩不可食，成熟时沿腹缝线开裂。核扁球形，易与果肉分离，两侧扁，顶端圆形，基部一侧偏斜，不对称，表面较平滑，腹面宽而锐利，种仁味苦。花期 3~4 月，果期 6~7 月。

分布：东大山。我国甘肃、内蒙古、黑龙江、吉林、辽宁、河北、山西等地均有分布。生于干燥向阳山坡上、丘陵草原或与落叶乔灌木混生，海拔在 700~2000m。

3.5.4.11 豆科（Leguminosae）

（1）高山黄华 [*Thermopsis alpina*（Pall.）Ledeb]

形态特征：多年生草本，高 15~20cm，疏被长柔毛。茎直立，分枝。三出复叶互生；小叶片长椭圆状卵形或长椭圆形，长 2~4.5cm，宽 1~2cm，先端急尖或钝，基部宽楔形或近圆形，上面渐变无毛，背面密被长柔毛；托叶大，叶状 2 枚，基部连合，长椭圆形或长卵形。总状花序顶生；苞片 3 枚轮生，卵形或长卵形，基部连合，背面密生长柔毛；花 2~3 朵轮生，长 2~3cm；花冠黄色，旗瓣圆形，翼瓣狭，龙骨瓣长圆形；萼钟状，下部 3 萼齿披针状，上面 2 萼齿三角形，密被开展长柔毛。荚果扁平，长椭圆形，常作镰形弯曲或直，长 3~6cm，宽 1~2.5cm，被柔毛。种子 4~8 颗，卵状肾形，稍扁，褐色。花期 5~6 月，果期 7~9 月。

分布：东大山。我国内蒙古、新疆、河北、山西、陕西、云南、西藏等地均有分布。生于山野。

（2）披针叶黄华（*Thermopsis lanceolata* R. Br.）

别称：披针叶草决明。

形态特征：多年生草本，高 12~40cm。茎直立，分枝或单一，具沟棱，被黄白色贴伏或伸展柔毛。小叶，叶柄短，长 3~8mm；托叶卵状披针形，先端渐尖，基部楔形，长 1.5~3cm，宽 4~10mm，上面近无毛，下面被贴伏柔毛；叶狭长圆形、倒披针形，长 2.5~7.5cm，宽 5~16mm，上面通常无毛，下面被贴伏柔毛。总状花序顶生，长 6~17cm，具花 2~6 轮；花冠黄色，旗瓣近圆形，长 2.5~2.8cm，宽 1.7~2.1cm，先端微凹，基部渐狭成瓣柄，瓣柄长 7~8mm，翼瓣长 2.4~2.7cm，先端有 4~4.3mm 长的狭窄头，龙骨瓣长 2~2.5cm，宽为翼瓣的 1.5~2 倍；苞片线状卵形或卵形，先端渐尖，长 8~20mm，宽 3~7mm，宿存；萼钟形，长 1.5~2.2cm，密被毛，背部稍呈囊状隆起，上方 2 齿连合，三角形，下方萼齿披针形，与萼筒近等长。子房密被柔毛，具柄，柄长 2~3mm，胚珠 12~20 粒。荚果线形，长 5~9cm，宽 7~12mm，先端具尖喙，被细柔毛，黄褐色；种子 6~14 粒，位于中央。种子圆肾形，黑褐色，具灰色蜡层，有光泽，长 3~5mm，宽 2.5~3.5mm。花期 5~7 月，果期 6~10 月（彩图 3-20）。

分布：东大山。我国甘肃、内蒙古、陕西、山西、宁夏、河北等地均有分布。生于草原沙丘、河岸和砾滩。

（3）黄香草木樨（*Melilotus officinalis*（L.）Pall.）

别称：草木樨。

形态特征：二年生草本，高 40~100cm。茎直立，粗壮，多分枝，具纵棱，微被柔毛。羽状三出复叶；托叶镰状线形，长 3～5mm，中央有 1 条脉纹，全缘或基部有 1 尖齿；叶柄细长；小叶倒卵形、阔卵形、倒披针形或线形，长 15～25mm，宽 5～15mm，先端钝圆或截形，基部阔楔形，边缘具不整齐疏浅齿，上面无毛，粗糙，下面散生短柔毛，侧脉 8～12 对，平行直达齿尖，两面均不隆起，顶生小叶稍大，具较长的小叶柄，侧小叶的小叶柄短。总状花序长 6～15cm，腋生，具花 30～70 朵，初时稠密，花开后渐疏松，花序轴在花期中显著伸展；花冠黄色，旗瓣倒卵形，与翼瓣近等长，龙骨瓣稍短或三者均近等长；雄蕊筒在花后常宿存包于果外；苞片刺毛状，长约 1mm，花长 3.5～7mm；花梗与苞片等长或稍长；萼钟形，长约 2mm，脉纹 5 条，甚清晰，萼齿三角状披针形，稍不等长，比萼筒短；子房卵状披针形，胚珠 6 粒，花柱长于子房。荚果卵形，长 3～5mm，宽约 2mm，先端具宿存花柱，表面具凹凸不平的横向细网纹，棕黑色；有种子 1～2 粒。种子卵形，长 2.5mm，黄褐色，平滑。花期 5～9月，果期 6～10 月。

分布：东大山。我国东北、华南、西南各地均有分布。生于山坡、河岸、路旁、砂质草地及林缘。

（4）苦马豆（*Sphaerophysa salsula* Taubert）

别称：羊尿泡、马尿泡、羊卵泡、尿泡草。

形态特征：半灌木或多年生草本。茎直立或下部匍匐，高 0.3～0.6m，稀达 1.3m；枝开展，具纵棱脊，被灰白色丁字毛；托叶线状披针形，三角形至钻形，自茎下部至上部渐变小。叶轴长 5～8.5cm，上面具沟槽；小叶 11～21 片，倒卵形至倒卵状长圆形，长 5～25mm，宽 3～10mm，先端微凹至圆，具短尖头，基部圆至宽楔形，上面疏被毛至无毛，侧脉不明显，下面被细小、白色丁字毛；小叶柄短，被白色细柔毛。总状花序常较叶长，长 6.5～17cm，生 6～16 花；花冠初呈鲜红色，后变紫红色，旗瓣瓣片近圆形，向外反折，长 12～13mm，宽 12～16mm，先端微凹，基部具短柄，翼瓣较龙骨瓣短，连柄长约 12mm，先端圆，基部具长约 3mm 微弯的瓣柄及长约 2mm 先端圆的耳状裂片，龙骨瓣长约 13mm，宽 4～5mm，瓣柄长约 4.5mm，裂片近成直角，先端钝；苞片卵状披针形；花梗长 4～5mm，密被白色柔毛，小苞片线形至钻形；花萼钟状，萼齿三角形，上边 2 齿较宽短，其余较窄长，外面被白色柔毛；子房近线形，密被白色柔毛，花柱弯曲，仅内侧疏被纵列髯毛，柱头近球形。荚果椭圆形至卵圆形，膨胀，长 1.7～3.5cm，直径 1.7～1.8cm，先端圆，果颈长约 10mm，果瓣膜质，外面疏被白色柔毛，缝线上较密。种子肾形至近半圆形，长约 2.5mm，褐色，珠柄长 1～3mm，种脐圆形凹陷。花期 5～8 月，果期 6～9 月（彩图 3-21）。

分布：东大山。我国北方各地均有分布。生于海拔 300～600m 的河边、沟旁、地埂、沙质土地和盐碱地上。

（5）高山锦鸡儿（*Caragana alpina* Liou f. ）

红色名录等级为易危（VU）。

形态特征：灌木，高 1～1.5m。老枝深褐色或黄褐色；一年生枝粗壮，密被灰色长柔毛。羽状复叶有 3 对小叶；托叶革质，密被长柔毛，先端针刺常脱落；叶轴密集于短枝上，长 2.5～6cm，嫩时密被灰色长柔毛，老时褐红色；小叶各对远离，线形，长 12～16mm，宽 2～3mm，先端锐尖，有刺尖，基部稍圆钝，两面被灰色长柔毛，下面较密，常由中脉向上折叠。花冠黄白色，长 24～25mm；旗瓣黄色，下面带粉红色，瓣片近圆形，两面被长柔毛，下面中部较密，瓣柄长约为瓣片的 1/2；翼瓣上部较宽，瓣柄长约为瓣片的 2/5，具 2 耳，下耳较瓣柄稍长，上耳三角形或齿状；龙骨瓣较翼瓣稍宽，基部斜截形，耳不明显，瓣柄较瓣片短；花梗单生，长 3～4mm，关节在基部，被长柔毛；花萼钟状管形，长约 8mm，萼齿披针形，与萼筒近相等或较长，长 8～10mm，密被长柔毛；子房密被长绒毛。花期 6 月（彩图 3-22）。

分布：东大山。我国甘肃、青海、四川、西藏等地均有分布。生于海拔 2600～5000m 的高山砾石山坡。

（6）甘肃锦鸡儿（*Cardganq gansnensis* Pojark）

形态特征：矮灌木，高 40～60cm，基部多分枝，开展。枝条细长，灰褐色，疏被伏生柔毛，具凸起纵条纹。假掌状复叶有 4 片小叶，托叶长 1～3mm，长枝者硬化成针刺，宿存；叶柄在长枝者长 4～10mm、硬化、宿存，在短枝者长 1～2mm、脱落；小叶线状倒披针形，长 5～12mm，宽 1～2mm，先端锐尖，具针刺，基部渐狭，两面绿色无毛或疏被短柔毛。花冠黄色；旗瓣卵形或宽卵形，先端凹入，中央有土黄色斑点，长 2～2.5cm，基部渐狭成瓣柄，长约为瓣片的 1/3；翼瓣与旗瓣近等长，瓣片宽约 4mm，耳长约为 2mm，瓣柄与瓣片等长；龙骨瓣与旗瓣等长，瓣柄与瓣片略等长，耳长约 1mm；花梗长 5～12mm，关节在中部以上，无毛或疏被柔毛；花萼管状，长 6～9mm，宽 3～5mm，绿色或稍带红色，基部具囊状凸起；萼齿三角形，边缘有毛；子房无毛。荚果圆筒形，长 2.5～3.5cm，宽 3～4mm，先端尖。花期 4～6 月，果期 6～8 月。

分布：东大山。我国内蒙古（乌兰察布市）、山西北部、陕西北部、宁夏河东、甘肃东北部等地有分布。生于海拔 3300～3600m 的黄河峡谷、黄土丘陵山坡、沟谷、路旁和山坡灌木林中。

（7）甘草（*Glycyrrhiza uralensis*）

别称：甜草根、红甘草、粉甘草、乌拉尔甘草等。

形态特征：多年生草本。根与根状茎粗壮，直径 1～3cm，外皮褐色，里面淡黄色，具甜味。茎直立，多分枝，高 30～120cm，密被鳞片状腺点、刺毛状腺体及白色或褐色的绒毛。叶长 5～20cm，互生，奇数现状复叶；托叶三角状披针形，长约 5mm，宽约 2mm，两面密被白色短柔毛；叶柄密被短柔毛和褐色腺点；小叶 5～17 枚，卵形、长卵形或近圆形，长 1.5～5cm，宽 0.8～3cm，上面暗绿色，下面绿色，两面均密被黄褐色腺点及短柔毛，顶端钝，具短尖，基部圆，边缘全缘或微呈波状，有反卷。总状花序腋生，淡紫红色，蝶形花，总花梗短于叶，密生褐色的鳞片状腺点和短柔毛；花冠紫色、黄色或白色，长 10～24mm；旗瓣长圆形，顶端微凹，基部具短瓣柄；翼瓣短于旗瓣，龙骨瓣短于翼瓣；苞片长圆状披针形，长 3～4mm，褐色，膜质，外面被短柔和黄色腺点毛；花萼钟状，长 7～14mm，密被短柔毛及黄色腺点，基部偏斜并膨大呈囊状，萼齿 5，与萼筒近等长，上部 2 齿大部分连合；子房密被刺毛状腺体。荚果弯曲呈镰刀状或呈环状，密集成球，密生瘤状突起和刺毛状腺体。种子 3～11 颗，暗绿色，圆形或肾形，长约 3mm。花期 6～8 月，果期 7～10 月（彩图 3-23）。

分布：东大山，甘肃河西走廊。我国新疆、宁夏、内蒙古、山西朔州等地以野生为主。甘草多生长在干旱、半干旱的沙土、沙漠边缘和黄土丘陵地带，在引黄灌区的田野和河滩地里也易于繁殖。

（8）红花岩黄芪（*Hedysarum multijngnm* Maxim.）

别称：红花岩黄耆。

形态特征：半灌木，高可达1m。幼枝密被短柔毛；叶柄甚短，密被短柔毛；托叶卵状披针形，长2～4mm，下部连合，外面有毛；奇数羽状复叶，小叶21～41；叶片卵形、椭圆形或倒卵形，长5～12mm，宽3～6mm，先端钝或微凹，基部近圆形，上面无毛，密布小斑点，下面密被平伏短柔毛。总状花序腋生，连花梗长10～35cm；花9～25朵，疏生；苞片早落；蝶形花冠紫红色，有黄色斑点，旗瓣和龙骨瓣近等长，翼瓣短；花梗长2～3mm，有毛；花萼钟状，长5～6mm，外面被短柔毛，萼齿三角状，短于萼筒；雄蕊10，二体，花柱丝状，弯曲。荚果扁平，2～3节，节荚斜圆形，表面有横肋纹和柔毛，中部常有1～3个极小针刺或边缘有刺毛。花期6～7月，果期8～9月（彩图3-24）。

分布：东大山。我国内蒙古、陕西、宁夏、甘肃、青海、新疆、四川、西藏等地均有分布。生于荒漠区河岸或沙砾质地。

（9）小花棘豆（*Oxytxopis glabra* DC.）

别名：马绊肠、醉马草、绊肠草、苦马豆等。

红色名录等级为无危（LC）。

形态特征：多年生草本，高20（35）～80cm。根细而直伸。茎分枝多，直立或铺散，长30～70cm，无毛或疏被短柔毛，绿色。羽状复叶长5～15cm；托叶草质，卵形或披针状卵形，彼此分离或于基部合生，长5～10mm，无毛或微被柔毛；叶轴疏被开展或贴伏短柔毛；小叶披针形或卵状披针形，长5～25mm，宽3～7mm，先端尖或钝，基部宽楔形或圆形，上面无毛，下面微被贴伏柔毛。多花组成稀疏总状花序，长4～7cm；花冠淡紫色或蓝紫色；旗瓣长7～8mm，瓣片圆形，先端微缺；翼瓣长6～7mm，先端全缘；龙骨瓣长5～6mm，喙长0.25～0.5mm；总花梗长5～12cm，通常较叶长，被开展的白色短柔毛；苞片膜质，狭披针形，长约2mm，先端尖，疏被柔毛；花长6～8mm；花梗长约1mm；花萼钟形，长42mm；被贴伏白色短柔毛，有时混生少量的黑色短柔毛，萼齿披针状锥形，长1.5～2mm；子房疏被长柔毛。荚果膜质，长圆形，膨胀，下垂，长10～20mm，宽3～5mm，喙长1～1.5mm，腹缝具深沟，背部圆形，疏被贴伏白色短柔毛或混生黑、白柔毛，后期无毛，1室；果梗长1～2.5mm。花期6～9月，果期7～9月。

分布：东大山。我国甘肃、青海、内蒙古、山西、陕西、新疆和西藏等地均有分布。生于海拔440～3400m的山坡草地、石质山坡、冲积川地、河谷阶地、荒地、草地、田边、渠旁、沼泽草甸、盐土草滩上。

（10）甘肃棘豆（*Oxytropis kansaensis* Bunge.）

形态特征：多年生草本，高10～20cm。茎细弱，直立或铺散，基部的分枝斜伸而扩展，淡灰色或绿色，疏被白色糙伏毛和黑色短毛。羽状复叶长5～10cm；托叶草质，卵状披针形，长约5mm，先端渐尖，与叶柄分离，彼此合生至中部，疏被黑色和白色糙伏毛；叶柄与叶轴上面有沟，小叶之间被淡褐色腺点。疏被白色间黑色糙伏毛；小叶17～23，卵状长圆形、披针形，长7～13mm，宽3～6mm，先端急尖，基部圆形，两面疏被贴伏白色短柔毛，幼时毛较密。多花组成头形总状花序；花冠黄色；旗瓣长约12mm，瓣片宽卵形，长8mm，宽约8mm，先端微缺或圆，基部下延成短瓣柄；翼瓣长约 11mm，瓣片长圆形，长 7mm，宽约 3mm，先端圆形，瓣片柄 5mm；龙骨瓣长约 10mm，喙短三角形，长不足 1mm；总花梗长 7~12mm，直立，具沟纹，疏被白色间黑色短柔毛，花序下部密被卷曲黑色柔毛；苞片膜质，线形，长约 6mm，疏被黑色间白色柔毛；花长约 12mm；花萼筒状，长 8~9mm，宽约 3mm，密被贴伏黑色间有白色长柔毛，萼齿线形，较萼筒短或与之等长；子房疏被黑色短柔毛，具短柄，胚珠 9~12。荚果纸质，长圆形或长圆状卵形，膨胀，长 8~12mm，宽约 4mm，密被贴伏黑色短柔毛，隔膜宽约 0.3mm，1 室；果梗长 1mm。种子 11~12 颗，淡褐色，扁圆肾形，长约 1mm。花期 6~9 月，果期 8~10 月。

分布：东大山。我国宁夏、甘肃、青海（东部、柴达木盆地和南部）、四川西部和西北部、云南西北部及西藏西部和南部等地均有分布。生于海拔 2200~5300m 的路旁、高山草甸、高山林下、高山草原、山坡草地、河边草原、沼泽地、高山灌丛下、山坡林间砾石地及冰碛丘陵上。

3.5.4.12 牻牛儿苗科 (Geraniaceae)

老鹳草 (*Geranium wilfordii* Maxim.)

形态特征：多年生草本，高 30~50cm。根为直根，多分枝，纤维状。茎多数，细弱，多分枝，仰卧，被倒生柔毛。叶对生或偶为互生；托叶披针形，棕褐色干膜质，长 5~8mm，外被柔毛；基生叶和茎下部叶具长柄，柄长为叶片的 2~3 倍，被开展的倒向柔毛；叶片五角状肾形，茎部心形，掌状 5 深裂，裂片菱形或菱状卵形，长 2~4cm，宽 3~5cm，先端锐尖或钝圆，基部楔形，中部以上边缘缺刻状或齿状浅裂，表面被疏伏毛，背面被疏柔毛，沿脉被毛较密；上部叶具短柄，叶片较小，通常 3 裂。总花梗腋生，长于叶，被倒向柔毛，每梗 2 花，少有 1 花；苞片披针状钻形，棕褐色干膜质；萼片卵状披针形或卵状椭圆形，长 4~5mm，被疏柔毛，先端锐尖，具短尖头，边缘膜质；花瓣紫红色或淡紫红色，倒卵形，等于或稍长于萼片，先端截平或圆形，基部楔形；雄蕊下部扩大成披针形，具缘毛；花柱不明显，柱头分枝长约 1mm。蒴果长 15~17mm，果瓣被长柔毛，喙被短柔毛。花期 4~9 月，果期 5~10 月（彩图 3-25）。

分布：东大山。我国秦岭以南的陕西、湖北西部、四川、贵州、云南和西藏东部均有分布。生于山地阔叶林林缘、灌丛、荒山草坡，也为山地杂草。

3.5.4.13 蒺藜科 (Zygophyllaceae)

(1) 白刺 (*Nitiaria tangutorum* Bolor)

别称：酸胖、哈尔马格、唐古特、甘青白刺。

形态特征：灌木，高 1~2m。多分枝，弯、平卧或开展；不孕枝先端刺针状；嫩枝白色。叶在嫩枝上 2 或 3 (4) 片簇生，宽倒披针形，长 18~30mm，宽 6~8mm，先端圆钝，基部渐窄成楔形，全缘，稀先端齿裂。花排列较密集。核果卵形，有时椭圆形，熟时深红色，果汁玫瑰色，长 8~12mm，直径 6~9mm。果核狭卵形，长 5~6mm，先端短渐尖。花期 5~6 月，果期 7~8 月。

分布：东大山。我国甘肃河西、陕西北部、内蒙古西部、青海、新疆、宁夏及西藏东北部等地均有分布。生于荒漠和半荒漠的湖盆沙地、河流阶地、山前平原积沙地、有风积沙的黏土地。

（2）小果白刺（*Nitraria sibirica* Pall.）

别称：白刺、西伯利亚白刺、酸胖、哈莫儿、卡蜜、旁白日布、哈日木格。

形态特征：灌木，高0.5~1.5m，弯，多分枝，枝铺散，少直立。小枝灰白色，不孕枝先端刺针状。叶近无柄，在嫩枝上4~6片簇生，倒披针形，长6~15mm，宽2~5mm，先端锐尖或钝，基部渐窄成楔形，无毛或幼时被柔毛。聚伞花序长1~3cm，被疏柔毛；花瓣黄绿色或近白色，矩圆形；萼片5，绿色，长2~3mm。果近球形或椭圆形，两端钝圆，长6~8mm，熟时暗红色，果汁暗蓝色，带紫色，味甜而微咸；果核卵形，先端尖，长4~5mm。花期5~6月，果期7~8月。本种分布范围很广，生态条件悬殊，植物形态变幅也大。例如，内蒙古新巴尔虎旗达赉湖附近的标本叶形较小，长6~10mm，宽2~4mm；果长约6mm。内蒙古南部标本叶形较大，长15~21mm，宽3~5mm，果长7~8mm。

分布：东大山。我国各沙漠地区均有分布；华北及东北沿海沙区也有分布。生于湖盆边缘沙地、盐渍化沙地、沿海盐化沙地。

（3）泡泡刺（*Nitraria sphaerocarpa* Maxim.）

形态特征：灌木，枝平卧，长25~50cm，弯，不孕枝先端刺针状，嫩枝白色。叶近无柄，2或3片簇生，条形或倒披针状条形，全缘，长5~25mm，宽2~4mm，先端稍锐尖或钝。花序长2~4cm，被短柔毛，黄灰色；花瓣白色，长约2mm；花梗长1~5mm；萼片5，绿色，被柔毛。果未熟时披针形，先端渐尖，密被黄褐色柔毛，成熟时外果皮干膜质，膨胀成球形，果径约1cm；果核狭纺锤形，长6~8mm，先端渐尖，表面具蜂窝状小孔。花期5~6月，果期6~7月。

分布：东大山。我国内蒙古西部、甘肃河西、新疆等地均有分布。生于戈壁、山前平原和砾质平坦沙地，极耐干旱。

（4）骆驼蓬（*Peganum harmala* L.）

别称：臭古朵（甘肃河西）。

形态特征：多年生草本，高30~70cm，无毛。根多数，粗达2cm，极长。茎开展或直立，由基部多分枝。叶互生，卵形，全裂为3~5条形或披针状条形裂片，裂片长1~3.5cm，宽1.5~3mm。花单生枝端，与叶对生；花瓣黄白色，倒卵状矩圆形，长1.5~2cm，宽6~9mm；萼片5，裂片条形，长1.5~2cm，有时仅顶端分裂；雄蕊15，花丝近基部宽展；子房3室，花柱3。蒴果近球形，种子三棱形，稍弯，黑褐色、表面被小瘤状突起。骆驼蓬5月上旬返青，7~8月开花，9~10月种子成熟（彩图3-26）。

分布：东大山，甘肃河西走廊。我国宁夏、内蒙古巴彦淖尔市和阿拉善盟、新疆、西藏（贡嘎、泽当）等地有分布。生于荒漠地带干旱草地、绿洲边缘轻盐渍化沙地、壤质低山坡或河谷沙丘（达3600m）。

3.5.4.14 大戟科（Euphorbiaceae）

狼毒（*Stellera chamaejasme* Linn.）

别称：续毒、川狼毒、白狼毒、猫儿眼根草。

形态特征：多年生草本，高20~50cm。根茎木质，粗壮，圆柱形，分枝或不分枝，

表面棕色，内面淡黄色；茎直立，丛生，不分枝，纤细，绿色，有时带紫色，无毛，草质，基部木质化，有时具棕色鳞片。叶散生，稀近轮生或对生，薄纸质，披针形或长圆状披针形，稀长圆形，长 12 ~ 28mm，宽 3 ~ 10mm，先端急尖或渐尖，稀钝形，基部圆形至钝形或楔形，上面绿色，下面淡绿色至灰绿色，边缘全缘，微反卷或不反卷，中脉在上面扁平，下面隆起，侧脉 4 ~ 6 对，第 2 对直伸直达叶片的 2/3，两面均明显；叶柄短，长约 1.1mm，基部具关节，上面扁平或微具浅沟。花白色、黄色至带紫色，芳香，头状花序顶生，圆球形，具绿色叶状总苞片，无花梗；花萼筒细瘦，长 9 ~ 11mm，具明显纵脉，基部略膨大，无毛，裂片 5，卵状长圆形，长 2 ~ 4mm，宽约 2mm，顶端圆形，稀截形，常具紫红色的网状脉纹；雄蕊 10，2 轮，下轮着生花萼筒的中部以上，上轮着生于花萼筒的喉部，花药微伸出，花丝极短，花药黄色，线状椭圆形，长约 1.5mm；花盘一侧发达，线形，长约 1.8mm，宽约 0.2mm，顶端微 2 裂；子房椭圆形，几无柄，长约 2mm，直径约 1.2mm，上部被淡黄色丝状柔毛；花柱短，柱头头状，顶端微被黄色柔毛。果实圆锥形，长约 5mm，直径约 2mm，顶部或上部有灰白色柔毛，为宿存的花萼筒所包围；种皮膜质，淡紫色。花期 4 ~ 6 月，果期 7 ~ 9 月（彩图 3-27）。

分布：东大山。我国北方各省区及西南地区均有分布。生于海拔 2600 ~ 4200m 的干燥而向阳的高山草坡、草坪或河滩台地。

3.5.4.15　柽柳科（Tamaricaceae）

（1）柽柳（*Tamarix chinensis* Lour）

别称：垂丝柳、西河柳、西湖柳、红柳、阴柳。

形态特征：乔木或灌木，高 3 ~ 6 （ ~ 8） m。老枝直立，暗褐红色，光亮，幼枝稠密细弱，常开展而下垂，红紫色或暗紫红色，有光泽；嫩枝繁密纤细，悬垂。叶鲜绿色，从生木质化生长枝上生出的绿色营养枝上的叶长圆状披针形或长卵形，长 1.5 ~ 1.8mm，稍开展，先端尖，基部背面有龙骨状隆起，常呈薄膜质；上部绿色营养枝上的叶卵状披针形或钻形，半贴生，先端渐尖而内弯，基部变窄，长 1 ~ 3mm，背面有龙骨状突起。每年开花两三次。每年春季开花，总状花序侧生在木质化的小枝上，长 3 ~ 6cm，宽 5 ~ 7mm，花大而少，较稀疏而纤弱点垂，小枝也下倾；有短总花梗或近无梗，梗生有少数苞叶或无；苞片长圆形或线状长圆形，渐尖，与花梗等长或稍长；花梗纤细，较萼短；花 5 出；萼片 5，狭长卵形，具短尖头，略全缘，外面 2 片，背面具隆脊，长 0.75 ~ 1.25mm，较花瓣略短；花瓣 5，粉红色，通常椭圆状倒卵形或卵状椭圆形，稀倒卵形，长约 2mm，较花萼微长，果时宿存；花盘 5 裂，裂片先端圆或微凹，紫红色，肉质；雄蕊 5，长于或略长于花瓣，花丝着生在花盘裂片间，自其下方近边缘处生出；子房圆锥状瓶形，花柱 3，棍棒状，长约为子房之半。蒴果圆锥形。夏、秋季开花；总状花序长 3 ~ 5cm，较春生者细，生于当年生幼枝顶端，组成顶生大圆锥花序，疏松而通常下弯；花 5 出，较春季者略小，密生；苞片绿色，草质，较春季花的苞片狭细，较花梗长，线形至线状锥形或狭三角形，渐尖，向下变狭，基部背面有隆起，全缘；花萼三角状卵形；花瓣粉红色，直而略外斜，远比花萼长；花盘 5 裂，或每一裂片再 2 裂成 10 裂片状；雄蕊 5，长等于花瓣或为其 2 倍，花药钝，花丝着生在花盘主裂片间，自其边缘和略下方生出；花柱棍棒状，其长等于子房的2/5～3/4。花期4～9月。

分布：东大山。我国辽宁、河北、河南、山东、江苏（北部）、安徽（北部）等地均有分布。

（2）红砂 [*Reaumuria songarica* (Pall.) Maxim.]

红色名录等级为无危（LC）。

形态特征：小灌木，仰卧，高10～30（～70）cm。多分枝，老枝灰褐色，树皮为不规则的波状剥裂，小枝多拐曲，皮灰白色，粗糙，纵裂。叶肉质，短圆柱形，鳞片状，上部稍粗，长1～5mm，宽0.5～1mm，常微弯，先端钝，浅灰蓝绿色，具点状的泌盐腺体，常4～6枚簇生在叶腋缩短的枝上，花期有时叶变紫红色。小枝常呈淡红色。花单生叶腋（实为生在极度短缩的小枝顶端），或在幼枝上端集为少花的总状花序状；花无梗；直径约4mm；苞片3，披针形，先端尖，长0.5～0.7mm；花萼钟形，下部合生，长1.5～2.5mm，裂片5，三角形，边缘白膜质，具点状腺体；花瓣5，白色略带淡红色，长圆形，长约4.5mm，宽约2.5mm，先端钝，基部楔状变狭，张开，上部向外反折，下半部内侧的附属物倒披针形，薄片状，顶端缝状，着生在花瓣中脉的两侧；雄蕊6～8（～12），分离，花丝基部变宽，几与花瓣等长；子房椭圆形，花柱3，具狭尖的柱头。蒴果长椭圆形或纺锤形，或三棱锥形，长4～6mm，宽约2mm，高出花萼2～3倍，具3棱，3瓣裂（稀4），通常具3～4枚种子。种子长圆形，长3～4mm，先端渐尖，基部变狭，全部被黑褐色毛。花期7～8月，果期8～9月（彩图3-28）。

分布：东大山。我国甘肃、青海、新疆、宁夏和内蒙古，直到东北西部均有分布。本种是荒漠和草原区域的重要建群种，生于荒漠地区的山前冲积、洪积平原上和戈壁侵蚀面上，也生于低地边缘，基质多为粗砾质戈壁。红砂群落可用作荒漠区域的良好草场，供放牧羊群和骆驼之用。

3.5.4.16　胡颓子科（Elaeagnaceae）

沙枣（*Elaeagnus angustifolia* L.）

别称：银柳、桂香柳、香柳、银芽柳、棉花柳。

形态特征：落叶乔木或小乔木，高5～10m。无刺或具刺，刺长30～40mm，棕红色，发亮；幼枝密被银白色鳞片，老枝鳞片脱落，红棕色，光亮。叶薄纸质，矩圆状披针形至线状披针形，长3～7cm，宽1～1.3cm，顶端钝尖或钝形，基部楔形，全缘，上面幼时具银白色圆形鳞片，成熟后部分脱落，带绿色，下面灰白色，密被白色鳞片，有光泽，侧脉不甚明显；叶柄纤细，银白色，长5～10mm。花银白色，直立或近直立，密被银白色鳞片，芳香，常1～3花簇生于新枝，基部最初具5～6片叶的叶腋；花梗长2～3mm；萼筒钟形，长4～5mm，在裂片下面不收缩或微收缩，在子房上骤收缩，裂片卵状矩圆形或宽卵形，长3～4mm，顶端钝渐尖，内面被白色星状柔毛；雄蕊几无花丝，花药淡黄色，矩圆形，长2.2mm；花柱直立，无毛，上端甚弯曲；花盘明显，圆锥形，包围花柱的基部，无毛。果实椭圆形，长9～12mm，直径6～10mm，粉红色，密被银白色鳞片；果肉乳白色，粉质；果梗短，粗壮，长3～6mm。花期5～6月，果期9月。

分布：东大山。我国西北及内蒙古西部等地均有分布。沙枣生命力很强，具有抗旱、抗风沙、耐盐碱、耐贫瘠等特点。

3.5.4.17 柳叶菜科（Onagraceae）

柳兰（*Epilobium angustifolium* L.）

形态特征：多年粗壮草本，丛生，直立。根状茎广泛匍匐于表土层，长可达 2m，粗达 2cm，木质化，自茎基部生出强壮的越冬根出条。茎高 20～130cm，粗 2～10mm，不分枝或上部分枝，圆柱状，无毛，下部多少木质化，表皮撕裂状脱落。叶螺旋状互生，稀近基部对生，无柄，茎下部的叶近膜质，披针状长圆形至倒卵形，长 0.5～2cm，常枯萎，褐色；中上部的叶近革质，狭披针形或线状披针形，长 3～19cm，宽 0.3～2.5cm，先端渐狭，基部钝圆或有时宽楔形，上面绿色或淡绿，两面无毛，边缘近全缘或稀疏浅小齿，稍微反卷，侧脉常不明显，每侧 10～25 条，近平展或稍上斜出至近边缘处网结。花序总状，直立，长 5～40cm，无毛；苞片下部的叶状，长 2～4cm，上部的很小，三角状披针形，长不及 1cm。花在芽时下垂，到开放时直立展开；花蕾倒卵状，长 6～12mm，直径 4～6mm；子房淡红色或紫红色，长 0.6～2cm，被贴生灰白色柔毛；花梗长 0.5～1.8cm；花管缺，花盘深 0.5～1mm，直径 2～4mm；萼片紫红色，长圆状披针形，长 6～15mm，宽 1.5～2.5mm，先端渐狭渐尖，被灰白柔毛；花瓣粉红至紫红色，稀白色，稍不等大，上面二枚较长大，倒卵形或狭倒卵形，长 9～19mm，宽 3～11mm，全缘或先端具浅凹缺；花药长圆形，长 2～2.5mm，初期红色，开裂时变紫红色，产生带蓝色的花粉，花粉粒常 3 孔，径平均 67.7μm，花丝长 7～14mm；花柱 8～14mm，开放时强烈反折，后恢复直立，下部被长柔毛；柱头白色，深 4 裂，裂片长圆状披针形，长 3～6mm，宽 0.6～1mm，上面密生小乳突。蒴果长 4～8cm，密被贴生的白灰色柔毛；果梗长 0.5～1.9cm。种子狭倒卵状，长 0.9～1mm，直径 0.35～0.45mm，先端短渐尖，具短喙，褐色，表面近光滑但具不规则的细网纹；种缨丰富，长 10～17mm，灰白色，不易脱落。花期 6～9 月，果期 8～10 月。染色体数 $n=18$（彩图 3-29）。

分布：东大山。我国黑龙江、吉林、内蒙古、河北、山西、宁夏、甘肃、青海、新疆、四川西部、云南西北部、西藏等地均有分布。生于我国北方海拔 500～3100m、西南海拔 2900～4700m 的山区半开旷或开旷较湿润草坡灌丛、火烧迹地、高山草甸、河滩和砾石坡等。

3.5.4.18 伞形科（Umbelliferae）

（1）山芹菜（*Sanicula lamelligera* Hance）

别称：山芹菜、小芹当归、望天芹等。

形态特征：多年生草本，高 0.5～1.5m。主根粗短，有 2～3 分枝，黄褐色至棕褐色。茎直立，中空，有较深的沟纹，光滑或基部稍有短柔毛，上部分枝，开展。基生叶及上部叶均为二至三回三出式羽状分裂；叶片轮廓为三角形，长 20～45cm，叶柄长 5～20cm，基部膨大成扁而抱茎的叶鞘；末回裂片菱状卵形至卵状披针形，长 5～10cm，宽 3～6cm，急尖至渐尖，边缘有内曲的圆钝齿或缺刻状齿 5～8 对，通常齿端有锐尖头，基部截形，有时中部深裂，表面深绿色，背面灰白色，两面均无毛，最上部的叶常简化成无叶的叶鞘。复伞形花序，伞辐5~14；花序梗、伞辐和花柄均有短糙毛；花序梗长3~7cm；总苞片1~3，长3~9.5mm，线状披针形，顶端近钻形，边缘膜质；小伞形花序有花8~20，小总苞片5~10，线形至钻形；萼齿卵状三角形；花瓣白色，长圆形，基部渐狭，成短爪，顶端内曲；花柱2倍长于扁平的花柱基。果实长圆形至卵形，长4~5.5mm，宽3~4mm，成熟时金黄色，透明，有光泽，基部凹入，背棱细狭，侧棱宽翅状，与果体近相等，棱槽内有油管1~3条，合生面有油管4~6条，少为8条。花期8~9月，果期9~10月。

分布：东大山。我国东北及内蒙古、山东、江苏、安徽、浙江、江西、福建等地均有分布。生长于山坡、草地、山谷、林缘和林下。

（2）北柴胡（*Bupleurum chinense* DC.）

别称：竹叶柴胡、硬苗柴胡、韭叶柴胡。

形态特征：多年生草本，高50~85cm。主根较粗大，棕褐色，质坚硬。茎单一或数茎，表面有细纵槽纹，实心，上部多回分枝，微作之字形曲折。基生叶倒披针形或狭椭圆形，长4~7cm，宽6~8mm，顶端渐尖，基部收缩成柄，早枯落；茎中部叶倒披针形或广线状披针形，长4~12cm，宽6~18mm，有时达3cm，顶端渐尖或急尖，有短芒尖头，基部收缩成叶鞘抱茎，脉7~9，叶表面鲜绿色，背面淡绿色，常有白霜；茎顶部叶同形，但更小。复伞形花序很多，花序梗细，常水平伸出，形成疏松的圆锥状；总苞片2~3，或无，甚小，狭披针形，长1~5mm，宽0.5~1mm，3脉，很少1或5脉；伞辐3~8，纤细，不等长，长1~3cm；小总苞片5，披针形，长3~3.5mm，宽0.6~1mm，顶端尖锐，3脉，向叶背凸出；小伞直径4~6mm，花5~10；花柄长1mm；花直径1.2~1.8mm；花瓣鲜黄色，上部向内折，中肋隆起，小舌片矩圆形，顶端2浅裂；花柱基深黄色，宽于子房。果广椭圆形，棕色，两侧略扁，长约3mm，宽约2mm，棱狭翼状，淡棕色，每棱槽油管3条，很少4条，合生面4条。花期9月，果期10月。

分布：东大山。我国东北、华北、西北、华东和华中各地均有分布。生长于向阳山坡路边、岸旁或草丛中。

（3）野胡萝卜（*Daucus carota* L.）

别称：鹤虱草。

形态特征：二年生草本，高15~120cm。茎单生，全体有白色粗硬毛。基生叶薄膜质，长圆形，二至三回羽状全裂，末回裂片线形或披针形，长2~15mm，宽0.5~4mm，顶端尖锐，有小尖头，光滑或有糙硬毛；叶柄长3~12cm；茎生叶近无柄，有叶鞘，末回裂片小或细长。复伞形花序，花序梗长10~55cm，有糙硬毛；总苞有多数苞片，呈叶状，羽状分裂，少有不裂的，裂片线形，长3~30mm；伞辐多数，长2~7.5cm，结果时外缘的伞辐向内弯曲；小总苞片5~7，线形，不分裂或2~3裂，边缘膜质，具纤毛。花通常白色，有时带淡红色；花柄不等长，长3~10mm。果实圆卵形，长3~4mm，宽2mm，棱上有白色刺毛。花期5~7月。

分布：东大山。我国四川、贵州、湖北、江西、安徽、江苏、浙江等地均有分布。生长于山坡路旁、旷野或田间。

3.5.4.19 报春花科（Primulaceae）

（1）直立点地梅（*Androsace erecta maxim*）

红色名录等级为近危（NT）。

形态特征：一年生或二年生草本。主根细长，具少数支根。茎通常单生，直立，高10～35cm，被稀疏或密集的多细胞柔毛。叶在茎基部多少簇生，通常早枯；茎叶互生，椭圆形至卵状椭圆形，长4～15mm，宽1.2～6mm，先端锐尖或稍钝，具软骨质骤尖头，基部短渐狭，边缘增厚，软骨质，两面均被柔毛；叶柄极短，长约1mm或近于无，被长柔毛。花多朵组成伞形花序生于无叶的枝端，也偶有单生于茎上部叶腋的；苞片卵形至卵状披针形，长约3.5mm，叶状，具软骨质边缘和骤尖头，被稀疏的短柄腺体；花梗长1～3cm，疏被短柄腺体；花萼钟状，长3～3.5mm，分裂达中部，裂片狭三角形，先端具小尖头，外面被稀疏的短柄腺体，具不明显的2纵沟；花冠白色或粉红色，直径2.5～4mm，裂片小，长圆形，宽0.8～1.2mm，微伸出花萼。蒴果长圆形，稍长于花萼。花期4～6月；果期7～8月。

分布：东大山。我国青海、甘肃、四川、云南、西藏等地均有分布。生于海拔2700～3500m的山坡草地及河漫滩上。

（2）西藏点地梅（*Androsace mariae* Kanitz）

别称：宝日一嘎迪格、尕的（藏名）。

形态特征：多年生草本。主根木质，具少数支根。根出条短，叶丛叠生其上，形成密丛；有时根出条伸长，叶丛间有明显的间距，成为疏丛。莲座状叶丛直径1～3（4）cm。叶两型，外层叶舌形或匙形，长3～5mm，宽1～1.5mm，先端锐尖，两面无毛至被疏柔毛，边缘具白色缘毛；内层叶匙形至倒卵状椭圆形，长7～15mm，先端锐尖或近圆形而具骤尖头，基部渐狭，两面无毛至密被白色多细胞柔毛，具无柄腺体，边缘软骨质，具缘毛。花葶单一，高2～8cm，被白色开展的多细胞毛和短柄腺体；伞形花序2～7（10）花；苞片披针形至线形，长3～4mm，与花梗、花萼同被白色多细胞毛；花梗在花期稍长于苞片，长5～7mm，花后伸长，果期长可达18mm；花萼钟状，长约3mm，分裂达中部，裂片卵状三角形；花冠粉红色，直径5～7mm，裂片楔状倒卵形，先端略呈波状。蒴果稍长于宿存花萼。花期6月（彩图3-30）。

分布：东大山。我国甘肃南部、内蒙古（贺兰山）、青海东部、四川西部和西藏东部等地有分布。生长于海拔1800～4000m的山坡草地、林缘和砂石地上。

3.5.4.20 白花丹科（Plumbaginaceae）

黄花补血草 [*Limonium aureum* (L.) Hill]

形态特征：多年生草本，高4～35cm，全株（除萼外）无毛。茎基往往被有残存的叶柄和红褐色芽鳞。叶基生（偶尔花序轴下部1或2节上也有叶），常早凋，通常长圆状匙形至倒披针形，长1.5～3（5）cm，宽2～5（15）mm，先端圆或钝。有时急尖，下部渐狭成平扁的柄。花序圆锥状，花序轴2至多数，绿色，密被疣状突起（有时仅上部嫩枝具疣），由下部作数回叉状分枝，往往呈之字形曲折，下部的多数分枝成为不育枝，末级的不育枝短而常略弯；穗状花序位于上部分枝顶端，由3～5（7）个小穗组成；小穗含2或3花；外苞长2.5~3.5mm，宽卵形，先端钝或急尖，第一内苞长5.5~6mm；萼长5.5~6.5（7.5）mm，漏斗状，萼筒直径约1mm，基部偏斜，全部沿脉和脉间密被长毛，萼檐金黄色（干后有时变橙黄色），裂片正三角形，脉伸出裂片先端成一芒尖或短尖，沿脉常疏被微柔毛，间生裂片常不明显；花冠橙黄色。花期6~8月，果期7~8月（彩图3-31）。

分布：东大山。我国东北西部、华北北部和西北等地均有分布。生于土质含盐的砾石滩、黄土坡和砂土地上。

3.5.4.21　龙胆科（Gentianaceae）

秦艽（*Gentiana macrophylla* Pall）

别称：大叶龙胆、大叶秦艽、西秦艽。

形态特征：多年生草本，高30~60cm，全株光滑无毛，基部被枯存的纤维状叶鞘包裹。须根多条，扭结或黏结成一个圆柱形的根。枝少数丛生，直立或斜升，黄绿色或有时上部带紫红色，近圆形。莲座丛叶卵状椭圆形或狭椭圆形，长6~28cm，宽2.5~6cm，先端钝或急尖，基部渐狭，边缘平滑，叶脉5~7条，在两面均明显，并在下面突起，叶柄宽，长3~5cm，包被于枯存的纤维状叶鞘中；茎生叶椭圆状披针形或狭椭圆形，长4.5~15cm，宽1.2~3.5cm，先端钝或急尖，基部钝，边缘平滑，叶脉3~5条，在两面均明显，并在下面突起，无叶柄至叶柄长达4cm。花多数，无花梗，簇生枝顶呈头状或腋生作轮状；花萼筒膜质，黄绿色或有时带紫色，长7~9mm，一侧开裂呈佛焰苞状，先端截形或圆形，萼齿4~5个，稀1~3个，甚小，锥形，长0.5~1mm；花冠筒部黄绿色，冠澹蓝色或蓝紫色，壶形，长1.8~2cm，裂片卵形或卵圆形，长3~4mm，先端钝或钝圆，全缘，褶整齐，三角形，长1~1.5mm或截形，全缘；雄蕊着生于冠筒中下部，整齐；花丝5~6，线状钻形，长2~2.5mm；子房无柄，椭圆状披针形或狭椭圆形，长9~11mm，先端渐狭；花柱线形，连柱头长1.5~2mm，柱头2裂，裂片矩圆形。蒴果内藏或先端外露，卵状椭圆形，长15~17mm。种子红褐色，有光泽，矩圆形，长1.2~1.4mm，表面具细网纹。花果期7~10月（彩图3-32）。

分布：东大山。我国新疆、宁夏、陕西、山西、河北、内蒙古及东北地区均有分布。生于河滩、路旁、水沟边、山坡草地、草甸、林下及林缘，海拔400~2400m。

3.5.4.22　旋花科（Convolvulaceae）

（1）田旋花（*Convolvulus arvensis* L.）

别称：小旋花、中国旋花、箭叶旋花、野牵牛、拉拉菀。

形态特征：多年生草质藤本，近无毛。根状茎横走，茎平卧或缠绕，有棱。叶柄长1~2cm；叶片戟形或箭形，长2.5~6cm，宽1~3.5cm，全缘或3裂，先端近圆或微尖，有小突尖头；中裂片卵状椭圆形、狭三角形、披针状椭圆形或线性；侧裂片开展或呈耳形。花1~3朵，腋生；花梗细弱；苞片线性，与萼远离；萼片倒卵状圆形，无毛或被疏毛，缘膜质；花冠漏斗形，粉红色、白色，长约2cm，外面有柔毛，褶上无毛，有不明显的5浅裂；雄蕊的花丝基部肿大，有小鳞毛；子房2室，有毛，柱头2，狭长。蒴果球形或圆锥状，无毛。种子椭圆形，无毛。花期5~8月，果期7~9月。

分布：东大山。我国东北、华北、西北及山东、江苏、河南、四川、西藏等地均有分布。

（2）打碗花（*Calystegia hederacea* Wall.）

别 称：燕覆子、蒲地参、兔耳草、富苗秧、扶秧、钩耳藤、喇叭花。

形态特征：多年生草质藤本植物。全体不被毛，植株通常矮小，常自基部分枝，具细长白色的根。茎细，平卧，有细棱。基部叶片长圆形，顶端圆，基部戟形，上部叶片3裂，中裂片长圆形或长圆状披针形，侧裂片近三角形，叶片基部心形或戟形。花腋生，花梗长于叶柄，苞片宽卵形；萼片长圆形，顶端钝，具小短尖头，内萼片稍短；花冠淡紫色或淡红色，钟状，冠檐近截形或微裂；雄蕊近等长，花丝基部扩大，贴生花冠管基部，被小鳞毛；子房无毛，柱头2裂，裂片长圆形，扁平。蒴果卵球形，宿存萼片与之近等长或稍短。种子黑褐色，表面有小疣。

分布：东大山。我国各地均有分布。生长于海拔100～3500m的地区，多生长于农田、平原、荒地及路旁。

3.5.4.23 唇形科（Labiatae）

薄荷（*Mentha haplocalyx* Brig）

别称：野薄荷、夜息香。

形态特征：多年生草本。茎直立，高30～60cm，下部数节具纤细的须根及水平匍匐根状茎，锐四棱形，具四槽，上部被倒向微柔毛，下部仅沿棱上被微柔毛，多分枝。叶片长圆状披针形，披针形，椭圆形或卵状披针形，稀长圆形，长3～5（7）cm，宽0.8～3cm，先端锐尖，基部楔形至近圆形，边缘在基部以上疏生粗大的牙齿状锯齿，侧脉5或6对，与中肋在上面微凹陷下面显著，上面绿色；沿脉上密生余部疏生微柔毛，或除脉外余部近于无毛，上面淡绿色，通常沿脉上密生微柔毛；叶柄长2～10mm，腹凹背凸，被微柔毛。轮伞花序腋生，轮廓球形，花时径约18mm，具梗或无梗，具梗时梗可长达3mm，被微柔毛；花梗纤细，长约2.5mm，被微柔毛或近于无毛。花萼管状钟形，长约2.5mm，外被微柔毛及腺点，内面无毛，10脉，不明显，萼齿5，狭三角状钻形，先端长锐尖，长约1mm。花冠淡紫，长约4mm，外面略被微柔毛，内面在喉部以下被微柔毛，冠檐4裂，上裂片先端2裂，较大，其余3裂片近等大，长圆形，先端钝。雄蕊4，前对较长，长约5mm，均伸出于花冠之外，花丝丝状，无毛；花药卵圆形，2室，室平行；花柱略超出雄蕊，先端近相等2浅裂，裂片钻形；花盘平顶。小坚果卵珠形，黄褐色，具小腺窝。花期7～9月，果期10月。

分布：东大山。我国各地均有分布。

3.5.4.24 茄科（Solanaceae）

枸杞（*Lycium barbarum* L.）

形态特征：多分枝灌木，高0.5～1m，栽培时可达2m多。枝条细弱，弓状弯曲或俯垂，淡灰色，有纵条纹，棘刺长0.5～2cm，生叶和花的棘刺较长，小枝顶端锐尖成棘刺状。叶纸质或栽培者质稍厚，单叶互生或2～4枚簇生，卵形、卵状菱形、长椭圆形、卵状披针形，顶端急尖，基部楔形，长1.5～5cm，宽0.5～2.5cm，栽培者较大，可长达 10cm 以上，宽达 4cm；叶柄长 0.4~1cm。花在长枝上单生或双生于叶腋，在短枝上则同叶簇生；花梗长 1~2cm，向顶端渐增粗。花萼长 3~4mm，通常 3 中裂或 4~5 齿裂，裂片多少有缘毛；花冠漏斗状，长 9~12mm，淡紫色，筒部向上骤然扩大，稍短于或近等于檐部裂片，5 深裂，裂片卵形，顶端圆钝，平展或稍向外反曲，边缘有缘毛，基部耳显著；雄蕊较花冠稍短，或因花冠裂片外展而伸出花冠，花丝在近基部处密生一圈绒毛并交织成椭圆状的毛丛，与毛丛等高处的花冠筒内壁也密生一环绒毛；花柱稍伸出雄蕊，上端弓弯，柱头绿色。浆果红色，卵状，顶端尖或钝，长 7~15mm，栽培者可成长矩圆状或长椭圆状，长可达 2.2cm，直径 5~8mm。种子扁肾脏形，长 2.5~3mm，黄色。花果期 6~11 月。

分布：东大山。我国东北、河北、山西、陕西、甘肃南部以及西南、华中、华南和华东各地均有分布。常生于山坡、荒地、丘陵地、盐碱地、路旁及村边宅旁。

3.5.4.25　玄参科（Scrophulariaceae）

甘肃马先蒿（*Pedicularis kansuensis* Maxim）

红色名录等级为无危（LC），我国特有种。

形态特征：一年或二年生草本，干时不变黑，体多毛，高可达 40cm 以上。根垂直向下，不变粗，或在极偶然的情况下少数变粗而肉质，有时有纺锤形分枝，有少数横展侧根。茎常多条自基部发出，中空，少数方形，草质，直径达 3.5mm，有 4 条成行的毛。叶基出者常长久宿存，有长柄达 25mm，有密毛，茎叶柄较短，4 枚较生，叶片长圆形，锐头，长达 3cm，宽 14mm，偶有卵形而宽达 20mm，羽状全裂，裂片约 10 对，披针形，长者达 14cm，羽状深裂，小裂片具少数锯齿，齿常有胼胝而反卷。花序长者达 25cm 或更多，花轮极多而均疏距，多达 20 余轮，仅顶端较密；苞片下部者叶状，余者亚掌状 3 裂而有锯齿；萼下有短梗，膨大而为亚球形，前方不裂，膜质，主脉明显，有 5 齿，齿不等，三角形而有锯齿。花冠长约 15mm，其管在基部以上向前膝曲，再由花梗与萼向前倾弯，因此全部花冠几置于地面上，其长为萼的两倍，向上渐扩大，至下唇的水平上宽达 3~4mm，下唇长于盔，裂片圆形，中裂较小，基部狭缩，其两侧与侧裂所组成的缺刻清晰可见，盔长约 6mm，多少镰状弓曲，基部仅稍宽于其他部分，中下部有一最狭部分，额高凸，常有具波状齿的鸡冠状凸起，端的下缘尖锐但无凸出的小尖；花丝 1 对有毛；柱头略伸出。蒴果斜卵形，略自萼中伸出，长锐尖头。花期 6~8 月（彩图 3-33）。

分布：东大山。我国甘肃西南部、青海、四川西部及西藏昌都专区东部等地有分布。生于海拔 1825~4000m 的草坡和有石砾处，而田埂旁尤多。

3.5.4.26　车前科（Plantaginaceae）

车前（*Patago asiatical*）

别称：车前草、车轮草、猪耳草、牛耳朵草等。

形态特征：二年生或多年生草本。须根多数，根茎短，稍粗。叶基生呈莲座状，平卧、斜展或直立；叶片薄纸质或纸质，宽卵形至宽椭圆形，长 4~12cm，宽 2.5~6.5cm，先端钝圆至急尖，边缘波状、全缘或中部以下有锯齿或裂齿，基部宽楔形或近圆形，多少下延，两面疏生短柔毛；脉 5~7 条；叶柄长 2~27cm，基部扩大成鞘，疏生短柔毛。花序 3~10 个，直立或弓曲上升；花序梗长 5~30cm，有纵条纹，疏生白色短柔毛；穗状花序细圆柱状，长 3~40cm，紧密或稀疏，下部常间断；苞片狭卵状三角形或三角状披针形，长 2~3mm，长过于宽，龙骨突宽厚，无毛或先端疏生短毛。花具短梗；花萼长 2~3mm，萼片先端钝圆或钝尖，龙骨突，不延至顶端，前对萼片椭圆形，龙骨突较宽，两侧片稍不对称，后对萼片宽倒卵状椭圆形或宽倒卵形。花冠白色，无毛，冠筒与萼片约等长，裂片狭三角形，长约 1.5mm，先端渐尖或急尖，具明显的中脉，于花后反折。雄蕊着生于冠筒内面近基部，与花柱明显外伸，花药卵状椭圆形，长 1~1.2mm，顶端具宽三角形突起，白色，干后变淡褐色。胚珠 7~18。蒴果纺锤状卵形、卵球形或圆锥状卵形，长 3~4.5mm，于基部上方周裂。种子 5~12 颗，卵状椭圆形或椭圆形，长 1.2~2mm，具角，黑褐色至黑色，背腹面微隆起；子叶背腹向排列。花期 4~8 月，果期 6~9 月（彩图 3-34）。

分布：东大山。我国黑龙江、吉林、辽宁、内蒙古、河北、山西、陕西、甘肃、新疆、山东、江苏、安徽、浙江、江西、福建、台湾、河南、湖北、湖南、广东、广西、海南、四川、贵州、云南、西藏等地均有分布。生于草地、沟边、河岸湿地、田边、路旁或村边空旷处，海拔 2600~3200m。

3.5.4.27 茜草科（Rubiaceae）

猪殃殃（*Gallium aparinel* L.）

别称：拉拉藤、爬拉殃、八仙草。

形态特征：多枝、蔓生或攀缘状草本，通常高 30~90cm。茎有 4 棱角；棱上、叶缘、叶脉上均有倒生的小刺毛。叶纸质或近膜质，6~8 片轮生，稀为 4~5 片，带状倒披针形或长圆状倒披针形，长 1~5.5cm，宽 1~7mm，顶端有针状凸尖头，基部渐狭，两面常有紧贴的刺状毛，常萎软状，干时常卷缩，1 脉，近无柄。聚伞花序腋生或顶生，花小，4 数，有纤细的花梗；花萼被钩毛，萼檐近截平；花冠黄绿色或白色，辐状，裂片长圆形，长不及 1mm，镊合状排列；子房被毛，花柱 2 裂至中部，柱头头状。果干燥坚硬，圆形，两个联生在一起，有 1 或 2 个近球状的分果爿，直径达 5.5mm，肿胀，密被钩毛；果柄直，长可达 2.5cm，较粗，每一爿有 1 颗平凸的种子。叶细齿裂，经常成针状，4~8 枚轮生。花小，簇生，绿色、黄色或白色。花期 3~7 月，果期 4~11 月（彩图 3-35）。

分布：东大山。我国除海南外，全国各地均有分布。生于海拔 20~4600m 的山坡、旷野、沟边、河滩、田中、林缘、草地。

3.5.4.28 忍冬科（Caprifoliaceae）

唐古特忍冬（*Lonicera tangutica* Maxim.）

形态特征：落叶灌木，高达 2~4m。冬芽顶渐尖或尖，外鳞片 2~4 对，卵形或卵状披针形，顶渐尖或尖，背面有脊，被短糙毛和缘毛或无毛。叶纸质，倒卵形至椭圆形或倒披针形至矩圆形，顶端钝或稍尖，基部渐窄，长 1~4（~6）cm，两面常被稍弯的短糙伏毛或短糙毛，上面近叶缘处毛常较密，有时近无毛或完全秃净，下面有时脉腋有趾蹼状鳞腺，常具糙缘毛；叶柄长 2～3mm。总花梗生于幼枝下方叶腋，纤细，稍弯垂，长 1.5～3（～3.8）cm，被糙毛或无毛；花冠白色、黄白色或有淡红晕，筒状漏斗形，长（8～）10～13mm，筒基部稍一侧肿大或具浅囊，外面无毛或有时疏生糙毛，裂片近直立，圆卵形，长 2～3mm；雄蕊着生花冠筒中部，花药内藏，达花冠筒上部至裂片基部；花柱高出花冠裂片，无毛或中下部疏生开展糙毛；苞片狭细，有时叶状，略短于至略超出萼齿；小苞片分离或连合，长为萼筒的 1/5～1/4，有或无缘毛；相邻两萼筒中部以上至全部合生，椭圆形或矩圆形，长 2～4mm，无毛；萼檐杯状，长为萼筒的 2/5～1/2 或相等，顶端具三角形齿或浅波状至截形，有时具缘毛。果实红色，直径 5～6mm；种子淡褐色，卵圆形或矩圆形，长 2～2.5mm。花期 5～6 月，果熟期 7～8 月（西藏 9 月）。

分布：东大山。我国陕西、宁夏和甘肃的南部、青海东部、湖北西部、四川、云南西北部及西藏东南部等地均有分布。生于云杉、落叶松、栎和竹等林下或混交林中及山坡草地，或溪边灌丛中，海拔 1600～3500（～3900）m。

3.5.4.29　菊科（Compositae）

（1）高山紫菀（*Aster lalaricus* L.）

别称：高山荷兰菊。

形态特征：多年生草本，根状茎粗壮，有丛生的茎和莲座状叶丛。茎直立，高 10～35cm，不分枝，基部被枯叶残片，被密或疏毛，下部有密集的叶。下部叶在花期生存，匙状或线状长圆形，长 1～10cm，宽 0.4～1.5cm，渐狭成具翅的柄，有时成长达 11cm 的细柄，全缘，顶端圆形或稍尖；中部叶近线形或长圆披针，下部渐狭，无柄；上部叶狭小，稍开展或直立；全部叶被柔毛或稍有腺点；中脉及二出脉在下面稍凸起。头状花序在茎端单生，径 3～3.5 或达 5cm。总苞半球形，径 15～20mm，长 6～8mm，稀达 10mm；总苞片 2 或 3 层，等长或外层稍短，上部或外层全部草质，下面近革质，内层边缘膜质，顶端圆形或钝，或稍尖，边缘常紫红色，长 6～8mm，宽 1.5～2.5mm，被密或疏柔毛。舌状花 35～40 个，管部长约 2.5mm；舌片紫色、蓝色或浅红色，长 10～16mm，宽 2.5mm。管状花花冠黄色，长 5.5～6mm，管部长 2.5mm，裂片长约 1mm；花柱附片长 0.5～0.6mm。冠毛白色，长约 5.5mm，另有少数在外的较短或极短的糙毛。瘦果长圆形，基部较狭，长约 3mm，宽 1～1.2mm，褐色，被密绢毛。花期 6～8 月，果期 7～9 月（彩图 3-36）。

分布：东大山。我国新疆西部（塔城）北部、黑龙江北部、内蒙古东北部等地均有分布。喜生于山地草原和草甸，海拔 1700～2600m。

（2）高山火绒草（*Leontopodium alpinum* L.）

别称：山薄雪草、雪绒花、小白花。

形态特征：多年生草本，高 10～80cm，植株无毒性。根状茎分枝短，数个至 10 余个簇生的花茎和少数与花茎同形的不育茎，无莲座状叶丛。茎稍细弱，被灰白色绵毛或蛛丝状密毛；腋芽常在花后生长，成长达 10cm 而叶密集的分枝。叶宽或狭线形，长 10～40mm，宽 1.3～6.5mm，基部心形或箭形，抱茎，上面被灰色棉状或绢状毛，下面被白色茸毛。苞叶多数，与茎上部叶多少等长 2～4 倍，披针形或线形，两面被白色或灰白色密茸毛，开展成直径 2～7cm 的星状苞叶群，或有长总苞梗而成数个分苞叶群。头状花序直径 4～5mm，5～30 个密集，少有单生；小花异型，雌雄异株或有少数雌花；花冠长约 3mm，雄花花冠漏斗状；雌花花冠丝状，有细齿或密锯齿；冠毛白色，基部稍黄色；雄花冠毛上部多少粗厚，有细锯齿或短毛状密齿；不育的子房和瘦果有乳头状突起或短粗毛；总苞长 3～4mm，被白色长柔毛状密茸毛；总苞片约 3 层，先端无毛，干膜质，近圆形或渐尖，远超出毛茸之上。花期 7～9 月（彩图 3-37）。

分布：东大山。我国甘肃、陕西北部、新疆东部、青海东部和北部、山西、内蒙古南部和北部、河北、辽宁、吉林、黑龙江及山东半岛等地均有分布。生于海拔 1400～3500m 的高山和亚高山的林地、干燥灌丛、干燥草地等，常成片生长。

（3）茵陈蒿（*Artemisia annua* L.）

形态特征：半灌木状草本，植株有浓烈的香气。主根明显木质，垂直或斜向下伸长；根茎直径 5～8mm，直立，稀少斜上展或横卧，常有细的营养枝。茎单生或少数，高 40～120cm，或更长，褐色或红褐色，有不明显的纵棱，基部木质，上部分枝多，向上斜伸展；茎、枝初时密生灰白色或灰黄色绢质柔毛，后脱落无毛或渐稀疏。营养枝端有密集叶丛，基生叶密集着生，常成莲座状；基生叶、茎下部叶与营养枝叶两面均被棕黄色或灰黄色绢质柔毛，后期茎下部叶被毛脱落。叶卵圆形或卵状椭圆形，长 2～5cm，宽 1.5～3.5cm；二（至三）回羽状全裂，每侧有裂片 2～4 枚，每裂片再 3～5 全裂，小裂片狭线形或狭线状披针形，通常细直，不弧曲，长 5～10mm，宽 0.5～2mm；叶柄长 3～7mm，花期叶均萎谢。中部叶卵圆形、近圆形或宽卵形，长 2～3cm，宽 1.5～2.5cm；（一至）二回羽状全裂，小裂片狭线形或丝线形，通常细直、不弧曲，长 8～12mm，宽 0.3～1mm，近无毛，顶端微尖，基部裂片常半抱茎，近无叶柄；上部叶与苞片叶羽状 5 全裂或 3 全裂，基部裂片半抱茎。头状花序卵球形，稀近球形，多数，直径 1.5～2mm，有短梗及线形的小苞叶，在分枝的上端或小枝端偏向外侧生长，常排成复总状花序，并在茎上端组成大型、开展的圆锥花序。总苞片 3～4 层，外层总苞片草质，卵形或椭圆形，背面淡黄色，有绿色中肋，无毛，边膜质；中、内层总苞片椭圆形，近膜质或膜质；花序托小，凸起；雌花 6～10 朵，花冠狭管状或狭圆锥状，檐部具 2～3 裂齿，花柱细长，伸出花冠外，先端 2 叉，叉端尖锐；两性花 3～7 朵，不孕育，花冠管状，花药线形，先端附属物尖，长三角形，基部圆钝，花柱短，上端棒状，2 裂，不叉开，退化子房极小。瘦果长圆形或长卵形。花果期 7～10 月（彩图 3-38）。

分布：东大山。我国辽宁、河北、陕西、山东、江苏、甘肃、安徽、浙江、江西、福建、台湾、河南、湖北、湖南、广东、广西及四川等地均有分布。生于低海拔地区的河岸、海岸附近的湿润沙地、路旁及低山坡地区。

（4）艾蒿（*Artemisia argyi* Levl. et Van. var. *argyi*）

别称：冰台、遏草、香艾、蕲艾、艾蒿、艾、灸草、医草、黄草、艾绒等。

形态特征：多年生草本或略成半灌木状植物，植株有浓烈香气。主根明显，略粗长，直径达 1.5cm，侧根多；常有横卧地下根状茎及营养枝。茎单生或少数，高 80～150（～250）cm，有明显纵棱，灰黄褐色或褐色，基部稍木质化，上部草质，并有少数短的分枝，枝长 3～5cm；茎、枝均被灰色蛛丝状柔毛。叶厚纸质，上面被灰白色短柔毛，并有白色腺点与小凹点，背面密被灰白色蛛丝状密绒毛；基生叶具长柄，花期

萎谢；茎下部叶宽卵形或近圆形，羽状深裂，每侧具裂片 2 或 3 枚，裂片倒卵状长椭圆形或椭圆形，每裂片有 2 或 3 枚小裂齿，干后背面主、侧脉多为锈色或深褐色，叶柄长 0.5～0.8cm；中部近菱形、叶卵形或三角状卵形，长 5～8cm，宽 4～7cm，一（至二）回羽状深裂至半裂，每侧裂片 2 或 3 枚，裂片卵形、披针形或卵状披针形，长 2.5～5cm，宽 1.5～2cm，不再分裂或每侧有 1 或 2 枚缺齿；叶基部宽楔形渐狭成短柄，叶脉明显，在背面凸起，干时锈色，叶柄长 0.2～0.5cm，基部通常有极小的假托叶或无假托叶；上部叶与苞片叶羽状半裂、浅裂、或 3 深裂、或 3 浅裂、或不分裂，而为椭圆形、长椭圆状披针形、披针形或线状披针形。头状花序椭圆形，直径 2.5～3 （～3.5）mm，无梗或近无梗，每数枚至 10 余枚在分枝上排成小型的穗状花序或复穗状花序，并在茎上通常再组成狭窄、尖塔形的圆锥花序，花后头状花序下倾。总苞片 3 或 4 层，覆瓦状排列；外层总苞片小，草质，卵形或狭卵形，背面密被灰白色蛛丝状绵毛，边缘膜质；中层总苞片较外层长，长卵形，背面被蛛丝状绵毛；内层总苞片质薄，背面近无毛。花序托小；雌花 6～10 朵；花冠狭管状，檐部具 2 裂齿，紫色；花柱细长，伸出花冠外甚长，先端 2 叉。两性花 8～12 朵，花冠管状或高脚杯状，外面有腺点，檐部紫色；花药狭线形，先端附属物尖，长三角形，基部有不明显的小尖头；花柱近等长或略长于花冠，先端 2 叉，花后向外弯曲，叉端截形，并有睫毛。瘦果长卵形或长圆形。花果期 7～10 月。

分布：东大山。我国除极干旱与高寒地区外，全国各地均有分布。生于低海拔至中海拔地区的荒地、路旁河边及山坡等地，也见于森林草原及草原地区，局部地区为植物群落的优势种。

（5）蒲公英（*Taraxacum mongolicum* Hand-Mazz）

别称：华花郎、蒲公草、食用蒲公英、尿床草、西洋蒲公英、婆婆丁。

形态特征：多年生草本。根略呈圆锥状，弯曲，长 4～10cm，表面棕褐色，皱缩，根头部有黄白色或棕色的毛茸。叶成倒卵状披针形、倒披针形或长圆状披针形，长 4～20cm，宽 1～5cm，先端钝或急尖，边缘有时具波状齿或羽状深裂，有时倒向羽状深裂或大头羽状深裂，顶端裂片较大，三角形或三角状戟形，锯齿或全缘，每侧裂片 3～5 片，裂片三角状披针形或三角形，通常具齿，平展或倒向，裂片间常夹生小齿，基部渐狭成叶柄，叶柄及主脉常带红紫色，疏被蛛丝状白色柔毛或几无毛。花葶 1 至数个，与叶等长或稍长，高 10～25cm，上部紫红色，密被蛛丝状白色长柔毛；头状花序直径 30～40mm；总苞钟状，长 12～14mm，淡绿色；总苞片 2 或 3 层，外层总苞片卵状披针形或披针形，长 8～10mm，宽 1～2mm，边缘宽膜质，基部淡绿色，上部紫红色，先端增厚或具小到中等的角状突起；内层总苞片线状披针形，长 10～16mm，宽 2～3mm，先端紫红色，具小角状突起；舌状花黄色，舌片长约 8mm，宽约 1.5mm，边缘花舌片背面具紫红色条纹，花药和柱头暗绿色。瘦果倒卵状披针形，暗褐色，长 4～5mm，宽 1～1.5mm，上部具小刺，下部具成行排列的小瘤，顶端逐渐收缩为长约 1mm 的圆锥至圆柱形喙基，喙长 6～10mm，纤细；冠毛白色，长约 6mm。花期 4～9 月，果期 5～10 月（彩图 3-39）。

分布：东大山。我国甘肃、青海、内蒙古、江苏、湖北、河南、安徽、浙江、黑龙江、吉林、辽宁、河北、山西、陕西、山东、浙江、福建北部、台湾、湖南、广东北部、四川、贵州、云南等地区均有分布。生于中、低海拔地区的山坡草地、路边、田野、河滩。

（6）苦苣菜（*Sonchus oleraceus* L.）

别称：滇苦菜、苦荬菜、拒马菜、苦苦菜、野芥子。

形态特征：一年生或二年生草本植物。根圆锥状，垂直直伸，有多数纤维状的须根。茎直立，单生，高 40～150cm，有纵条棱或条纹，不分枝或上部有短的伞房花序状或总状花序式分枝，全部茎枝光滑无毛，或上部花序分枝及花序梗被头状具柄的腺毛。基生叶羽状深裂，全形长椭圆形或倒披针形，或大头羽状深裂，全形倒披针形，或基生叶不裂，椭圆形、椭圆状戟形、三角形、三角状戟形或圆形，全部基生叶基部渐狭成长或短翼柄；中下部茎叶羽状深裂或大头状羽状深裂，全形椭圆形或倒披针形，长 3～12cm，宽 2～7cm；基部急狭成翼柄，翼狭窄或宽大，向柄基逐渐加宽，柄基圆耳状抱茎；顶裂片与侧裂片等大或较大，宽三角形、戟状宽三角形、卵状心形，侧生裂片 1～5 对，椭圆形，常下弯；全部裂片顶端渐尖或急尖；下部茎叶或接花序分枝下方的叶与中下部茎叶同型并等样分裂或不分裂而披针形或线状披针形，且顶端长渐尖，下部宽大，基部半抱茎。全部叶或裂片边缘及抱茎小耳边缘有大小不等的急尖锯齿，或大锯齿；或上部及接花序分枝处的叶，边缘大部全缘或上半部边缘全缘，顶端急尖或渐尖，两面光滑毛，质地薄。头状花序少数在茎枝顶端排紧密的伞房花序或总状花序或单生茎枝顶端。总苞宽钟状，长 1.5cm，宽 1cm；总苞片 3 或 4 层，覆瓦状排列，向内层渐长；外层长披针形或长三角形，长 3～7mm，宽 1～3mm；中内层长披针形至线状披针形，长 8～11mm，宽 1～2mm；全部总苞片顶端长急尖，外面无毛或外层或中内层上部沿中脉有少数头状具柄的腺毛。舌状小花多数，黄色。瘦果褐色，长椭圆状倒披针形或长椭圆形，长约 3mm，宽不足 1mm，压扁，每面各有 3 条细脉，肋间有横皱纹，顶端狭，无喙，冠毛白色，长约 7mm，单毛状，彼此纠缠。花果期 5～12 月。

分布：东大山。我国甘肃、青海、新疆、山西、陕西、河北、山东、辽宁、江苏、安徽、浙江、江西、福建、台湾、河南、湖北、湖南、广西、四川、云南、贵州、西藏等地均有分布。生于山坡或山谷林缘、林下或平地田间、空旷处或近水处，海拔 170～3200m。

3.5.4.30　百合科（Liliaceae）

（1）山丹花（*Lilium pumilum* DC）

别称：细叶百合。

形态特征：百合科草本植物，株秆高 30～40cm。鳞茎圆锥形或卵形，高 2.5～4.5cm，直径 2～3cm；鳞片长卵形或矩圆形，长 2～3.5cm，宽 1～1.5cm，白色。茎高 15～60cm，有小乳头状突起，有的带紫色条纹。叶散生于茎中部，条形，长 3.5～9cm，宽 1.5～3mm，中脉下面突出，边缘有乳头状突起。花单生或数朵排成总状花序，鲜红色，通常无斑点，有时有少数斑点，下垂；花被片反卷，长 4～4.5cm，宽 0.8～1.1cm，蜜腺两边有乳头状突起；花丝长 1.2～2.5cm，无毛，花药长椭圆形，长约 1cm，黄色，花粉近红色；子房圆柱形，长 0.8～1cm；花柱稍长于子房或长 1 倍多，长 1.2～1.6cm，柱头膨大，径约 5mm，3 裂。蒴果矩圆形，长约 2cm，宽 1.2～1.8cm。

花期7~8月，果期9~10月（彩图3-40）。

分布：东大山。我国河北、河南、山西、陕西、宁夏、山东、青海、甘肃、内蒙古、黑龙江、辽宁和吉林等地均有分布。生长于山坡草地或林缘，海拔400~2600m。

（2）蒙古韭（*Allium mongolicum* L.）

别称：蒙古葱、沙葱。

形态特征：多年生草本植物。鳞茎密集丛生，圆柱状；鳞茎外皮褐黄色，破裂成呈松散的纤维状。叶半圆柱状至圆柱状，比花葶短，粗0.5~1.5mm。花葶圆柱状，高10~30cm，下部被叶鞘；总苞单侧开裂，宿存；伞形花序半球状至球状，具多而通常密集的花；小花梗近等长，从与花被片近等长直到比其长1倍，基部无小苞片；花淡红色、淡紫色至紫红色，大；花被片卵状矩圆形，长6~9mm，宽3~5mm，先端钝圆，内轮的常比外轮的长；花丝近等长，为花被片长度的1/2~2/3，基部合生并与花被片贴生，内轮的基部约1/2扩大成卵形，外轮的锥形；子房倒卵状球形；花柱略比子房长，不伸出花被外。

分布：东大山。我国新疆、青海、甘肃、宁夏、陕西、内蒙古和辽宁等地均有分布。生于海拔800~2800m的荒漠、砂地或干旱山坡。

（3）天蓝韭（*Allium cyaneum* L.）

形态特征：多年生草本植物。鳞茎数枚聚生，圆柱状，细长，粗2~4（~6）mm；鳞茎外皮暗褐色，老时破裂成纤维状，常呈不明显的网状。叶半圆柱状，上面具沟槽，比花葶短或超过花葶，宽1.5~2.5（~4）mm。花葶圆柱状，高10~30（~45）cm，常在下部被叶鞘；总苞单侧开裂或2裂，比花序短；伞形花序近扫帚状，有时半球状，少花或多花，常疏散；小花梗与花被片等长或长为其2倍，稀更长，基部无小苞片；花天蓝色；花被片卵形，或矩圆状卵形，长4~6.5mm，宽2~3mm，稀更长或更宽，内轮的稍长；花丝等长，从比花被片长1/3直到比其长1倍，常为花被片长度的1.5倍，仅基部合生并与花被片贴生，内轮的基部扩大，无齿或每侧各具1齿，外轮的锥形；子房近球状，腹缝线基部具有帘的凹陷蜜穴；花柱伸出花被外。花果期8~10月（彩图3-41）。

分布：东大山。我国陕西、宁夏、甘肃、青海、西藏、四川和湖北等地均有分布。生于海拔2100~5000m的山坡、草地、林下或林缘。

（4）野葱（*Allium chrysanthum* L.）

别称：沙葱、麦葱、山葱。

形态特征：鳞茎圆柱状至狭卵状圆柱形，粗0.5~1（~1.5）cm；鳞茎外皮红褐色至褐色，薄革质，常条裂。叶圆柱状，中空，比花葶短，粗1.5~4mm。花葶圆柱状，中空，高20~50cm，中部粗1.5~3.5mm，下部被叶鞘；花黄色至淡黄色；花被片卵状矩圆形，钝头，长5~6.5mm，宽2~3mm，外轮的稍短；总苞2裂，近与伞形花序等长；伞形花序球状，具多而密集的花；小花梗近等长，略短于花被片至为其长的1.5倍，基部无小苞片；花丝比花被片长1/4~1倍，锥形，无齿，等长，在基部合生并与花被片贴生；子房倒卵球状，腹缝线基部有无凹陷的蜜穴1；花柱伸出花被外。花果期7~9月。

分布：东大山。我国甘肃、青海、陕西、安徽、四川、湖北、云南和西藏等地均

有分布。生于海拔 2000~4500m 的山坡或草地上。

3.5.4.31 鸢尾科（Iridaceae）

马蔺 [*Iris lactea* Pall. var. *chinensis* (Fisch.) Koidz.]

别称：马莲、马兰、马兰花、旱蒲、蠡实、荔草、剧草、豕首、三坚、马韭。

形态特征：多年生密丛草本。根状茎粗壮，木质，斜伸，外包有大量致密的红紫色折断的老叶残留叶鞘及毛发状的纤维；须根粗而长，黄白色，少分枝。叶基生，坚韧，灰绿色，条形或狭剑形，长约 50cm，宽 4~6mm，顶端渐尖，基部鞘状，带红紫色，无明显的中脉。花为浅蓝色、蓝色或蓝紫色，花被上有较深色的条纹，花茎光滑，高 5~10cm；苞片 3~5 枚，草质，绿色，边缘白色，披针形，长 4.5~10cm，宽 0.8~1.6cm，顶端渐尖或长渐尖，内包含 2~4 朵花；花梗长 4~7cm；花被管甚短，长约 3mm；外花被裂片倒披针形，长 4.5~6.5cm，宽 0.8~1.2cm，顶端钝或急尖，爪部楔形；内花被裂片狭倒披针形，长 4.2~4.5cm，宽 5~7mm，爪部狭楔形；雄蕊长 2.5~3.2cm，花药黄色，花丝白色；子房纺锤形，长 3~4.5cm。蒴果长椭圆状柱形，长 4~6cm，直径 1~1.4cm，有 6 条明显的肋，顶端有短喙；种子为不规则的多面体，棕褐色，略有光泽。花期 5~6 月，果期 6~9 月（彩图 3-42）。

分布：东大山。我国甘肃、宁夏、青海、新疆、黑龙江、吉林、辽宁、内蒙古、河北、山西、山东、河南、安徽、江苏、浙江、湖北、湖南、陕西、四川、西藏等地均有分布。生于荒地、路旁、山坡草地，尤以过度放牧的盐碱化草场上生长较多。

3.5.4.32 禾本科（Gramineae）

（1）冰草 [*Agropyron cristatum* (L.) Gaertn.]

别称：野麦子、扁穗冰草、羽状小麦草。

形态特征：多年生草本植物，秆成疏丛，上部紧接花序部分被短柔毛或无毛，高 20~75cm，有时分蘖横走或下伸成长达 10cm 的根茎。叶片长 5~20cm，宽 2~5mm，质较硬而粗糙，常内卷，上面叶脉强烈隆起成纵沟，脉上密被微小短硬毛。穗状花序较粗壮，矩圆形或两端微窄，长 2~6cm，宽 8~15mm；小穗紧密平行排列成两行，整齐呈篦齿状，含 3~7 小花，长 5~12mm；颖舟形，脊上连同背部脉间被长柔毛，第一颖长 2~3mm，第二颖长 3~4mm，具略短于颖体的芒；外稃被有稠密的长柔毛或显著地被稀疏柔毛，顶端具短芒，长 2~4mm；内稃脊上具短小刺毛。冰草多数为异花授粉多倍体，通常分为直立型和根茎型两类；除少数根茎特别发达的种外，冰草的结实性好，种子的产量和质量都高。冰草具顶生穗状花序，小穗含多个小花，小穗无柄，单生（个别成对）紧贴穗轴。

分布：东大山。我国甘肃、青海、新疆、陕西、山西、黑龙江、吉林、辽宁、河北、和内蒙古等地干旱草原地带均有分布。全世界冰草有 100~150 种，大多数种适应半潮湿到干旱的气候，生长于干旱草原与荒漠草原。天然冰草很少形成单纯的植被，常与其他禾本科草、薹草、非禾本科植物及灌木混生。

（2）克氏针茅（*Stipa grandis* P. Smirn.）

形态特征：秆高 30~80cm，具 2 或 3 节，被细刺毛。叶鞘平滑或具柔毛，短于节间；基生叶舌端钝，秆生者披针形，长 5~10mm；叶片纵卷如针状，下面粗糙并被细刺毛，基生叶长为秆高的 1/20，圆锥花序基部为顶生叶鞘所包，长 10~20cm；小穗草黄色；颖披针形，先端细丝状，长 1.5~2.7cm，第一颖具 3 脉，第二颖具 5 脉；外稃长 9~11mm，具纵条毛，达稃体的 3/4，顶端毛环不明显；基盘尖锐，长约 3mm，被密毛；芒两回膝曲扭转，第一芒柱长约 2.5mm，第二芒柱长约 10mm，芒针长约 9cm；内稃与外稃近等长，具 2 脉。颖果圆柱形，长约 6mm，黑褐色。花果期 6~8 月。

分布：东大山。我国甘肃、新疆、西藏、青海、内蒙古、宁夏、山西、河北等地均有分布。多生于海拔 440~4510m 的山前洪积扇、平滩地或河谷阶地上。

（3）醉马草 [*Achnatherum inebrians* (Hance) Keng]

形态特征：多年生草本。须根柔韧。秆直立，少数丛生，平滑，高 60~100cm，径 2.5~3.5mm，通常具 3 或 4 节，节下贴生微毛，基部具鳞芽。叶鞘稍粗糙，上部者短于节间，叶鞘口具微毛；叶舌厚膜质，长约 1mm，顶端具裂齿或平截；叶片质地较硬，直立，边缘常卷折，上面及边缘粗糙，茎生者长 8~15cm，基生者长达 30cm，宽 2~10mm。圆锥花序紧密呈穗状，长 10~25cm，宽 1~2.5cm；小穗长 5~6mm，灰绿色或基部带紫色，成熟后变褐铜色；颖膜质，几等长，先端尖常破裂，微粗糙，具 3 脉；外稃长约 4mm，背部密被柔毛，顶端具 2 微齿，具 3 脉，脉于顶端汇合且延伸成芒，芒长 10~13mm，一回膝曲；芒柱稍扭转且被微短毛，基盘钝，具短毛，长约 0.5mm；内稃具 2 脉，脉间被柔毛；花药长约 2mm，顶端具毫毛。颖果圆柱形，长约 3mm。花果期 7~9 月（彩图 3-43）。

分布：东大山。我国甘肃、内蒙古、宁夏、新疆、西藏、青海、四川西部等地均有分布。多生于高草原、山坡草地、田边、路旁、河滩，海拔 1700~4200m。本种有毒，牲畜误食时，轻则致疾、重则死亡。在青藏高原 3000~4200m 的草原上有时形成极大的群落。

（4）芨芨草 [*Achnatherum splendens* (Trin.) Nevski]

别称：积机草、席萁草、棘棘草。

形态特征：为高大多年生密丛禾草。茎直立，坚硬；须根粗壮，根径 2~3mm，入土深达 80~150cm，根幅 160~200cm，其上有白色毛状外菌根。喜生于地下水深为 1.5m 左右的盐碱滩沙质土壤上，在低洼河谷、干河床、湖边、河岸等地，常形成开阔的芨芨草盐化草甸。4 月中下旬萌发，并不依赖大气降水而开始生长，5 月上旬即长出叶子，6~7 月开花，种子于 8 月末至 9 月成熟，籽粒细小，产量较高。芨芨草为无性繁殖，也可用种子繁殖。返青后，生长速度快，冬季枯枝保存良好，特别是根部可残留 1 年甚至几年。

分布：东大山。我国从东部高寒草甸草原到西部的荒漠区，以及青藏高原东部高寒草原区均有分布，如甘肃、新疆、青海、宁夏、黑龙江、吉林、辽宁、内蒙古、陕西北部、四川西部、西藏高原东部等。生长于较低湿的碱性平原以至高达 5000m 的青藏高原，从干旱草原带一直到荒漠区，均有芨芨草生长，但它不进入林缘草甸。在复杂的生境条件下，可组成有各种伴生种的草地类型，是盐化草甸的重要建群种。根系强大，耐旱、耐盐碱，适应黏土以至砂壤土。

第4章 动　　物

4.1　研究历史

东大山的动物物种及分布在成立保护区前未进行过系统的调查与研究，自然保护区成立以来进行过4次调查：1984年8月（原）张掖地区野生动物管理站对东大山保护区及其附近的鸟类进行了初步调查；1987年4~5月（原）兰州大学生物系对东大山自然保护区鸟类区系进行调查；2008~2009年东大山保护区管理站对岩羊、马鹿的种群数量进行调查；2015年进行全国野生动物普查。

4.2　动物物种

4.2.1　动物物种调查研究

多次调查结果汇总分析如下：林区分布有3纲17目36科57属91种野生动物。其中，哺乳纲4目6科7种，鸟纲12目26科80种，爬行纲1目4科4种。种群数量较多的有岩羊、甘肃马鹿。林缘区还有黄羊（蒙古原羚）等活动，均属国家二级保护动物。此外还有石兔、鼠兔、旱獭、猞猁、狐狸、豹猫等。据记载，20世纪六七十年代东大山林区曾有雪豹、狼、盘羊等出没，现已绝迹。列入国家一类、二类保护的鸟类有暗腹雪鸡、金雕、鸢、红隼、燕隼等几种。

4.2.2　区系组成及特征

东大山分布大型的兽类动物主要有甘肃马鹿、岩羊、石兔、兔子、土拨鼠（俗称旱獭）、猞猁、狐猫、狐狸、豹猫等。种群数量较多的有岩羊、甘肃马鹿。有鸟类80种，共12目26科，其中夏候鸟35种，占43.75%；留鸟33种，占41.25%；旅鸟12种，占15%。列入国家一类、二类保护的鸟类有暗腹雪鸡、金雕、鸢、红隼及燕隼。

68种繁殖鸟中，古北界种有54种，占79.41%；广布种13种，占19.12%；只有大嘴乌鸦一种可作为南方鸟代表。显然，东大山鸟类区系中古北界鸟类占绝对优势。

在国家地理区划中，东大山位于蒙新区西部荒漠西区。贺兰山红尾鸲、沙䳭、漠䳭、白顶䳭、毛腿沙鸡、小沙百灵、角百灵、凤头百灵、岩鸽、石鸡、褐岩鹨等为蒙新代表。东大山南与青藏高原相望，在保护区内分布有不少高原代表种类，如白喉红尾鸲、暗腹雪鸡、地山雀、灰背伯劳、红嘴山鸦、拟大朱雀、红眉朱雀、白眉朱雀、普通朱雀、白头鹀、凤头雀莺、花彩雀莺等。主要有两种生态型，一是云杉林的种类；二是高山草甸灌丛种类，如地山雀如同在青藏高原一样，活动在高山草甸，营巢于鼠洞之中。可见东大山的鸟类区系在海拔2700m以上与青藏区关系密切，尤其与祁连山鸟类区系关系更为密切。戴菊、黑头鸲、旋木雀、红交嘴雀等与东北区泰加林关系密切的鸟分布于东大山，也分布于祁连山。凡东大山与祁连山共有的留鸟，在两山之间均无亚种替代现象发生。东大山海拔2700m以上的青海云杉植物群落与祁连山相同，从植物方面进一步说明东大山与祁连山在植物群落方面的关系。

动物资源名录见附表2。

4.3 动物食物分析与食物资源

东大山哺乳动物除猞猁、狐狸、豹猫等外，大多以植食性为主。80种鸟类中肉食性鸟类36种，占45%；植食性鸟类22种，占27.5%；杂食性鸟类22种，占27.5%。以147只鸟的胃含物分析，动物性食物占食物遇见总频次的44.12%，植物性食物占食物遇见总频次的55.88%。动物性食物中鞘翅目昆虫占动物性食物遇见总频次的84%，其他占16%，包括鳞翅目、步行虫、螺、金针虫等。植物性食物中云杉种子占植物食物遇见总频次的48.42%，草籽占26.32%，其他的占25.26%，包括小蘖果、青草、苔藓、小麦、沙地柏种子、玉米、蓼、沙枣、草根等。

据调查，栖息于云杉林中的鸟类大部分以云杉种子为食，如毛腿沙鸡、岩鸽、白眉朱雀、红交嘴雀、白翅拟腊嘴雀、灰眉岩鹀等食物趋同，这与春季气候寒冷动物性食物较少有关，也与高寒地带这些鸟类能量消耗比较大、要求以高能量的食物补充有关，而云杉种子更能补充这种能量的消耗。林区有近乎大半的食虫鸟，也称软食鸟如山雀、鸫、旋木雀、凤头雀莺、花彩雀莺等，这类鸟以昆虫、浆果为主要食物，嘴细而长，形状多样，有些种类鸟的嘴较软，嘴基部还有须，其消化道的特点是：无嗉囊，腺胃细长，肌胃坚实，肠管较短，盲肠未消失。还有少量的食肉鸟也称生食鸟如红隼、燕隼、鹰（别名鸢）、金雕等，此类以肉、鱼为主要食物，其嘴形有的钩曲，有的宽大，有的细长，其消化道的特点是：腺胃发达，肌胃较薄。杂食鸟也占有一定的数量，如亚洲短趾百灵、斑啄木鸟、凤头百灵、角百灵等，有的以食谷为主而兼食虫，有的以食虫为主兼食谷。杂食鸟的嘴形一般长而弯，有峰脊，其消化道的特点是：腺胃与肌胃几乎等长，肠管中长或较长，盲肠退化或消失。其中不乏一些观赏鸟如亚洲短趾百灵、凤头百灵、红眉朱雀等。

东大山动物食性具体情况见表4-1。

表4-1　动物食性统计结果及主要食物

动物名称	食性	主要食物
旋木雀（Certhia familiaris）	食虫鸟	昆虫、蜘蛛和其他节肢动物及植物种子

动物名称	食性	主要食物
猞猁 (Lynx lynx)	肉食性	野兔、松鼠、野鼠、旅鼠、旱獭和雷鸟、鹌鹑、野鸽和雉类等各种鸟类，有时还袭击麝、狍子、鹿，以及猪、羊等家畜
狐 (Vulpes)	肉食性	鱼、蛙、虾、蟹、蛆、鼠类、鸟类、昆虫类小型动物为食，有时也采食一些植物
豹猫 (Prionailurus bengalensis)	肉食性	鼠类、松鼠、飞鼠、兔类、蛙类、蜥蜴、蛇类、小型鸟类、昆虫等
岩羊 (Pseudois nayaur)	食草性	青草和各种灌丛枝叶
甘肃马鹿 (Cervus elaphus kansuensis)	草食性	以各种草、树叶、嫩枝、树皮和果实等为食，喜欢舔食盐碱
鼠兔 (Ochotonidae)	草食性	禾本科、莎草科、藜科、蒿草及苔藓等植物
土拨鼠 (旱獭) (Prairie dog)	草食性	以蔬菜、苜蓿草、莴苣、苹果、豌豆、玉米及其他蔬果为主
普通鸬鹚 (Phalacrocorax carbo)	肉食鸟	各种鱼类
赤麻鸭 (Adorna ferruginea)	杂食性	各种谷物、昆虫、甲壳动物、蛙、虾、水生植物
绿翅鸭 (Anas crecca)	食谷鸟	以植物性食物为主，特别是水生植物种子和嫩叶，有时也觅食谷粒
琵嘴鸭 (Anas clypeata)	杂食性	主要以螺、软体动物、甲壳类、水生昆虫、鱼、蛙等动物性食物为食，也食水藻、草籽等植物性食物
红隼 (Falco tinnunculus)	肉食鸟	老鼠、雀形目鸟类、蛙、蜥蜴、松鼠、蛇等小型脊椎动物，也吃蝗虫、蚱蜢、蟋蟀等昆虫
燕隼 (Falco subbuteo)	肉食鸟	主要以麻雀、山雀等雀形目小鸟为食，偶尔捕捉蝙蝠，更大量地捕食蜻蜓、蟋蟀、蝗虫、天牛、金龟子等昆虫，其中大多为害虫
鹰 (别名鸢) (Aquila)	肉食鸟	以鸟、鼠和其他小型动物为食
金雕 (Aquila chrysaetos)	肉食鸟	雁鸭类、雉鸡类、松鼠、狍子、鹿、山羊、狐狸、旱獭、野兔等，有时也吃鼠类等小型兽类
暗腹雪鸡 (Tetraogallus himalayensis)	杂食鸟	羊茅草、委陵菜、野葱、棘豆，还吃一些蝗虫、甲虫等昆虫，常同有蹄类在一起，在其践踏处或粪便中寻找食物
石鸡 (Alectoris chukar)	杂食鸟	以草本植物和灌木的嫩芽、嫩叶、浆果、种子、苔藓、地衣和昆虫为食，也常到附近农地取食谷物
斑翅山鹑 (Perdix dauurica)	杂食鸟	主要以植物性食物为食，包括灌木和草本植物的嫩叶、嫩芽、浆果、草秆等，也吃蝗虫、蚱蜢等昆虫和小型无脊椎动物
林鹬 (Tringa glareola)	杂食鸟	以直翅目和鳞翅目昆虫、昆虫幼虫、蠕虫、虾、蜘蛛、软体动物和甲壳类等小型无脊椎动物为食，偶尔也吃少量植物种子
矶鹬 (Actitis hypoleucos)	杂食鸟	主要以鞘翅目、直翅目、夜蛾、蝼蛄、甲虫等昆虫为食，也吃螺、蠕虫等无脊椎动物和小鱼

动物名称	食性	主要食物
白腰草鹬（*Tringa ochropus*）	杂食鸟	以蠕虫、虾、蜘蛛、小蚌、田螺、昆虫、昆虫幼虫等小型无脊椎动物为食，偶尔也吃小鱼和稻谷
长趾滨鹬（*Calidris subminuta*）	杂食鸟	主要以昆虫、昆虫幼虫、软体动物等小型无脊椎动物为食，有时也吃小鱼和部分植物种子
乌脚滨鹬（*Calidris temminckii*）	杂食鸟	主要以昆虫、昆虫幼虫、软体动物等小型无脊椎动物为食，有时也吃小鱼和部分植物种子
弯嘴滨鹬（*Curlew sandpiper*）	杂食鸟	甲壳类、软体动物、蠕虫和水生昆虫
毛腿沙鸡（*Syrrhaptes paradoxus*）	食谷鸟	植物种子
岩鸽（*Columba rupestris*）	食谷鸟	以植物种子、果实、球茎、块根等植物性食物为食，也吃麦粒、青稞、谷粒、玉米、稻谷、豌豆等农作物种子
大杜鹃（*Cuculus canoru*）	食虫鸟	以松毛虫、五毒蛾、松针枯叶蛾，以及其他鳞翅目幼虫为食，也吃蝗虫、步行甲、叩头虫、蜂等其他昆虫
纵纹腹小鸮（*Athene noctus*）	肉食鸟	以昆虫和鼠类为食，也吃小鸟、蜥蜴、蛙类等小动物
楼燕（*Apus apus*）	食虫鸟	主要以昆虫为食，特别是飞行性昆虫
戴胜（*Upupa epops*）	食虫鸟	以襀翅目、直翅目、膜翅目、鞘翅目和鳞翅目的昆虫和幼虫，如蝗虫、蝼蛄、石蝇、金龟子、虫、跳蝻、蛾类和蝶类幼虫及成虫为食，也吃蠕虫等其他小型无脊椎动物
斑啄木鸟（*Dendrocopos major*）	杂食鸟	夏季专门啄吃蠹虫、天牛幼虫、木蠹蛾和破坏树干木质部的昆虫，冬春两季因捕虫困难，常以浆果、松实为食
亚洲短趾百灵（*Calandrella cheleensis*）	杂食鸟	主要以草籽、嫩芽等为食，也捕食昆虫，如蚱蜢、蝗虫等
凤头百灵（*Galerida cristata*）	杂食鸟	主要食物有禾本科、沙草科、蓼科、茜草科和胡枝子等植物性食物，也吃少量麦粒、豆类等农作物。也捕食昆虫，如甲虫、蚱蜢、蝗虫等
角百灵（*Eremophila alpestris*）	杂食鸟	主要有青稞、植物碎片、蝗虫、鳞翅目幼虫和甲虫
家燕（*Hirundo rustica*）	食虫鸟	蚊、蝇、蛾、蚁、蜂、叶蝉、象甲、金龟甲、叩头甲、蜻蜓等双翅目、鳞翅目、膜翅目、鞘翅目、同翅目、蜻蜓目等昆虫
白腹毛脚燕（*Delichon urbicum*）	食虫鸟	主要以蚊、蝇、蜻象、甲虫等双翅目、半翅目和鞘翅目昆虫为食
黄鹡鸰（*Motacilla flava*）	食虫鸟	主要以昆虫为食，食物种类主要有蚁、蚋、浮尘子及鞘翅目和鳞翅目昆虫等
黄头鹡鸰（*Motacilla citreola*）	杂食鸟	主要以鳞翅目、鞘翅目、双翅目、膜翅目、半翅目等昆虫为食，偶尔也吃少量植物性食物
灰鹡鸰（*Motacilla cinerea*）	食虫鸟	雏鸟主要以石蛾、石蝇等水生昆虫为食，也吃少量鞘翅目昆虫。成鸟主要以石蚕、蝇、甲虫、蚂蚁、蝗虫、蝼蛄、蚱蜢、蜂、蜻象、毛虫等鞘翅目、鳞翅目、直翅目、半翅目、双翅目、膜翅目等昆虫为食，也吃蜘蛛等其他小型无脊椎动物

动物名称	食性	主要食物
白鹡鸰（*Motacilla alba*）	杂食鸟	主要为鞘翅目、双翅目、鳞翅目、膜翅目、直翅目等昆虫，如象甲、蚧蝻、叩头甲、米象、毛虫、蝗虫、蝉、螽斯、金龟子、蚂蚁、蜂类、步行虫、蛾、蝇、蚜虫、蛆、蛹和昆虫幼虫等，此外也吃蜘蛛等其他无脊椎动物，偶尔也吃植物种子、浆果等植物性食物
田鹨（*Anthus richardi*）	食虫鸟	主要以昆虫为食，常见种类有鞘翅目甲虫、直翅目蝗虫、膜翅目蚂蚁及鳞翅目成虫和幼虫等
草地鹨（*Anthus pratensis*）	杂食鸟	主要以鳞翅目幼虫、蝗虫、象鼻虫、虻、金花虫、甲虫、蚂蚁、蝼象等昆虫为食，也吃蜘蛛、蜗牛等小型无脊椎动物，此外还吃苔藓、谷粒、杂草种子等植物性食物
水鹨（*Anthus spinoletta*）	杂食鸟	主要以昆虫为食，也吃蜘蛛、蜗牛等小型无脊椎动物，此外还吃苔藓、谷粒、杂草种子等植物性食物
红尾伯劳（*Lanius cristatus*）	杂食鸟	主要以直翅目蝗科、螽斯科，鞘翅目步甲科、叩头虫科、金龟子科、瓢虫科，半翅目蝽科和鳞翅目昆虫为食，偶尔吃少量草籽
灰背伯劳（*Lanius tephronotus*）	杂食鸟	以昆虫为主食，以蝗虫、蝼蛄、虾蜢、金龟（虫甲）、鳞翅目幼虫及蚂蚁等最多，也吃鼠类和小鱼及杂草
灰椋鸟（*Sturnus cineraceus*）	杂食鸟	主要以昆虫为主，包括蝗虫、蟋蟀、叶甲、蝉等；冬春季昆虫较不活跃的时候，主要取食各种植物的种子和果实
喜鹊（*Pica pica*）	杂食鸟	主要吃蝗虫、蝼蛄、地老虎、金龟甲、蛾类幼虫及蛙类等小型动物，也盗食其他鸟类的卵和雏鸟，也吃瓜果、谷物、植物种子等
地山雀（*Pseudopodoces humilis*）	杂食鸟	无脊椎动物、幼鸟、小的哺乳动物、浆果、水果、种子等
红嘴山鸦（*Pyrrhocorax pyrrhocorax*）	杂食鸟	主要以金针虫、天牛、金龟子、蝗虫、蚱蜢、螽斯、蝼象、蚊子、蚂蚁等昆虫为食，也吃植物果实、种子、草籽、嫩芽等植物性食物
大嘴乌鸦（*Corvus macrorhynchos*）	杂食鸟	主要以蝗虫、金龟甲、金针虫、蝼蛄、蚧蝻等昆虫、昆虫幼虫和蛹为食，也吃雏鸟、鸟卵、鼠类、腐肉、动物尸体及植物叶、芽、果实、种子和农作物种子等
褐岩鹨（*Prunella fulvescens*）	杂食鸟	主要以甲虫、蛾、蚂蚁等昆虫为食，也吃蜗牛等其他小型无脊椎动物和植物果实、种子与草籽等植物性食物
棕胸岩鹨（*Prunella strophiata*）	杂食鸟	主要以豆科、沙草科、禾本科、茜草科和伞形花科等植物的种子为食，也吃花揪、榛子、荚蒾等灌木果实和种子。此外也吃少量昆虫等动物性食物，尤其在繁殖期间捕食昆虫量较大
贺兰山红尾鸲（*Phoenicurus alaschanicus*）	食虫鸟	以昆虫为食，其中雏鸟和幼鸟主要以蛾类、蝗虫和昆虫幼虫为食，成鸟则多以鞘翅目、鳞翅目、直翅目、半翅目、双翅目、膜翅目等昆虫成虫和幼虫为食
白喉红尾鸲（*Phoenicurus schisticeps*）	杂食鸟	主要以金龟子、鞘翅目、鳞翅目等昆虫和昆虫幼虫为食，也吃植物果实和种子

祁连山自然保护区东大山生物资源

动物名称	食性	主要食物
沙䳭（Oenanthe isabellina）	食虫鸟	鳞翅目幼虫、甲虫、蚂蚁和蜜蜂等
漠䳭（Oenanthe deserti）	食虫鸟	甲虫为主
白顶䳭（Oenanthe hispanica）	食虫鸟	多以鳞翅目幼虫、半翅目、鞘翅目为食等
白背矶鸫（Monticola saxatilis）	杂食鸟	食昆虫，也兼食野生浆果、果实及种子
棕背鸫（Turdus kessleri）	杂食鸟	食昆虫，也兼食野生浆果、果实及种子
赤颈鸫（Turdus ruficollis）	杂食鸟	取食昆虫、小动物及草籽和浆果
斑鸫（Turdus naumanni）	食虫鸟	主要以昆虫为食。所吃食物主要有鳞翅目幼虫、尺蠖蛾科幼虫、蝽科幼虫、蝗虫、金龟子、甲虫、步行虫等双翅目、鞘翅目、直翅目昆虫和幼虫
山噪鹛（Garrulax davidi）	杂食鸟	夏季吃昆虫，辅以少量植物种子、果实；冬季则以植物种子为主
橙翅噪鹛（Trochalopteron elliotii）	杂食鸟	以昆虫和植物果实与种子为食，所吃昆虫主要以金龟甲等鞘翅目昆虫居多，其次是毛虫等鳞翅目幼虫
黄腹柳莺（Phylloscopus affinis）	食虫鸟	食物有蚂蚁、蝇类、蚊、甲虫、鳞翅目幼虫、鞘翅目小甲虫等
黄眉柳莺（Phylloscopus inornatus）	食虫鸟	动物性食物，其中昆虫占97.4%，鞘翅目昆虫主要有金龟甲、叶甲、螺甲等害虫，鳞翅目昆虫，蝽象、夜跳蝉、蚂蚁、蚊蝇及蜂类等昆虫及蜘蛛
黄腰柳莺（Phylloscopus proregulus）	食虫鸟	食物主要为昆虫，如双翅目、鞘翅目、同翅目、鳞翅目昆虫幼虫
戴菊（Regulus regulus）	食虫鸟	主要以各种昆虫为食，尤以鞘翅目昆虫及幼虫为主，也吃蜘蛛和其他小型无脊椎动物，冬季也吃少量植物种子
凤头雀莺（Lophobasileus elegans）	食虫鸟	以昆虫为主食
花彩雀莺（Leptopoecile sophiae）	食虫鸟	以昆虫为食，且大都为有害昆虫
黑冠山雀（Parus rubidiventri）	杂食鸟	昆虫及其幼虫、蜘蛛、蜗牛、各种各样的浆果、橡子、其他坚果和种子
褐头山雀（Parus montanus）	食虫鸟	食物为昆虫，有半翅目、鞘翅目、膜翅目、双翅目及鳞翅目的成虫及幼虫
黑头鸭（Sittavillosa）	食虫鸟	春季主食虫卵和越冬成虫，如小蠹、天牛、鳞翅目蛹等。5~6月以鳞翅目幼虫为主，如落叶松毒蛾幼虫、落叶松尺蠖幼虫、枯叶蛾幼虫、小蠹、天牛、鞘翅目昆虫等
红翅旋壁雀（Tichodroma muraria）	食虫鸟	白蚁、黑蚂蚁、鞘翅目昆虫、蝇类
红翅旋壁雀（Tichodroma muraria）	不明	不明
普通旋木雀（Certhia familiaris）	杂食鸟	昆虫、蜘蛛和其他节肢动物，冬天食物短缺时，落于地面觅食，并吃植物种子
树麻雀（Passer montanus）	杂食鸟	谷粒、麦粒、稻谷、糜子等；雏鸟则几全以昆虫为食，尤以甲虫等鞘翅目昆虫居多，其次为鳞翅目和同翅目昆虫
金翅雀（Carduelis sinica）	杂食鸟	主要是各种草本植物的种子，偶尔取食农作物和昆虫
拟大朱雀（Carpodacus rubicilloides）	食谷鸟	主要以草籽为食，也吃灌木和树木果实和种子

第4章 动物

动物名称	食性	主要食物
红眉朱雀（*Carpodacus pulcherrimus*）	食谷鸟	主要以草籽为食，也吃灌木和树木果实和种子
普通朱雀（*Carpodacus erythrinus*）	杂食鸟	以果实、种子、花序、芽苞、嫩叶等植物性食物为食，繁殖期间也吃部分昆虫
白眉朱雀（*Carpodacus thura*）	食谷鸟	以草籽、果实、种子、嫩芽、嫩叶、浆果等植物性食物为食
红交嘴雀（*Loxia curvirostra*）	食谷鸟	以草籽、果实、种子、嫩芽、嫩叶、浆果等植物性食物为食
白翅拟腊嘴雀（*Mycerobas carnipes*）	食谷鸟	以草籽、果实、种子、嫩芽、嫩叶、浆果等植物性食物为食
白头鹀（*Emberiza leucocephalos*）	杂食鸟	多是杂草种子，其中也包括一些谷、粟、燕麦等。也吃一些昆虫，特别在夏天，以大量昆虫喂雏，其中有鞘翅目、双翅目、直翅目、半翅目等昆虫及其幼虫，也吃些蜘蛛等
白眉鹀（*Emberiza tristram*）	杂食鸟	主要以草籽等植物性食物为食，也吃昆虫和昆虫幼虫等动物性食物
灰眉岩鹀（*Emberiza cia*）	杂食鸟	主要以草籽、果实、种子和农作物等植物性食物为食，动物性食物主要有鞘翅目金龟甲、步行虫，以及半翅目、鳞翅目和直翅目昆虫及昆虫幼虫
田鹀（*Emberiza rustica*）	杂食鸟	各种野生杂草种子、昆虫和蜘蛛等
红颈苇鹀（*Emberiza yessoensis*）	杂食鸟	物主要是禾本科植物种子、少量米粒，一些豆科植物种子和鳞翅目昆虫幼虫、鞘翅目昆虫及淡水螺等
白条锦蛇（*Elaphe dione*）	肉食性	捕食壁虎、蜥蜴、鼠类、小鸟和鸟卵，幼体也亦吞食昆虫
蝮蛇（*Agkistrodon halys*）	肉食性	食鼠、蛙、蜥蜴、鸟、昆虫等
荒漠麻蜥（*Eremias przewalskii*）	肉食性	以鞘翅目昆虫、幼虫、蚂蚁、植物嫩叶为食
荒漠沙蜥（*Phrynocephalus przewalskii*）	肉食性	主要是各类小昆虫，如蚂蚁、鼠妇、瓢虫、椿象等

4.4 动物形态特征与分布

4.4.1 偶蹄目（Artiodactyla）

4.4.1.1 牛科（vidae）

岩羊（*Pseudois nayaur*）

形态特征：中等体型。体长 1.15～1.65m，尾长 10～20cm，肩高 75～90cm，体重 25～80kg，雄性比雌性个体大；头较小，眼大，耳小，颏下无须；雌雄均具角，雄性成体角粗但并不长，两角的基部接近，双角呈"V"形，向后外侧弯曲，外表具不明显的横棱，长达 80cm；体背面为棕灰色或石板灰色带有蓝色，与岩石的颜色极相近，腹面及四肢内侧为白色，四肢的前面为黑色（彩图 4-1）。

分布：东大山。我国甘肃、青藏高原、四川西部、云南北部、内蒙古西部、宁夏北部、新疆南部、陕西等地均有分布。岩羊为极其珍贵的野生濒危物种，属于国家二级野生保护动物，它们常年生活在海拔2000~3000m的高山裸岩、高山草甸、山谷之中，具有极高的攀岩技术，可以在绝壁、高山峭壁上自由跳跃，加之其警觉性非常高，难以接近，被称为"岩壁上的精灵"。

4.4.1.2 鹿科（Cervidae）

甘肃马鹿（*Cexvus elaphus kansuensis*）

形态特征：属于大型鹿。成年公鹿体重250~300kg，体长135~155cm；成年母鹿体重200~230kg，体长120~140cm。体躯结实，头略呈三角形，耳大呈圆锥形，鼻端裸露，尾短、四肢较长，蹄呈椭圆形（彩图4-2）。

分布：东大山。我国祁连山海拔2400~3800m的山地草甸草原带、针叶林带和高山灌丛带有分布，属于国家二级保护动物。

4.4.2 兔形目（Lagomorpha）

鼠兔科（Ochotonidae）

鼠兔（*Ochotonidae*）

形态特征：体型小。体长10.5~28.5cm，耳长1.6~3.8cm；后肢比前肢略长或接近等长；头骨上面无眶上突；上颚每侧只有2枚臼齿。雄性无阴囊，雌兽有乳头2或3对；全身毛浓密柔软，底绒丰厚，与它们生活在高纬度或高海拔地区有关；毛呈沙黄、灰褐、茶褐、浅红、红棕和棕褐色，夏季毛色比冬毛鲜艳或深暗。白天活动，常发出尖叫声，以短距离跳跃的方式跑动。不冬眠，多数有储备食物的习惯。繁殖期4~9月（或延至10月），每年产仔1~3窝，每胎2~11仔。

分布：东大山。我国西北、西南地区的高山灌丛、草丛等地带均有分布。一般栖息于在海拔2000m以上，最高可达4000m以上的各种草原、山地林缘和裸崖。在亚洲，栖息于海拔1200~5100m地区；在北美洲，栖息于海拔90~4000m地区。挖洞或利用天然石隙群栖。

4.4.3 啮齿目（Rodentia）

松鼠科（Sciuridae）

土拨鼠（*Prairie dog*）

形态特征：土拨鼠俗称旱獭，与松鼠、海狸、花栗鼠等皆属于啮齿目松鼠科。平均体重为4.5kg，最大可成长至6.5kg，身长约为56cm。嘴部前方上下各有两只牙齿（门齿），主要用来切断食物。前齿生长速度很快，因此必须经常咀嚼纤维质高的食物，否则会发生因为前齿生长过长而无法进食的情况。

分布：东大山。我国主要分布于甘肃、新疆、黑龙江、内蒙古等地，青海省牧区也有分布。

4.4.4　食肉目（Carnivora）

4.4.4.1　犬科（Anidae）

狐（*Vulpes*）

形态特征：狐在野生状态下主要以鱼、蛙、虾、蟹、蛆、鼠类、鸟类、昆虫类及小型动物为食，有时也采食一些植物。狐的体温在38.8～39.6℃，呼吸频率为每分钟21～30次。成年狐每年换毛1次，每年的3～4月开始，7～8月全部脱完，新的针绒毛开始同时生长，11月形成长而厚的被毛。蓝狐的寿命为8～10年，繁殖年限为4～5年，赤狐分别为10～14年和6～8年、银狐分别为10～12年和5～6年（彩图4-3）。

分布：东大山。我国赤狐分布在全国大陆，沙狐分布在甘肃、内蒙古、青海、新疆、西藏等地。狐狸生活在森林、草原、半沙漠、丘陵地带，居住于树洞或土穴中，傍晚出外觅食，到天亮才回家。由于它的嗅觉和听觉极好，加上行动敏捷，因此能捕食各种鼠、兔、鸟、鱼、蛙、蜥蜴、昆虫和蠕虫等，也食一些野果。因为它主要吃鼠，偶尔才袭击家禽，所以是一种益多害少的动物。

4.4.4.2　猫科（Felidae）

（1）猞猁（*Lynx lynx*）

形态特征：外形似猫，但比猫大得多，体重40kg左右，体长90～130cm。身体粗壮，四肢较长，尾极短粗，尾尖呈钝圆。耳尖上有明显的丛毛，两颊有下垂的长毛，腹毛也很长。脊背的颜色较深，全身都布满略微像豹一样的斑点，这些斑点有利于隐蔽和觅食。毛色变异较大，有棕褐、土黄褐、乳灰、灰草黄褐及浅灰褐等多种色型，最引人注目的是两只直立的耳朵的尖端都生长着耸立的黑色笔毛，约有4cm长，其中还夹杂着几根白毛，很像戏剧中武将头盔上的翎子，为其增添了几分威严的气势。耳壳和笔毛能够随时迎向声源方向运动，有收集音波的作用，如果失去笔毛就会影响它的听力。有些部位的色调是比较恒定的，如上唇黑色或暗褐色，下唇污白色至暗褐色，颌两侧各有一块褐黑色斑，尾端一般纯黑色或褐色，四肢前面、外侧均具斑纹，胸、腹为一致的污白色或乳白色。大耳朵、两颊下还长着些宛如小围脖似的长毛。它们背部的毛色色彩繁多，其冬毛长而密，背部呈红棕色，中部毛色深；腹部淡呈黄白色；眼周毛色发白，两颊具有2或3列明显的棕黑色纵纹。猞猁体形略小于狮、虎、豹等大型猛兽，但比小型的猫类大得多，因此属于中型的猛兽。猞猁的主要食物是雪兔等各种野兔，所以在很多地方猞猁的种群数量也会随着野兔数量的增减而上下波动，大致上每间隔9～10年出现一个高峰。除了野兔外，它猎食的对象还有很多，包括松鼠、野鼠、旅鼠、旱獭和雷鸟、鹌鹑、野鸽及雉类等各种鸟类，有时还袭击麝、狍子、鹿，以及猪、羊等家畜。

分布：东大山。我国甘肃、内蒙古、青海、新疆、西藏、河北等地的山区均有分布。它们的栖居高度可由海拔数百米的平原到5000m左右的高原。生活在森林灌丛地带，密林及山岩上也较常见，栖居于岩洞、石缝之中（彩图4-4）。

（2）豹猫（*Prionailurus bengalensis*）

形态特征：豹猫是体型较小的食肉类动物，略比家猫大，体长为 36～66cm，尾长 20～37cm，体重 1.5～8kg，尾长超过体长的一半。头形圆；从头部至肩部有四条黑褐色条纹（或为点斑），两眼内侧向上至额后各有一条白纹。耳背黑色，有一块明显的白斑。全身背面体毛为棕黄色或淡棕黄色，布满不规则黑斑点。胸腹部及四肢内侧白色，尾背有褐斑点或半环，尾端黑色或暗灰色。体形十分匀称。头圆吻短，眼睛大而圆，瞳孔直立，耳朵小，而呈圆形或尖形。牙齿的数目较少，只有 28～30 枚，但很多牙齿的形状变得很强大，同时连带着上下颌骨也变得短而粗壮，而控制颌骨的肌肉及附着的颧弓也变得坚强有力。门齿较小而弱，上下颌各有 3 对，主要作用是啃食骨头上的碎肉和咬断细筋。犬齿长而极为发达，最为突出醒目，而且还与附近的门齿及前臼齿之间保持相当的空隙，是主要的武器，用来杀伤或咬死猎物，由于前后有间隙，因此能咬得更紧，贯穿得更深。上下 4 枚犬齿相合，好比 4 支枪尖交错一般。臼齿只有 1 对，上臼齿退化，都非常弱小，而且被压缩到内侧，但是下臼齿则很坚强发达。一般没有第一枚上前臼齿，第二枚上前臼齿不大。裂齿强大，又有两三个特别锐利的齿尖，上下交错，形如剪刀，可以咬穿最硬厚的牛皮或割裂最坚韧的兽肉。裂齿位置靠后，接近咀嚼肌，所以它们的强力咬切动作均后移至嘴角。主要以鼠类、蛙类、蜥蜴、蛇类、松鼠、飞鼠、兔类、小型鸟类、昆虫等为食，也吃浆果、榕树果和部分嫩叶、嫩草，有时潜入村寨盗食鸡、鸭等家禽。豹猫的食性和生活习性与俗称"野狸子"的丛林猫很相似，虽然两者外观有差异，但仍然容易混淆。窝穴多在树洞、土洞、石块下或石缝中。豹猫的巢域大小为 1.5～7.5km^2，核心区为 0.7～2.0km^2。豹猫主要为地栖，但攀爬能力强，在树上活动灵敏自如；夜行性，晨昏活动较多；独栖或成对活动；善游水，喜在水塘边、溪沟边、稻田边等近水处活动和觅食。

分布：东大山。我国除新疆和内蒙古的干旱荒漠、青藏高原的高海拔地区外，几乎所有的省区都有分布，资源数量大，是我国传统的外贸出口裘皮来源之一。豹猫是亚洲地区分布最广泛的小型猫科动物，广泛分布于东亚、东南亚、南亚各地。主要栖息于山地林区、郊野灌丛和林缘村寨附近。分布可从低海拔海岸带一直到海拔 3000m 高山林区。在半开阔的稀树灌丛生境中数量最多，浓密的原始森林、垦殖的人工林（如橡胶林、茶林等）和空旷的平原农耕地数量较少，干旱荒漠、沙丘几无分布。

4.4.5 鹈形目（Pelecaniformes）

鸬鹚科（Phalacrocoracidae）

普通鸬鹚（*Phalacrocorax carbo*）

形态特征：夏羽头、颈和羽冠黑色，具紫绿色金属光泽，并杂有白色丝状细羽；上体黑色；两肩、背和翅覆羽铜褐色并具金属光泽；羽缘暗铜蓝色；尾圆形，尾羽 14 枚，灰黑色，羽干基部灰白色；初级飞羽黑褐色，次级和三级飞羽灰褐色，缀绿色金属光泽；颊、颏和上喉白色，形成一半环状，后缘沾棕褐色；其余下体蓝黑色、缀金属光泽、下胁有一白色块斑。冬羽似夏羽，但头颈无白色丝状羽，两胁无白斑。生殖时期腰的两侧各有一个三角形白斑。头部及上颈部有白色丝状羽毛，后头部有一不很明显的羽冠。虹膜翠绿色，眼先橄榄绿色，眼周和喉侧裸露皮肤黄色，上嘴黑色，嘴缘和下嘴灰白色，喉囊橙黄色，脚黑色。幼鸟似成鸟冬羽，但色较淡，上体多呈暗茶褐色，头无冠羽，胸、腹中央为丝亮白色，鸬鹚的羽色主要为黑色，面带有紫色的金属光泽，到了生殖季节，雄鸟头部和颈部会长出许多白色的丝状羽。嘴强而长，锥状，先端具锐钩，适于啄鱼，下喉有小囊。脚后位，趾扁，后趾较长，具全蹼（彩图4-5）。

分布：东大山。我国中部和北部有繁殖，大群聚集青海湖。迁徙经中国中部，冬季至南方省份、海南岛及台湾越冬。香港米埔自然保护区每年冬天有上万只鸬鹚越冬，部分会整年留在那里，其他地点罕见。栖息于河流、湖泊、池塘、水库、河口及其沼泽地带，也常停栖在岩石或树枝上晾翼。野生鸬鹚平时栖息于河川和湖沼中，夏季栖息于近水的岩崖或高树上，或沼泽低地的矮树上营巢。性不甚畏人，常在海边、湖滨、淡水中间活动。

4.4.6　雁形目（Anseriformes）

鸭科（Anatidae）

（1）赤麻鸭（*Adorna ferruginea*）

形态特征：赤麻鸭雄鸟头顶棕白色；颏、喉、前颈及颈侧淡棕黄色；下颈基部在繁殖季节有一窄的黑色领环；胸、上背及两肩均赤黄褐色，下背稍淡，腰羽棕褐色，具暗褐色虫蠹状斑；尾和尾上覆羽黑色；翅上覆羽白色，微沾棕色；小翼羽及初级飞羽黑褐色，次级飞羽外侧辉绿色，形成鲜明的绿色翼镜。三级飞羽外侧三枚外侧棕褐色。下体棕黄褐色，其中以上胸和下腹及尾下覆羽最深；腋羽和翼下覆羽白色。雌鸟羽色和雄鸟相似，但体色稍淡，头顶和头侧几白色，颈基无黑色领环（彩图4-6）。

分布：东大山。广泛分布于欧亚大陆及非洲北部，包括整个欧洲、北回归线以北的非洲地区、阿拉伯半岛及喜马拉雅山—横断山脉—岷山—秦岭—淮河以北的亚洲地区。我国广泛繁殖于东北、西北及至青藏高原海拔4600m处，在长江以南地区越冬，数量较多。

（2）绿翅鸭（*Anas crecca*）

形态特征：绿翅鸭雄鸟繁殖羽头和颈深栗色，自眼周往后有一宽阔的具有光泽的绿色带斑，经耳区向下与另一侧相连于后颈基部。自嘴角至眼有一窄的浅棕白色细纹在眼前分别向眼后绿色带斑上下缘延伸，在头侧栗色和绿色之间形成一条醒目的分界线。上背、两肩的大部分和两胁均为黑白相间的虫蠹状细斑；下背和腰暗褐色，羽缘较淡；尾上覆羽黑褐色，具浅棕色羽缘；尾羽也为黑褐色，但较为深暗；肩羽外侧淡黄色或乳白色，外翈具绒黑色羽缘；两翅表面大都为暗灰褐色；大覆羽具白色或浅棕色端斑；次级飞羽外侧数枚外翈绒黑色，内侧数枚外翈为金属翠绿色，在翅上形成显著的绿色翼镜；最内一枚外翈为灰白色，具宽阔的绒黑色边缘；次级飞羽具白色或灰白色端斑，与大覆羽的白色端斑在翅上形成两道明显的白色带，分别位于翼镜的前后缘。下体棕白色，胸部满杂以黑色小圆点，两胁具黑白相间的虫蠹状细斑，下腹也微具暗褐色虫蠹状细斑；尾下覆羽两侧前端为绒黑色，后部为乳黄色，中央尾下覆羽绒黑色。非繁殖羽似雌鸟，但翼镜前缘白色部分较宽。雌鸟上体暗褐色，具棕色或棕白色羽缘；下体白色或棕白色，杂以褐色斑点；下腹和两胁具暗褐色斑点；翼镜较雄鸟小；尾下覆羽白色，具黑色羽轴纹。虹膜淡褐色，嘴黑色，跗跖及趾、爪棕褐色（彩图4-7）。

分布：东大山。我国各地水域均有分布，是中国数量最多和最常见的一种产业狩猎鸟类。

（3）琵嘴鸭（*Anas clypeata*）

形态特征：雄鸟头、颈暗绿色；额、眼、头顶、颏和喉较深暗，呈黑褐色。背暗褐色，具淡棕色羽缘；上背两侧和外侧肩羽白色，其余肩羽除2枚较长的内侧肩羽外翈为蓝灰色外，均为黑褐色，并闪绿色光彩，中间有一条宽的白色羽轴纹，沿羽干直达羽尖。腰暗褐色，微具绿色光泽；腰两侧白色；尾上覆羽金属绿色，中央尾羽暗褐色，具白色羽缘；外侧尾羽白色，具稀疏的褐色斑点。翅上小覆羽和中覆羽灰蓝色；大覆羽暗褐色，具白色端斑。初级飞羽暗褐色，羽干白色；次级飞羽外翈翠绿色，形成绿色翼镜，内翈暗褐色，端斑白色，形成翼镜后缘白边，前缘白边由大覆羽白色端斑构成；三级飞羽黑褐色，具绿色光泽和宽阔的白色中央纹。下颈和胸白色，并向上扩展到背侧与背两侧的白色相连为一体。两胁和腹栗色，下腹微具褐色波状细斑。较短的尾下覆羽基部白色而有黑色细斑，端部黑色；较长的尾下覆羽呈纯黑色，仅羽端有细小白色斑点。雌鸟上体暗褐色，头顶至后颈杂有浅棕色纵纹，背和腰有棕白色羽缘和淡红色横斑，尾上覆羽和尾羽具棕白色横斑；翅上覆羽大多为蓝灰色，具淡棕色羽缘；翼镜较小，辉亮也差；下体淡棕色，具褐色斑纹，其中颏、喉和前颈斑纹较细较少，胸部斑纹粗而多，下腹和尾下覆羽具褐色纵纹，两胁具淡棕色和暗褐色相间的"V"形斑。虹膜雄鸟为金黄色，雌鸟为淡褐色；嘴雄鸟为黑色，雌鸟为黄褐色，上嘴末端扩大成铲状。跗跖及趾橙红色；爪蓝黑色。

分布：东大山。我国东北和西北有分布，广泛分布于整个北半球。我国主要繁殖在新疆西部及东北部，以及黑龙江和吉林。越冬在西藏南部、云南、贵州、四川、长江中下游和东南沿海各省及台湾，迁徙时经辽宁、内蒙古、华北等地。栖息于开阔地区的河流、湖泊、水塘、沼泽等水域环境中，也出现于山区河流、高原湖泊、小水塘和沿海沼泽及河口地带。

4.4.7 隼形目（Falconiformes）

4.4.7.1 隼科（Falconidae）

（1）红隼（*Falco tinnunculus*）

形态特征：雄鸟头顶、头侧、后颈、颈侧蓝灰色，具纤细的黑色羽干纹；前额、眼先和细窄的眉纹棕白色；背、肩和翅上覆羽砖红色，具近似三角形的黑色斑点；腰和尾上覆羽蓝灰色，具纤细的暗灰褐色羽干纹；尾蓝灰色，具宽阔的黑色次端斑和窄的白色端斑；翅初级覆羽和飞羽黑褐色，具淡灰褐色端缘；初级飞羽内翈具白色横斑，

并微缀褐色斑纹；三级飞羽砖红色，眼下有一宽的黑色纵纹沿口角垂直向下；颏、喉乳白色或棕白色；胸、腹和两胁棕黄色或乳黄色，胸和上腹缀黑褐色细纵纹，下腹和两胁具黑褐色矢状或滴状斑；覆腿羽和尾下覆羽棕白色或浅棕色，尾羽下面银灰色，翅下覆羽和腋羽淡黄褐色或皮黄白色，具褐色点状横斑，飞羽下面白色，密被黑色横斑。雌鸟上体棕红色，头顶至后颈及颈侧具细密的黑褐色羽干纹；背到尾上覆羽具粗著的黑褐色横斑；尾为棕红色，具9~12道黑色横斑和宽的黑色次端斑与棕黄白色尖端；翅上覆羽与背同为棕黄色，初级覆羽和飞羽黑褐色，具窄的棕红色端斑；飞羽内翈具白色横斑，并微缀棕色；脸颊部和眼下口角髭纹黑褐色；下体乳黄色微沾棕色，胸、腹和两胁具黑褐色纵纹；覆腿羽和尾下覆羽乳白色，翅下覆羽和腋羽淡棕黄色，密被黑褐色斑点；飞羽和尾羽下面灰白色，密被黑褐色横斑。幼鸟似雌鸟，但上体斑纹较粗著。虹膜暗褐色；嘴蓝灰色，先端黑色，基部黄色；蜡膜和眼睑黄色；跗跖及趾深黄色；爪黑色（彩图4-8）。

分布：东大山。我国主要分布在北京、河北、山西、甘肃、青海、宁夏、新疆、内蒙古、辽宁、吉林、黑龙江、河南、湖北、广东、广西、海南、四川、上海、浙江、安徽、福建、江西、山东、贵州、云南、西藏、陕西、台湾、香港等地。栖息于山地森林、森林苔原、低山丘陵、草原、旷野、森林平原、山区植物稀疏的混合林、开垦耕地、旷野灌丛草地、林缘、林间空地、疏林和有稀疏树木生长的旷野、河谷和农田地区。

（2）燕隼（*Falco subbuteo*）

形态特征：俗称为青条子、蚂蚱鹰、青尖等。体形比猎隼、游隼等都小，为小型猛禽，体长28~35cm，体重为120~294g。上体为暗蓝灰色，有一个细的白色眉纹；颊部有一个垂直向下的黑色髭纹；颈部的侧面、喉部、胸部和腹部均为白色；胸部和腹还有黑色纵纹，下腹部至尾下覆羽和覆腿羽为棕栗色。尾羽为灰色或石板褐色，除中央尾羽外，所有尾羽的内侧均具有皮黄色、棕色或黑褐色的横斑和淡棕黄色的羽端。飞翔时翅膀狭长而尖，像镰刀一样，翼下为白色，密布黑褐色的横斑。翅膀折合时，翅尖几乎到达尾羽的端部，看上去很像燕子，因而得名。虹膜黑褐色；眼周和蜡膜黄色；嘴蓝灰色，尖端黑色；跗跖及趾黄色；爪黑色。

分布：东大山。我国北京、河北、山西、内蒙古、甘肃、青海、宁夏、新疆、辽宁、吉林、黑龙江、上海、广东、福建、江西、山东、湖北、湖南、广西、四川、贵州、云南、西藏、陕西、香港等地有分布。燕隼是中国猛禽中较为常见的种类，栖息于有稀疏树木生长的开阔平原、旷野、耕地、海岸、疏林和林缘地带，有时也到村庄附近，但很少在浓密的森林和没有树木的裸露荒原出现。

4.4.7.2 鹰科（Accipitridae）

（1）鹰（*Aquila*）

形态特征：别名鸢，是隼形目鹰科中的一个类群，是食肉猛禽。嘴弯曲锐利，脚爪具有钩爪，性凶猛，食物包括小型哺乳动物、爬行动物、其他鸟类及鱼类，白天活动。鹰的视力相当敏锐，在天空上可以发觉地面的小动物，肌肉非常强有力，大型鹰两脚甚至可以将一头小鹿的脊椎骨折断，可以携带一头几十斤（1斤=0.5kg）重的羊飞行。鹰因为其凶猛，飞行起来非常壮观，所以自古以来就被许多部落和国家作为勇猛、权力、自由和独立的象征。

分布：东大山。我国各地均有分布。

（2）金雕（*Aquila chrysaetos*）

形态特征：属大型猛禽。全长76～102cm，翼展平均超过2.3m，体重2～7.2kg。头顶黑褐色，后头至后颈羽毛尖长，呈柳叶状，羽基暗赤褐色，羽端金黄色，具黑褐色羽干纹。上体暗褐色，肩部较淡，背肩部微缀紫色光泽；尾上覆羽淡褐色，尖端近黑褐色；尾羽灰褐色，具不规则的暗灰褐色横斑或斑纹和一宽阔的黑褐色端斑；翅上覆羽暗赤褐色，羽端较淡，为淡赤褐色；初级飞羽黑褐色，内侧初级飞羽内翈基部灰白色，缀杂乱的黑褐色横斑或斑纹；次级飞羽暗褐色，基部具灰白色斑纹，耳羽黑褐色。下体颏、喉和前颈黑褐色，羽基白色；胸、腹也为黑褐色，羽轴纹较淡；覆腿羽、尾下覆羽和翅下覆羽及腋羽均为暗褐色，覆腿羽具赤色纵纹。幼鸟和成鸟大致相似，但体色更暗，第一年幼鸟尾羽白色，具宽的黑色端斑，飞羽内翈基部白色，在翼下形成白斑；第二年后，尾部白色和翼下白斑均逐渐减少，尾下覆羽也由棕褐色到赤褐色再到暗赤褐色。虹膜栗褐色；嘴端部黑色，基部蓝褐色或蓝灰色（雏鸟嘴铅灰色，嘴裂黄色）；蜡膜和趾黄色；爪黑色。

分布：东大山。我国甘肃、内蒙古、新疆、青海、黑龙江、吉林、辽宁、山西、北京、陕西、湖北、贵州、重庆、四川、云南、喜马拉雅山脉等地均有分布，为留鸟或旅鸟。生活在草原、荒漠、河谷，特别是高山针叶林中，冬季也常在山地丘陵和山脚平原地带活动，最高达到海拔4000m以上。白天常见在高山岩石峭壁之巅，以及空旷地区的高大树上歇息，或在荒山坡、墓地、灌丛等处捕食。

4.4.8 鸡形目（Galliformes）

雉科（Phasianidae）

（1）暗腹雪鸡（*Tetraogallus himalayensis*）

形态特征：体长520～700mm。颏、喉白色，耳羽淡棕。耳羽后沿颈侧有一条白纹，其与喉部白色之间有一狭窄的由灰色羽毛组成的线纹。前胸及胸部羽毛基部灰色，近前端有一大黑斑。胸、腹部羽毛呈柳叶状，有深棕色羽缘。尾羽背面棕色，近尾端为深栗色。嘴角灰色；跗跖、趾橙黄色，爪角灰；虹膜褐色。雌鸟体色较淡，跗跖后无长距。非生殖季节3～5只成群；繁殖季节则成对离群。以莎草科、禾本科的瘦果、嫩叶等为食，偶尔也食昆虫、蛹及蜗牛。每窝产卵5～10枚，为留鸟。

分布：东大山。我国主要分布于甘肃、新疆、青海、西藏和四川等地。栖息在海拔2000～5000m的裸岩、荒漠或半灌丛地带，平原少见。早晚出来寻食，午间或夜晚隐入灌丛或岩石下。有季节性垂直迁移的习性，夏季上至雪线，冬季下降至灌丛带以下直到云杉林（彩图4-9）。

（2）石鸡（*Alectoris chukar*）

形态特征：头顶至后颈红褐色，额部较灰，头顶两侧也沾浅灰色，眼上眉纹白色沾棕。有一宽的黑带从额基开始经过眼到后枕，然后沿颈侧而下，横跨下喉，形成一

个围绕喉部的完整黑圈；眼先、两颊和喉皮黄白色、黄棕色至深棕色，随亚种而不同；耳羽栗褐色，后颈两侧灰橄榄色；上背紫棕褐色或棕红色，并延至内侧肩羽和胸侧；外侧肩羽肉桂色，羽片中央蓝灰色；下背、腰、尾上覆羽和中央尾羽灰橄榄色；外侧尾羽栗棕色，翅上羽和内侧飞羽与上背相似；初级飞羽浅黑褐色，羽轴浅棕色，外翈近末端处有棕色条纹或皮黄白色羽缘；外侧次级飞羽外翈近末端处也有一浅棕色宽缘；三级飞羽外翈略带肉桂色。额黑色，下颌后端两侧各具一簇黑羽；上胸灰色，微沾棕褐色；下胸深棕色，腹浅棕色；尾下覆羽也为深棕色；两胁浅棕色或皮黄色，具 10 多条黑色和栗色并列的横斑。虹膜栗褐色，嘴和眼周裸出部及跗蹠、趾均为珊瑚红色，爪乌褐色。

分布：东大山。我国甘肃、内蒙古、宁夏、新疆、青海等地均有分布。栖息于低山丘陵地带的岩石坡和沙石坡上，很少见于空旷的原野，更不见于森林地带。

（3）斑翅山鹑（*Perdix dauurica*）

形态特征：雄性成鸟头顶、枕和后颈暗灰褐色，具棕白色羽干纹，纹的末端常扩大成点；额部、眼先、眼上纹和头的两侧棕褐色；前额基部有一小黑斑，介于两鼻孔之间；耳羽栗褐色，具浅黄羽干纹；上背及下颈和前胸两侧均为灰色，混以棕褐色；有的羽毛具次端横斑；体背其余部分棕色，具灰黑色虫蠹横列的细纹，并杂以排列整齐明显的栗色横斑；尾上覆羽的横斑变稀但更宽阔，中央 3 对尾羽表面与背同色，其余尾羽纯栗色，具更暗栗色的宽阔次端斑；肩和翅上覆羽及三级飞羽与背小覆羽暗；初级飞羽和次级飞羽褐色，内外均具浅棕白色横斑，但次级飞羽褐色部分也缀以棕点；喉侧羽变长变尖，呈须状；头部羽毛和前胸呈棕褐色；下胸至腹部中央具马蹄形黑色块斑；胸侧灰色，两胁棕白，并均具宽达 4mm 的栗色横斑；腹部白沾棕；尾下覆羽棕白色。雌性成鸟羽色和雄鸟基本相同；头顶暗褐；羽干纹暗棕；耳羽浓栗，中部转黑，眼下有栗斑与耳羽相连，上背灰色，范围十分狭窄；上胸呈深棕褐色；下胸马蹄形黑斑缩小，或仅存痕迹。虹膜暗褐色，嘴暗铅色或暗角色；腿、跗蹠及趾、爪肉色或灰肉色。

分布：东大山。我国甘肃、内蒙古、青海（西宁、民和、共和、乌兰、青海湖）、东北地区及新疆、河北、山西、陕西均有分布。栖息于平原森林草原、灌丛草地、低山丘陵和农田荒地等各类生境中。夏季主要栖于开阔的林缘荒地、灌丛、低山幼林灌丛、地边疏林灌丛和草原防护林带中；冬季则喜欢在开阔的耕地或地边灌丛地带。多在向阳、避风少雪处活动，晚上成群栖于低地。

4.4.9　鸻形目（Charadriiformes）

鹬科（Scolopacidae）

（1）林鹬（*Tringa glareola*）

形态特征：林鹬夏季头和后颈黑褐色、具细的白色纵纹；背、肩黑褐色，具白色或棕黄白色斑点；下背和腰暗褐色，具白色羽缘。尾上覆羽白色，最长尾上覆羽具黑褐色横斑；中央尾羽黑褐色，具白色和淡灰黄色横斑；外侧尾羽白色，具黑褐色横斑。翅上覆羽黑褐色；初级飞羽、次级飞羽黑褐色，第一枚初级飞羽的羽轴为白色；内侧初级飞羽、次级飞羽具白色羽缘，三级飞羽具白色或淡棕黄白色斑点。眉纹白色，眼先黑褐色；头侧、颈侧灰白色，具淡褐色纵纹；颏、喉白色；前颈和上胸灰白色而杂以黑褐色纵纹；其余下体白色，两胁和尾下覆羽具黑褐色横斑；腋羽和翼下覆羽白色，微具褐色横斑。尾缀皮黄色且具淡色横斑，两胁无横斑。虹膜暗褐色，嘴较短而直。尖端黑色，基部橄榄绿色或黄绿色，幼鸟较褐，跗跖及趾橄榄绿色，爪黑色。冬羽和夏羽相似，但上体更灰褐，具白色斑点，胸缀有灰褐色，具不清晰的褐色纵纹；两胁横斑多消失或不明显。

分布：东大山。我国繁殖于内蒙古东北部、黑龙江、吉林、辽宁及河北北部、新疆西部，迁徙时经过辽宁、河北、内蒙古、宁夏、甘肃、青海、新疆、西藏、云南、贵州、四川和长江流域，往南经过广西、广东、福建和香港。越冬于海南和台湾，部分也在香港、福建、云南、贵州、河北及山东沿海越冬。繁殖期主要栖息于林中或林缘开阔沼泽、湖泊、水塘与溪流岸边；也栖息和活动于有稀疏矮树或灌丛的平原水域和沼泽地带。非繁殖期主要栖息于各种淡水和盐水湖泊、水塘、水库、沼泽和水田地带。

（2）矶鹬（*Actitis hypoleucos*）

形态特征：头、颈、背、翅覆羽和肩羽橄榄绿褐色具绿灰色光泽。各羽均具细而闪亮的黑褐色羽干纹和端斑，其中尤以翅覆羽、三级飞羽、肩羽、下背和尾上覆羽最为明显。飞羽黑褐色，除第一枚初级飞羽外，其他飞羽包括次级飞羽内翈均具白色斑，且越往里白色斑越大，到最后两枚次级飞羽几乎全为白色。翼缘、大覆羽和初级覆羽尖端缀有少许白色。中央尾羽橄榄褐色，端部具不甚明显的黑褐色横斑，外侧尾羽灰褐色具白色端斑和白色与黑褐色横斑。眉纹白色，眼先乳白黄色，头侧灰白色具细的黑褐色纵纹。颏、喉白色，颈和胸侧灰褐色，前胸微具褐色纵纹，下体余部纯白色。腋羽和翼下覆羽也为白色，翼下具两道显著的暗色横带。冬羽和夏羽相似，但上体较淡，羽轴纹和横斑均不明显，颈和胸微具或不具纵纹，翅覆羽具窄的皮黄色尖端（彩图4-10）。

幼鸟似成鸟非繁殖羽，但羽缘多缀有皮黄色，翅上覆羽和尾上覆羽尖端缀有显著的皮黄褐色横斑。虹膜褐色，嘴短而直、黑褐色，下嘴基部淡绿褐色，跗跖及趾灰绿色，爪黑色。

分布：东大山。我国大部分地区均有分布，繁殖于西北及东北地区，冬季在南部地区沿海、河流及湿地越冬，迁徙时大部地区可见。栖息于低山丘陵和山脚平原一带的江河沿岸、湖泊、水库、水塘岸边，也出现于海岸、河口和附近沼泽湿地，特别是迁徙季节和冬季。夏季也常沿林中溪流进到高山森林地带，如在长白山原始森林就曾上到海拔1800m的高山冰场。

（3）白腰草鹬（*Tringa ochropus*）

形态特征：白腰草鹬前额、头顶、后颈黑褐色具白色纵纹。上背、肩、翅覆羽和三级飞羽黑褐色，羽缘具白色斑点。下背和腰黑褐色微具白色羽缘；尾上覆羽白色，尾羽也为白色。除外侧一对尾羽全为白色外，其余尾羽具宽阔的黑褐色横斑，横斑数目自中央尾羽向两侧逐渐递减，初级飞羽和次级飞羽黑褐色。自嘴基至眼上有一白色眉纹，眼先黑褐色。颊、耳羽、颈侧白色具细密的黑褐色纵纹。颏白色，喉和上胸白色密被黑褐色纵纹。胸、腹和尾下覆羽纯白色，胸侧和两胁也为白色具黑色斑点。腋羽和翅下覆羽黑褐色具细窄的白色波状横纹。冬羽和夏羽基本相似，但体色较淡，上体呈灰褐色，背和肩具不甚明显的皮黄色斑点。虹膜暗褐色，嘴暗绿色或灰褐色，尖端黑色，脚橄榄绿色或灰绿色（彩图 4-11）。

分布：东大山。我国繁殖于黑龙江、吉林、辽宁和新疆西部，越冬于西藏南部、云南、贵州、四川和长江流域以南的广大地区及海南岛、香港和台湾，迁经河北、青海、宁夏、甘肃等地。繁殖季节主要栖息于山地或平原森林中的湖泊、河流、沼泽和水塘附近，海拔高度可达 3000m 左右。非繁殖期主要栖息于沿海、河口、湖泊、河流、水塘、农田与沼泽地带。

（4）长趾滨鹬（*Calidris subminuta*）

形态特征：夏羽头顶棕色，具黑褐色纵纹。具清晰的白色眉纹。一条不甚清晰的暗色贯眼纹从嘴基经眼先到眼前，然后弯曲折向眼下，到眼后与暗色耳覆羽相连。后颈淡褐色，具细的暗色纵纹。翕、背、肩羽中央黑色，具宽的栗棕色、橙栗色和白色羽缘。有些在翕的边缘有不甚清晰的白色线，在背上形成"V"形斑。三级飞羽具宽的棕色边缘。翅上覆羽褐色，具淡栗色和皮黄色羽缘；翅上大覆羽和内侧初级覆羽具窄的白色尖端，在翅上形成一条窄的白色翅斑。初级飞羽灰褐色，第一枚初级飞羽羽轴白色、其余初级飞羽羽轴褐色。次级和三级飞羽灰褐色，基部白色。腰和尾中央黑褐色。腰和尾上覆羽的两边为窄的白色。尾的两侧为灰色。下体白色。胸缀灰皮黄色，具黑褐色纵纹，在胸中部常常不甚明显，而两侧却甚显著。

分布：东大山。我国台湾有分布。迁徙鸟，国内迁徙时经过东北全境和华南地区，西及青海、云南、广东、四川、台湾；繁殖于西伯利亚；越冬于印度、东南亚、菲律宾至澳大利亚。主要栖息于沿海或内陆淡水与盐水湖泊、河流、水塘和泽沼地带。尤其喜欢有草本植物的水域岸边和沼泽地上。夏季也常到离水域较远的山地冻原地带。冬季有时也出现在农田和湿草地上。

（5）乌脚滨鹬（*Calidris temminckii*）

形态特征：体小而矮壮，全长 140～145mm。腿短，灰色，嘴尖细长。夏羽、头、颈淡黄褐色，具褐色纵纹。颜面部具细小的褐色羽干纹。背、肩与翼上覆羽轴斑黑色；飞羽灰黑色，基部白色；腹、胁及尾下覆羽白色；中央尾羽灰黑色，外侧尾羽白色。冬羽基本为灰褐色，头颈斑纹不明显；下体胸灰色，渐变为近白色的腹部，尾长于拢翼。头顶至颈后灰褐色，染栗黄色，有暗色条纹；眼先暗褐色，眉纹不明显。多数羽毛有黑色纤细羽干纹和栗色羽缘。初级飞羽黑褐色，第一枚初级飞羽具白色羽干纹；次级飞羽暗褐色，羽端略具白缘；三级飞羽黑褐色，具浅棕色外缘。翼上大覆羽具白色端斑，形成白色翼斑。腰部暗灰褐色，羽缘略沾灰色；中央尾羽暗褐色，外侧尾羽灰白色，最外侧 2～3 对尾羽纯白色，飞行时显露。颈、上胸淡褐色，有暗色斑纹。颔、喉白色。腋羽、翼下覆羽白色。虹膜褐色，嘴黑色，腿及脚偏绿或近黄。与其他滨鹬区别在于外侧尾羽纯白，落地时极易见，且叫声独特，腿偏绿或近黄。夏季体羽胸褐灰，翼覆羽带棕色。两性相似。

分布：东大山。迁徙时几遍布全国（旅鸟），冬群体见于台湾、福建、广东及香港（冬候鸟）。繁殖于古北界北部；冬季至非洲、中东、印度、东南亚、菲律宾及婆罗洲。

栖于沼泽湿地与河湖岸边。集小群活动。以甲壳类、蠕虫和昆虫等为食。

（6）弯嘴滨鹬（*Curlew sandpiper*）

形态特征：夏羽头顶、翕黑褐色，羽缘暗栗色。肩黑褐色，羽缘白色和栗色。翅上覆羽灰褐色，具白色羽缘。飞羽黑色。内侧初级飞羽基部白色，和大覆羽及内侧初级覆羽的白色尖端共同构成翅上白色翼斑。背和上腰主要为黑褐色，下腰和尾上覆羽白色，有时微缀黑褐色横斑。尾灰褐色，中央尾羽最暗。眉纹、头侧、颈和整个下体暗栗红色，羽尖白色。尾下覆羽白色。腹和两肋有黑色横斑。嘴基白色，有时眼周也有一圈白色。翅下覆羽和腋羽白色。冬羽头顶和上体灰褐色。具黑色羽轴纹；翅上攒羽灰色，羽缘白色；眉纹白色，长而明显。眼先有一窄的暗色纹，耳区色也暗；下体白色；胸侧缀有淡灰褐色，具有稀疏的灰褐色纵纹。幼鸟似成鸟冬羽。但头顶、翕、肩和三级飞羽黑褐色，具淡皮黄色羽缘。翅覆羽淡褐色。具黑色亚端斑和淡皮黄色羽缘。眉纹皮黄白色。颈和胸淡皮黄色。上胸具不明显的褐色纵纹。其余下体白色。虹膜暗褐色，嘴黑色，有时基部缀有褐色或绿色，嘴细长而向下弯曲，脚黑色或灰黑色，飞行时脚尖超出尾外。

分布：东大山。迁徙期间经过我国甘肃、青海、新疆、内蒙古、黑龙江、吉林、辽宁、河北，往南至广东、福建、海南岛、香港和台湾。部分在广东、福建、海南岛和台湾越冬。繁殖于西伯利亚北部，越冬于非洲、马达加斯加、南亚和澳大利亚。

4.4.10　鸽形目（Columbiformes）

4.4.10.1　沙鸡科（Pteroclididae）

毛腿沙鸡（*Syrrhaptes paradoxus*）

形态特征：雄鸟额、头顶前部、眉纹沾黄，头侧纯黄色，颏淡棕色；头顶及头后部和后颈暗棕灰黑色，还具灰黑色羽轴纹；颈侧灰色；喉和后颈基处两侧的块斑均棕红色；上体砂棕色，满黑色横斑；这些黑斑在背较粗，向后变细而密；肩羽与背相同。两翅的覆羽和三级飞羽均砂棕色，与背相同；三级飞羽杂以蓝灰以至黑色的不规则状斑纹；中覆羽先端缀以黑色圆斑；大覆羽外先端深林色，决后各羽相骈，形成一道林带，斜贯于翅上；初级覆羽棕色，较内侧覆羽稍淡，而中央纵贯以宽阔黑纹；翼缘砂棕色，而缀以黑斑；小翼羽外砂棕色，而内黑褐色；初级飞羽大都蓝灰色，而具黑色羽干，第一枚体形尖长，外纯黑；其内侧初级飞羽为砂棕色，棕缘向内渐阔，至最内的 3 枚则棕缘甚著；次级飞羽棕，而外具褐色纵纹。中央尾羽较长，大都呈砂棕色，沿羽干两侧的横斑呈灰色，向边缘则转为黑褐色，蓝灰部分且前后骈连，使羽毛中央部及延长部均呈此色；外侧尾羽外呈蓝灰、内呈砂棕，与黑褐色横斑相杂，羽缘砂棕，羽端棕白，所有尾羽的羽干悉为黑褐色。胸棕灰色，下胸贯以一道棕白色横带，其中更杂以数条黑色细斑；腹淡砂棕色，中央具一大形黑块，延伸至两肋；覆腿羽和尾下覆棕白色，较长的尾下覆羽近基部没羽干有黑斑，黑斑呈羽毛状，腋羽白而缀以黑端；翼下覆羽棕黄色，近缘处杂以黑点。雌鸟羽色和雄鸟相似，但头顶、后颈颜色均与背同；额、喉、眉纹与块斑等均为棕黄而无锈红色；背上黑斑比较狭短而呈波状；翅上的小、中覆羽均缀以黑斑；下颈与胸间有一黑褐色细环；胸侧缀以黑色圆点；腹部具有特征性的黑色斑块；飞行时翼形尖，翼下白色，次级飞羽具狭窄黑色缘。虹膜暗褐；嘴蓝灰色，跗跖及趾密被以短羽，爪褐黑色。

分布：东大山。我国北方及中亚均有分布。在我国新疆、内蒙古与河北坝上等地有繁殖。

4.4.10.2 鸠鸽科（Columbidae）

岩鸽（*Columba rupestris*）

形态特征：雄鸟头、颈和上胸为石板蓝灰色，颈和上胸缀金属铜绿色，并极富光泽；颈后缘和胸上部还具紫红色光泽，形成颈圈状；上背和两肩大部呈灰色，翅上覆羽浅石板灰色，内侧飞羽和大覆羽具二道不完全的黑色横带；初级飞羽黑褐色，内侧中部浅灰色，外侧和羽端褐色；次级飞羽末端也为褐色，下背白色；腰和尾上覆羽暗灰色。尾石板灰黑色，先端黑色，近尾端处横贯一道宽阔的白色横带。颏、喉暗石板灰色，自胸以下为灰色，至腹变为白色，腋羽也为白色。雌鸟与雄鸟相似，但羽色略暗，特别是尾上覆羽具紫色光泽，但不如雄鸟鲜艳。虹膜橙黄色，嘴黑色，跗跖及趾暗红朱红色，爪黑褐色。

分布：东大山。我国新疆、西藏等地、秦岭以北地区、黑龙江、青海、四川、云南等地均有分布。主要栖息于山地岩崖和悬崖峭壁处，最高可达海拔5000m以上的高山和高原地区。

4.4.11 鹃形目（Cuculiformes）

杜鹃科（Cuculidae）

大杜鹃（*Cuculus canoru*）

形态特征：大杜鹃形态与家鸽差不多大，但身体较细长。体长32～34cm，体重94～100g。虹膜及眼圈为黄色；嘴长超过2cm，呈黑褐色；口腔上皮和舌呈红色；头顶、枕部及后颈呈暗银灰色；额部为浅灰褐色；头侧、颏、喉、下颈及上胸部呈淡灰色；背部暗灰色；腰、尾覆羽呈蓝灰色；初级飞羽具白色横斑，羽缘白色，并杂以黑褐色的横纹，杂以黑褐色的横纹。尾羽黑色，先端呈白色，羽轴两侧有白色斑点。足4趾，为对足型，呈棕黄色（彩图4-12）。

分布：东大山。我国甘肃、宁夏、新疆、陕西、东北至河北及上述以南地区等地均有分布。

4.4.12 鸮形目（Strigiformes）

鸱鸮科（Strigidae）

纵纹腹小鸮（*Athene noctus*）

形态特征：体小（23cm左右），无耳羽簇。头顶平，眼亮黄而长凝不动。浅色平眉及白色宽髭纹使其形狰狞。上体褐色，具白纵纹及点斑。下体白色，具褐色杂斑及纵纹，肩上有 2 道白色或皮黄色横斑。虹膜亮黄色，嘴角质黄色，脚白色、被羽，爪黑褐色。常见留鸟，广布于中国北方及西部的大多数地区，高可至海拔 4600m，善奔跑。部分地昼行性，会神经质地点头或转动，有时以长腿高高站起，或快速振翅作波状飞行。好日夜发出占域叫声，拖长而上扬，音多样。在岩洞或树洞中营巢。通常夜晚出来活动，能徘徊飞行，在追捕猎物的时候，不仅同其他猛禽一样从空中袭击，还会利用一双善于奔跑的双腿去追击。以昆虫和鼠类为食，也吃小鸟、蜥蜴、蛙类等小动物（彩图 4-13）。

分布：东大山。我国甘肃、青海、新疆、西藏、内蒙古、陕西、宁夏、四川、北京、河北、山西、辽宁、吉林、黑龙江、江苏、山东、河南、广西、贵州等地有分布。栖息于低山丘陵，林缘灌丛和平原森林地带，也出现在农田、荒漠和村庄附近的丛林中。

4.4.13　雨燕目（Apodiformes）

雨燕科（Apodidia）

楼燕（*Apus apus*）

形态特征：头和上体黑褐色，头顶和背羽色较深暗，并略具光泽。两翅狭长，呈镰刀状，两翅初级飞羽外侧和尾表面微具铜绿色光泽，尾叉状。颏、喉灰白色，微具淡褐色纤细羽干纹。胸、腹和尾下覆羽黑褐色，腹微具窄的灰白色羽缘。虹膜暗褐色；嘴短阔而平扁，纯黑色；脚黑褐色。幼鸟额污灰白色，通体烟褐色，无光泽，微具细窄的灰白色羽缘；颏、喉灰白色扩展到上胸。

分布：东大山。种群数量稀少，为罕见季节性候鸟，仅局部地区较普遍，需要严格保护。栖于多山地区，主要栖息于森林、平原、荒漠、海岸、城镇等各类生境中，多在高大的古建筑物、宝塔、庙宇、岩壁、城墙缝隙中栖居，为夏候鸟。

4.4.14　佛法僧目（Coraciiformes）

戴胜科（Upupidae）

戴胜（*Upupa epops*）

形态特征：头、颈、胸淡棕栗色。羽冠色略深且各羽具黑端，在后面的羽黑端前具白斑。胸部沾淡葡萄酒色；上背和翼上小覆羽转为棕褐色；下背和肩羽黑褐色而杂以棕白色的羽端和羽缘；上、下背间有黑色、棕白色、黑褐色三道带斑及一道不完整的白色带斑，并连成的宽带向两侧围绕至翼弯下方；腰白色；尾上覆羽基部白色，端部黑色，部分羽端缘白色；尾羽黑色，各羽中部向两侧至近端部有一白斑相连成一弧形横带。翼外侧黑色、向内转为黑褐色；中、大覆羽具棕白色近端横斑；初级飞羽（除第一枚外）近端处具一列白色横斑，次级飞羽有 4 列白色横斑，三级飞羽杂以棕白色斜纹和羽缘。腹及两胁由淡葡萄棕转为白色，并杂有褐色纵纹，至尾下覆羽全为白色。虹膜褐至红褐色，嘴黑色，基部呈淡铅紫色，脚铅黑色。幼鸟上体色较苍淡、下体呈褐色（彩图 4-14）。

分布：东大山。主要分布在南欧、非洲、印度、马来西亚等国家和地区，我国西藏、新疆西部、东北地区、云南、台湾、海南等地都有分布，在长江以北为夏候鸟和旅鸟，在长江以南为留鸟。常栖息于山地、平原、森林、林缘、路边、河谷、农田、草地、村屯和果园等开阔地方，尤其以林缘耕地生境较为常见。冬季主要在山脚平原等低海拔地区，夏季可上到3000m的高海拔地区。常见单独或成对分散于山区或平原的开阔地、耕地、果园等地面觅食。

4.4.15　鴷形目（Piciformes）

啄木鸟科（Picidae）

斑啄木鸟（Dendrocopos major）

形态特征：斑啄木鸟是具有黑背、白肩、红色尾下覆羽和白色翼斑的杂色啄木鸟。两性差异是雄鸟的枕部为猩红色。喙强而尖直；脚趾4枚，两前两后，彼此对生，爪甚锐利；尾羽坚挺，富有弹性。虹膜红褐色，嘴黑色，脚灰色。斑啄木鸟的举止动作常常显得极其急躁不安，相貌和神态也并不悦目俊秀。生性孤傲，愿意独来独往，即使与同类平时也回避任何接触，互不交往。啄木鸟乐于在自凿的树洞里筑窝和配偶结伴。通常，它们先是寻觅内部已经蛀朽的树木，雌雄两鸟不停地轮番工作，使劲啄穿表面的树皮和木质部，直到腐烂的树心；然后掏深洞穴，用脚把碎木片、木屑扔到外面，使洞挖得既曲折又深邃，连一点光线都透不进来，它们在洞底摸黑产卵和哺养小鸟。刚孵出的雏鸟大多安详地躺卧在窝内，几天后它们的索食声就变得十分喧闹，为了等候父母带回的一份喂食，还经常爬到洞口甚至将半个身子探出洞外，嗷嗷待哺（彩图4-15）。

分布：东大山。斑啄木鸟是国内啄木鸟中最常见的留鸟，广泛分布于我国中部和东部地区，在新疆北部也有分布。全国的斑啄木鸟栖息地适宜地区，主要分布在华东、华中、华南等森林覆盖率较高的省份；次适宜地区主要分布在青海东部、黑龙江中部、甘肃东部等地；不适宜地区主要为西藏、台湾、内蒙古北部、新疆大部。

4.4.16　雀形目（Passeriformes）

4.4.16.1　百灵科（Alaudidae）

（1）亚洲短趾百灵（Calandrella cheleensis）

形态特征：亚洲短趾百灵是一种典型的干燥草原鸟，属小型鸣禽。上体灰褐色布满深色纵纹，多而密；眼先、眉纹、眼周白色，颊部、耳羽棕褐色；飞羽暗褐色，翅上覆羽淡棕褐色；双翅折合时，三级飞羽与翅端超过或等于跗跖长度；最外侧一对尾羽白色，羽基、外翈缘黑褐色；外侧第二对尾羽外缘白色，其他尾羽黑褐色；颏、喉部灰白色；胸部纵纹散布较开，有浅色羽缘。两胁具棕褐色纵纹；下体腹部淡粉色，尾具白色的宽边。它们的嘴较粗短。站势甚直，而有别于其他小型百灵。鼻孔上有悬羽掩盖。翅膀稍尖长，尾较翅短，跗跖后缘较钝，具有盾状鳞，后爪长而直。虹膜暗褐色，嘴黄褐色，爪角褐色（彩图4-16）。

分布：东大山。我国青海、甘肃、宁夏、内蒙古、陕西、河北、新疆、西藏等地均有分布。

（2）凤头百灵（*Galerida cristata*）

形态特征：凤头百灵是一种小型鸣禽。身长17～18cm，翼展29～34cm，体重35～45g。具羽冠，冠羽长而窄。上体沙褐色而具近黑色纵纹，尾覆羽皮黄色。下体浅皮黄色，胸密布近黑色纵纹。看似矮墩而尾短，嘴略长而下弯。飞行时两翼宽，翼下锈色；尾深褐而两侧黄褐。幼鸟上体密布点斑。与云雀区别在侧影显大而羽冠尖，嘴较长且弯，耳羽较少棕色且无白色的后翼缘。中央一对尾羽浅褐色，最外侧一对尾羽大部分为皮黄色或棕色，仅内翈羽缘黑褐色。外侧第二对尾羽仅外翈有一宽的棕色羽缘。翅上覆羽浅褐色或沙褐色，飞羽黑褐色，外翈羽缘棕色，内翈基部也有宽的棕色羽缘。体型羽色略似麻雀，适应于地栖生活，腿、脚强健有力，后趾具一长而直的爪；跗跖后缘具盾状鳞；喙短而近锥形，适于啄食种子；翅尖而长，内侧飞羽（三级飞羽）较长；尾羽中等长度，具浅叉，外侧尾羽常具白色。虹膜深褐色，嘴黄粉色，嘴端深色，脚偏粉色。

分布：东大山。我国新疆西北部、青海、甘肃、宁夏贺兰山沿黄河地区、河北南部、内蒙古西部等地均有分布。江苏和四川北部等部分地区为冬候鸟。栖于干燥平原、开阔平原、沿海平原、旷野、河边、沙滩、半荒漠、沙漠边缘、草地、草丛、低山平地、荒地、荒山坡、农田等。

（3）角百灵（*Eremophila alpestris*）

形态特征：雄鸟前额白色或淡黄色，头顶前部紧靠前额白色之后有一宽的黑色横带，其两端各有2或3枚黑色长羽形成的羽簇伸向头后，状如两只角。眼先、颊、耳羽和嘴基黑色，眉纹白色或淡黄色、与前额白色相连。后头、上背粉褐色、褐色或灰褐色，背、腰棕褐色具暗褐色纵纹和沙棕色或沙褐色羽缘。尾上覆羽褐色或棕褐色，中央尾羽褐色，羽缘棕色，外侧尾羽黑褐色微具白色羽缘，最外侧一对尾羽几纯白色，次一对外侧尾羽仅外侧白色，或外侧仅具一楔形白斑。两翅褐色，第一枚初级飞羽外侧白色，其余初级飞羽具灰白色狭缘，次级飞羽具白色端斑。下体白色，胸具一黑色横带。雌鸟和雄鸟羽色大致相似，但羽冠短或不明显，胸部黑色横带也较窄小。虹膜褐色或黑褐色，嘴峰黑色，跗跖和趾黑色或黑褐色。

分布：东大山。我国分布较广，种群数量较丰富，由于它主要以杂草种子和昆虫为食，在植物保护中具有一定意义；同时鸣声婉转动听，也可作为笼养观赏鸟，具有保护价值。栖息于高山、高原草地、半荒漠、戈壁滩、荒漠和高山草甸等干燥性草原地区，冬季有的也出现于沿海地带、路边和农庄附近。

4.4.16.2 燕科（Hirundinidae）

（1）家燕（*Hirundo rustica*）

形态特征：雌雄羽色相似。前额深栗色，上体从头顶一直到尾上覆羽均为蓝黑色而富有金属光泽。两翼小覆羽、内侧覆羽和内侧飞羽也为蓝黑色而富有金属光泽。初级飞羽、次级飞羽和尾羽黑褐色微具蓝色光泽，飞羽狭长。尾长，呈深叉状，最外侧

一对尾羽特形延长，其余尾羽由两侧向中央依次递减，除中央一对尾羽外，所有尾羽内翈均具一大型白斑；飞行时尾平展，其内翈上的白斑相互连成"V"字形。颏、喉和上胸栗色或棕栗色，其后有一黑色环带，有的黑环在中段被侵入栗色中断；下胸、腹和尾下覆羽白色或棕白色，也有呈淡棕色和淡赭桂色的，随亚种而不同，但均无斑纹。幼鸟和成鸟相似，但尾较短，羽色也较暗淡。虹膜暗褐色，嘴黑褐色，跗跖及趾黑色（彩图4-17）。

分布：东大山。我国各地均有分布，广布于世界各地。栖息在人类居住的环境、村落附近，常成对或成群地栖息于村屯中的房顶、电线及附近的河滩和田野里。

（2）白腹毛脚燕（*Delichon urbicum*）

形态特征：白腹毛脚燕雌雄羽色相似。额基、眼先绒黑色，额、头顶、背、肩黑色具蓝黑色金属光泽。后颈羽基白色，常显露于外，形成一个不明显的领环。腰和尾上覆羽白色具细的黑褐色羽干纹。翼黑褐色，飞羽内侧羽缘色淡，小覆羽边缘有蓝色光泽。尾黑褐色，呈叉状。下体自颏、喉一直到尾下覆羽均为白色，有时较短的尾下覆羽白色，而较长的尾下覆羽灰白色具细的黑褐色羽干纹。幼鸟上体较褐，下体也常缀有褐色，特别是胸的两侧较明显，在一定角度看起来像是一条暗色胸带。虹膜灰褐或暗褐色，嘴黑色、扁平而宽阔，跗跖及趾橙色或淡肉色，均被白色绒羽。

分布：东大山。我国新疆（北部、西部、中部）、东北（西北部、西南部、中部）、甘肃、青海、河北、山东、江苏、广东、福建、四川、西藏（南部、昌都地区西南部）、云南（西北部）、贵州（东北部）、陕西、山西（南部）、湖北（西部）等地均有分布。善于在高空疾飞啄取昆虫；尾呈叉状，形成"燕尾"。结群繁殖，营巢于悬崖，与其他燕及雨燕混群并一道取食。主要栖息在山地、森林、草坡、河谷等生境，尤喜临近水域的岩石山坡和悬崖，也出现于海岸和城镇居民点，在长白山原始森林中的山丘、悬岩也见有栖息。

4.4.16.3 鹡鸰科（Motacillidae）

（1）黄鹡鸰（*Motacilla flava*）

形态特征：中等体型（18cm）的带褐色或橄榄色的鹡鸰，似灰鹡鸰但背橄榄绿色或橄榄褐色而非灰色。头顶蓝灰色、额稍淡；具白色眉纹；眼先及耳羽暗灰色；背羽橄榄绿色；腰及尾上覆羽稍淡；初级飞羽黑褐色，羽缘黄白色；中覆羽和大覆羽黑褐色，羽缘淡黄色，形成两道翅斑；尾羽黑色，具黄白色狭缘，中央尾羽浅绿较宽，最外侧两对尾羽均具较大的楔状白斑，羽干白色，尾较短，飞行时无白色翼纹或黄色腰；下体全部鲜黄色，胸侧及胁部沾橄榄绿色。非繁殖期体羽褐色较重较暗，但3～4月已恢复繁殖期体羽。雌雄羽色相似。虹膜褐色，嘴褐色，脚褐至黑色（彩图4-18）。

分布：东大山。黄鹡鸰是我国常见的低地夏季繁殖鸟、冬候鸟及过境鸟。极北亚种（*Motacilla flava plexa*）、北方东部亚种（*Motacilla flava angarensis*）、堪察加亚种（*Motacilla flava simillima*）、北方西部亚种（*Motacilla flava beema*）及阿拉斯加亚种（*tschuschensis*）繁殖于西伯利亚东部，但迁徙时见于中国东部省份。堪察加亚种也经过台湾。东北亚种（*Motacilla flava macronyx*）繁殖于中国北方及东北，越冬在中国东南及海南岛。准噶尔亚种（*Motacilla flava leucocephalus*）繁殖于中国西北部，越冬在喀什地区。天山亚种（*Motacilla flava melanogrisea*）繁殖于新疆西部天山及塔尔巴哈台山。台湾亚种（*Motacilla flava taivana*）迁徙经中国东部，越冬在中国东南部、台湾及海南岛。

（2）黄头鹡鸰（*Motacilla citreola*）

形态特征：雄鸟头鲜黄色，背黑色或灰色，有的后颈在黄色下面还有一窄的黑色领环，腰暗灰色；尾上覆羽和尾羽黑褐色，外侧两对尾羽具大型楔状白斑；翅黑褐色，翅上大覆羽、中覆羽和内侧飞羽具宽的白色羽缘；下体鲜黄色。雌鸟额和头侧辉黄色，头顶黄色，羽端杂有少许灰褐色；其余上体黑灰色或灰色、具黄色眉纹；整个下体艳黄色。虹膜暗褐色或黑褐色，嘴黑色，跗跖及趾乌黑色。

分布：东大山。我国的东南沿海地区、香港、海南岛、甘肃、内蒙古、新疆、西藏、青海、陕西、山西、河北、宁夏、东北、四川、安徽、云南、江苏、广东、福建等地均有分布。主要栖息于湖畔、河边、农田、草地、沼泽等各类生境中。

（3）灰鹡鸰（*Motacilla cinerea*）

形态特征：雄鸟前额、头顶、枕和后颈灰色或深灰色；肩、背、腰灰色沾暗绿褐色或暗灰褐色；尾上覆羽鲜黄色，部分沾有褐色，中央尾羽黑色或黑褐色、具黄绿色羽缘，外侧3对尾羽除第一对全为白色外，第二、第三对外翈黑色或大部分黑色，内翈白色；两翅飞羽和覆羽黑褐色，初级飞羽除第一、第二、第三对外，其余初级飞羽内翈具白色羽缘，次级飞羽基部白色，形成一道明显的白色翼斑，三级飞羽外翈具宽阔的白色或黄白色羽缘；眉纹和颧纹白色，眼先、耳羽灰黑色；颏、喉夏季为黑色，冬季为白色，其余下体鲜黄色。雌鸟和雄鸟相似，但雌鸟上体较绿灰，颏、喉白色、不为黑色。虹膜褐色，嘴黑褐色或黑色，跗跖及趾暗绿色或角褐色，爪褐色。

分布：东大山。我国各地均有分布。主要栖息于溪流、河谷、湖泊、水塘、沼泽等水域岸边或水域附近的草地、农田、住宅和林区居民点，尤其喜欢在山区河流岸边和道路上活动，也出现在林中溪流和城市公园中。海拔从200m的平原草地到2000m以上的高山荒原湿地均有栖息。在中国长江以北主要为夏候鸟，部分旅鸟；在长江以南主要为冬候鸟，部分旅鸟。

（4）白鹡鸰（*Motacilla alba*）

形态特征：额头顶前部和脸白色，头顶后部、枕和后颈黑色。背、肩黑色或灰色，飞羽黑色。翅上小覆羽灰色或黑色，中覆羽、大覆羽白色或尖端白色，在翅上形成明显的白色翅斑。尾长而窄，尾羽黑色，最外两对尾羽主要为白色。颏、喉白色或黑色，胸黑色，其余下体白色。虹膜黑褐色，嘴黑色，跗跖及趾黑色，爪黑褐色（彩图4-19）。

分布：东大山。我国中北部广大地区为夏候鸟，华南地区为留鸟，在海南越冬。主要栖息于河流、湖泊、水库、水塘等水域岸边，也栖息于农田、湿草原、沼泽等湿地，有时还栖于水域附近的居民点和公园。

（5）田鹨（*Anthus richardi*）

形态特征：上体主要为黄褐色或棕黄色，头顶、两肩和背具暗褐色纵纹，后颈和腰纵纹不显著或无纵纹。尾上覆羽较棕、无纵纹，尾羽暗褐色具沙黄色或黄褐色羽缘，

中央一对尾羽羽缘较宽；最外侧一对尾羽大都白色或几全为白色，仅内翈近羽基处羽缘灰褐色；次一对外侧尾羽外翈白色，内翈羽端具较窄的楔状白斑，羽轴暗褐色。翼上覆羽黑褐色，小覆羽具淡黄棕色羽缘，中覆羽和大覆羽具较宽的棕黄色羽缘。初级飞羽和次级飞羽暗褐色具窄的棕白色羽缘，三级飞羽黑褐色具宽的淡棕色羽缘。眉纹黄白色或沙黄色。颏、喉白色沾棕，喉两侧有一暗色纵纹。胸和两胁皮黄色或棕黄色，胸具暗褐色纵纹，下胸和腹皮黄白色或白色沾棕。虹膜褐色，嘴角褐色，上嘴基部和下嘴较淡黄。脚角褐色，甚长，后爪也甚长。后爪长于后趾。尾巴很长，有白色的尾羽，经常上下摇摆。

分布：东大山。遍及我国各地，仅西藏目前还未发现有分布。在我国主要为夏候鸟，部分在南方为冬候鸟或留鸟。通常在4月中下旬迁来北方繁殖地，10月中下旬开始南迁。主要栖息于开阔平原、草地、河滩、林缘灌丛、林间空地及农田和沼泽地带。

（6）草地鹨（*Anthus pratensis*）

形态特征：体长约15cm。嘴细，头顶具黑色细纹，背具粗纹但腰无纵纹。下体皮黄，前端具褐色纵纹。尾褐，外侧羽近端处有白色宽边，外侧第二枚羽羽端白色。较林鹨胸部纵纹稀疏但两胁纵纹浓密，较粉红胸鹨少白色眉纹及粗重翼斑。虹膜褐色；嘴角质色；脚偏粉色；会发出轻而尖的"sip-sip-sip"声；具特征性爬行动作；结松散群活动。

分布：东大山。我国新疆等地有分布。喜欢在针叶、阔叶、杂木等种类树林或附近的草地栖息，也好集群活动。性机警，稍有动静立即飞往树上，并发出高声鸣叫。繁殖于古北界的西部，越冬至北非、中东、土耳其。罕见冬候鸟至天山西部、新疆西北部草地及多石的半荒漠。

（7）水鹨（*Anthus spinoletta*）

形态特征：中等体型（15cm）的偏灰色而具纵纹的鹨。眉纹显著，呈粉红色。繁殖期下体粉红而几无纵纹；非繁殖期粉皮黄色的粗眉线明显，背灰而具黑色粗纵纹，胸及两胁具浓密的黑色斑点或纵纹。柠檬黄色的小翼羽为本种特征。虹膜褐色，嘴灰色，脚偏粉色。

分布：东大山。我国繁殖于从新疆西部的青藏高原边缘东至山西及河北，南至四川及湖北，南迁越冬至西藏东南部、云南，有迷鸟至海南岛。甚常见于海拔2700~4400m的高山草甸及多草的高原。在新疆西北部、青海、甘肃等地为夏候鸟，越冬于长江流域各地。栖息于900~1300m的山地森林、草地、农田等处，单个或成对活动，繁殖于4~7月，筑巢于草丛中，每窝产卵4或5枚。

4.4.16.4 伯劳科（Laniidae）

（1）红尾伯劳（*Lanius cristatus*）

形态特征：额和头顶前部淡灰色（指名亚种额和头顶红棕色），头顶至后颈灰褐色。上背、肩暗灰褐色（指名亚种棕褐色），下背、腰棕褐色。尾上覆羽棕红色，尾羽棕褐色具有隐约可见不甚明显的暗褐色横斑。两翅黑褐色，内侧覆羽暗灰褐色，外侧覆羽黑褐色，中覆羽、大覆羽和内侧飞羽外翈具棕白色羽缘和先端。翅缘白色，眼先、眼周至耳区黑色，联结成一粗著的黑色贯眼纹从嘴基经眼直到耳后。眼上方至耳羽上方有一窄的白色眉纹。颏、喉和颊白色，其余下体棕白色，两胁较多棕色，腋羽也为棕白色。雌鸟和雄鸟相似，但羽色较苍淡，贯眼纹黑褐色。幼鸟上体棕褐色，各羽均缀黑褐色横斑和棕色羽缘，下体棕白色，胸和两胁满杂以细的黑褐色波状横斑。虹膜暗褐色，嘴黑色，脚铅灰色（彩图4-20）。

分布：东大山。我国甘肃、宁夏、青海、陕西、黑龙江、吉林、辽宁、内蒙古、河北、河南、山东、四川、江苏、浙江、安徽、湖北、湖南、江西、福建、广东、广西、云南、贵州、海南和台湾等地均有分布。主要栖息于低山丘陵和山脚平原地带的灌丛、疏林和林缘地带，尤其在有稀矮树木和灌丛生长的开阔旷野、河谷、湖畔、路旁和田边地头灌丛中较常见，也栖息于草甸灌丛、山地阔叶林和针阔叶混交林林缘灌丛及其附近的小块次生杨桦林内。红尾伯劳为广布于中国的温湿地带森林鸟类，为平原、丘陵至低山区的常见种，尤以在低山丘陵地的村落附近数量更多。

（2）灰背伯劳（*Lanius tephronotus*）

形态特征：雄性成鸟额基、眼先、眼周至耳羽黑色；头顶至下背暗灰；腰羽灰色染以锈棕，至尾上覆羽转为锈棕色；中央尾羽近黑，有淡棕端；外侧尾羽暗褐，内翈羽色较淡，各羽具窄的淡棕端斑；肩羽与背同色；翅覆羽及飞羽深黑褐色，初级飞羽不具翅斑，内侧飞羽及大覆羽具淡棕色外缘及端缘。额、喉白色，颈侧略染锈色；胸以下白色但染以较重的锈棕色；股羽、胁羽及尾下覆羽锈棕。雌性成鸟羽色似雄鸟，但额基黑羽较窄，眼上略有白纹，头顶灰羽染浅棕，尾上覆羽可见细疏黑褐色鳞纹，肩羽染棕，下体污白，胸、胁染锈棕色。幼鸟不具黑前额；额、头顶至背羽为灰色染褐；腰、尾上覆羽满布黑褐色鳞纹；尾羽褐色，具灰棕色端斑；眼上有细白眉；眼先、过眼至耳羽黑色染褐；翅羽及飞羽褐色，内侧飞羽外翈及端部为淡灰棕色；颏、喉及颊污白色并均具有隐鳞斑；胸以下淡棕色，胸、腹侧、胁、股羽均满布密的黑褐色鳞纹；腹中央近白色。虹膜暗褐色，嘴黑色（幼龄者下嘴基角色），脚黑色。

分布：东大山。我国甘肃、宁夏、青海、陕西、四川、贵州、西藏（夏候鸟、旅鸟）、云南（留鸟）等地均有分布。栖息于自平原至海拔4000m的山地疏林地区，在农田及农舍附近较多。

4.4.16.5 椋鸟科（Sturnidae）

灰椋鸟（Sturnus cineraceus）

形态特征：灰椋鸟是一种适应能力非常强的鸟，属燕雀目。因为它除喙与足呈橙红色外，全身都是灰褐色，所以叫它灰椋鸟。体长23～25cm，通体主要为灰褐色，头部上黑而两侧白，尾部也是白色，嘴和脚为橙色。雄灰椋鸟头顶、头侧、后颈和颈侧黑色微具光泽，额头和头顶前部杂有白色，眼周灰白色杂有黑色，颊和耳羽白色也杂有黑色。背、肩、腰和翅上覆羽灰褐色，小翼羽和大覆羽黑褐色，飞羽黑褐色，初级飞羽外翈具狭窄的灰白色羽缘，次级和三级飞羽外翈白色羽缘变宽。尾上覆羽白色，中央尾羽灰褐色，外侧尾羽黑褐色，内翈先端白色。颏白色，喉、前颈和上胸灰黑色具不甚明显的灰白色矛状条纹。下胸、两胁和腹为淡灰褐色，腹中部和尾下覆羽白色。翼下覆羽白色，腋羽灰黑色杂有白色羽端。雌鸟和雄鸟大致相似，但仅前额杂有白色，头顶至后颈黑褐色，颏、喉淡棕灰色，上胸黑褐色具棕褐色羽干纹。虹膜褐色，嘴橙红色，尖端黑色，跗跖和趾橙黄色，爪黑褐色。

分布：东大山。我国黑龙江、吉林等省的东北部和东南部有分布，越冬或迁徙经过河南、河北等地。栖于海拔800m以下的低山丘陵和开阔平原地带。性喜成群，常在草甸、河谷、农田等潮湿地上觅食，多休憩于电线和树枝上。

4.4.16.6 鸦科（Corvidae）

（1）喜鹊（*Pica pica*）

形态特征：喜鹊体形很大，其体长通常可达45～50cm，典型的黑白色鸟类。其头部、颈部、胸部、背部、腰部均为黑色，并自前往后分别呈现紫色、绿蓝色、绿色等光泽；肩羽为洁白色；腹面以胸为界，前黑后白；飞羽和尾羽为近黑色的墨绿色，带辉绿色的金属光泽。飞行时可见双翅端部洁白，另外在飞行中可见本物种背部的白色羽区形成一个"V"形；尾远较翅长，呈楔形。雌雄羽色相似。幼鸟羽色似成鸟，但黑羽部分染有褐色，金属光泽也不显著。虹膜褐色，嘴黑色，脚黑色（彩图4-21）。

分布：东大山。我国除草原和荒漠地区外各地均有分布，有4个亚种，均为当地的留鸟。全世界除南极洲、非洲、南美洲与大洋洲外，几乎遍布世界各大陆。喜鹊是适应能力比较强的鸟类，在山区、平原都有栖息，无论是荒野、农田、郊区、城市都能看到它们的身影。一个普遍规律是人类活动越多的地方，喜鹊种群的数量往往也就越多，而在人迹罕至的密林中则难见该物种的身影。喜鹊常结成大群成对活动，白天在旷野农田觅食，夜间在高大乔木的顶端栖息。喜鹊是很有人缘的鸟类之一，喜欢把巢筑在民宅旁的大树上，在居民点附近活动。

（2）地山雀（*Pseudopodoces humilis*）

形态特征：地山雀是体型甚小（19cm）的沙灰色拟地鸦。额与头顶棕褐色；上颈有一白色领环；背羽灰褐色；腹羽较背羽浅淡；尾上覆羽黑色，其外翈和羽端棕黄色；其余外侧尾羽均白色；翅暗褐色，初级飞羽外翈边缘显白，次级飞羽外翈边缘淡棕色；下体近白，眼先斑纹暗色。幼鸟多皮黄色并具皮黄色颈环。虹膜深褐，嘴黑色，脚黑色。

分布：东大山。我国主要分布在青藏高原，生活在2800～5500m的温性草原、高寒草甸和高寒荒漠环境中，高寒草甸是它们集中分布和栖息的地方。喜伴随放牧的畜群和牧民聚居点活动。常栖于林线以上有稀疏矮丛的多草平原及山麓地带，为地栖性鸟类，喜牦牛牧场，常在寺院或住宅附近挖洞营巢。地山雀两翼及尾抽动有力，但飞行显弱且低，两翼不停地扑打。

（3）红嘴山鸦（*Pyrrhocorax pyrrhocorax*）

形态特征：体长约36cm，通体黑色，与一般乌鸦相同，但嘴形细长而曲，并呈朱红色。头顶、头侧、后颈背具蓝色金属光泽两翅和尾具绿色金属光泽。雌雄羽色相同。幼鸟两翅和尾闪烁着金属光泽，与成鸟一样，全身余部均纯黑褐色，而无辉亮；嘴端和嘴缘尤淡，近角色；脚乌褐色，缺成鸟朱红色。虹膜偏红，嘴红色，跗跖及趾红色，爪黑色。

分布：东大山。我国甘肃、宁夏、青海、内蒙古东北部呼伦贝尔、吉林、辽宁、河北、山东、山西、陕西、四川、云南、西藏、新疆等地区均有分布。栖息在山地，平时结成群集，飞翔于山谷间，有时散见于近山平原的田地或园圃间觅食。

（4）大嘴乌鸦（*Corvus macrorhynchos*）

形态特征：成年的大嘴乌鸦体长可达50cm左右，雌雄相似。全身羽毛黑色，除头顶、枕、后颈和颈侧光泽较弱外，其他包括背、肩、腰、翼上覆羽和内侧飞羽在内的上体均具紫蓝色金属光泽。初级覆羽、初级飞羽和尾羽具暗蓝绿色光泽。下体乌黑色或黑褐色。喉部羽毛呈披针形，具有强烈的绿蓝色或暗蓝色金属光泽。其余下体黑色具紫蓝色或蓝绿色光泽，但明显较上体弱。喙粗且厚，上喙前缘与前额几成直角。额头特别突出，在栖息状态下，这一点是辨识本物种的重要依据。大嘴乌鸦与小嘴乌鸦的区别在喙粗厚且尾圆，头顶更显拱圆形。虹膜褐色或暗褐色，嘴、脚黑色。离趾型足，趾三前一后，后趾与中趾等长；腿细弱，跗跖后缘鳞片常愈合为整块鳞板；雀腭型头骨。鼻孔距前额约为嘴长的1/3，鼻须硬直，达到嘴的中部。

分布：东大山。我国甘肃和青海东部、新疆伊犁、黑龙江、吉林、辽宁、北京、河北、河南、山东、山西，往南至长江流域、东南沿海和长江以南的整个南部省区、西至四川、贵州、云南和西藏南部，南至广东、香港、广西、福建、海南岛和台湾均有分布。主要栖息于低山、平原和山地阔叶林、针阔叶混交林、次生杂木林、人工林等各种森林类型中，尤以疏林和林缘地带较常见。

4.4.16.7 岩鹨科（Prunellidea）

（1）褐岩鹨（*Prunella fulvescens*）

形态特征：褐岩鹨前额、头顶、枕褐色或暗褐色，头两侧黑色，有一长而宽阔的白色或皮黄白色眉纹。背、肩灰褐或棕褐色，具暗褐色纵纹；腰和尾上覆羽淡褐色无纵纹。尾褐色具淡色羽缘。翅褐色，羽缘色也淡，中覆羽和大覆羽具淡色尖端。眼先、颊、耳羽黑色。颏、喉白色或皮黄白色，其余下体赭皮黄色或淡棕黄色，腹中部较淡；胸及两胁浅粉色。虹膜黄色到暗褐色，嘴黑色或暗角褐色，嘴基较淡，脚肉色或黄褐色。

分布：东大山。我国甘肃、宁夏、新疆、西藏、青海、四川及内蒙古等地均有分布。主要栖息于海拔2500～4500m的高原草地、荒野、农田、牧场，有时甚至进到居民点附近，有时也出现于荒漠、半荒漠和高山裸岩草地，尤其喜欢在有零星灌木生长的多岩石高原草地活动，是常见的高原鸟类。

（2）棕胸岩鹨（*Prunella strophiata*）

形态特征：雌雄羽色相似。整个上体棕褐或淡棕褐色，各羽具宽阔的黑色或黑褐色纵纹，腰和尾上覆羽羽色稍较浅淡，黑色纵纹也不显著。尾褐色，羽缘较浅淡。两翅褐色或暗褐色，羽缘棕红色，中覆羽、大覆羽和三级飞羽具棕红色羽端。眼先、颊、耳羽黑褐色，眉纹前段白色、较窄，后段棕红色、较宽阔。颈侧灰色黑褐色纵纹。颏、喉白色杂以黑褐色圆形点斑。胸棕红色，形成宽阔的胸带，下胸以下白色、被黑色纵纹，两胁和尾小覆羽沾棕具黑褐色纵纹。虹膜暗褐色或褐色，嘴黑褐色，基部角黄色，脚肉色或红褐色，爪黑色。

分布：东大山。我国甘肃、西藏、青海、陕西、四川、云南等地均有分布。繁殖期间主要栖息于海拔1800～4500m的高山灌丛、沟谷、牧场、草地、高原和林线附近，秋冬季多下到海拔1500～3000m的中低山地区。

4.4.16.8　鹟科（Muscicapidae）

（1）贺兰山红尾鸲（*Phoenicurus alaschanicus*）

形态特征：中等体型（16cm）的红尾鸲。雄鸟：头顶、颈背、头侧至上背蓝灰；下背及尾橙褐，仅中央尾羽褐色；颏、喉及胸橙褐色，腹部橘黄色较浅近白；翼褐色具白色块斑；甚似红背红尾鸲，但头顶、头侧及颈背蓝灰。雌鸟：褐色较重，上体色暗，下体灰色而非棕色；两翼褐色并具皮黄色斑块。虹膜褐色，嘴黑色，脚近黑色。

分布：东大山。我国中北部及西部有分布。山地针叶林的罕见繁殖鸟，繁殖于青海、宁夏（贺兰山）及甘肃东部，越冬于陕西南部、河北山西的边境，偶至北京。喜山区稠密灌丛及多松散岩石的山坡。

（2）白喉红尾鸲（*Phoenicurus schisticeps*）

形态特征：雄鸟夏羽前额、头顶至枕钴蓝色，额基、头侧、背、肩黑色，肩羽具宽的栗棕色端斑，腰和尾上覆羽栗棕色。尾黑色，基部栗棕色。两翅黑褐色，内侧覆羽白色，内侧次级飞羽外翈具宽阔的白色羽缘，两者构成翅上大型白色翅斑。颏、喉黑色，下喉中央有一白斑，在四周黑色衬托下极为醒目，其余下体栗棕色，腹部中央灰白色。冬羽和夏羽基本相似，但头部钴蓝色较暗，头和背部黑色部分均具棕色羽缘，胸也具暗黄色或灰色狭缘，其余同夏羽鸟。雌鸟头顶、背、肩等上体橄榄褐色沾棕；腰和尾上覆羽栗棕色；尾暗褐色，基部栗棕色，端部外翈具淡棕色羽缘；两翅暗褐色，翅上白斑较雄鸟小；下体褐灰色；喉具白斑；胸、腹和两胁为栗棕色。虹膜褐色或暗褐色，嘴、脚黑色。

分布：东大山。我国甘肃、青海、西藏、陕西、四川、云南等地均有分布。繁殖期间主要栖息于海拔2000～4000m的高山针叶林及林线以上的疏林灌丛和沟谷灌丛中，冬季常下到中低山和山脚地带活动，是一种高山森林和高原灌丛鸟类。

（3）沙鵖（*Oenanthe isabellina*）

形态特征：体大（16cm）而嘴偏长的沙褐色鵖，色平淡而略偏粉且无黑色脸罩，翼较多数其他鵖种色浅，尾比秋季的穗鵖为黑。雄雌同色，但雄鸟眼先较黑，眉纹及眼圈苍白。与雌漠鵖的区别在身体较扁圆而显头大、腿长，翼覆羽较少黑色，腰及尾基部更白。幼鸟上体具浅色点斑，胸羽羽缘暗黑。虹膜深褐，嘴黑色，脚黑色。

分布：东大山。我国甘肃、新疆、青海、陕西北部及内蒙古的无树平原及荒漠地区有分布。一般栖息于干旱荒漠，如砾石荒漠、灌丛荒漠、固定沙丘地带、干旱区的农耕地环境或栖息在海拔3500m左右的草原。

（4）漠鵖（*Oenanthe deserti*）

形态特征：体型略小（14～15.5cm）的沙黄色鵖。雄鸟上体额至腰土棕白色，前额稍淡；尾上覆羽白色；两翅黑褐，最内侧覆羽及次级飞羽羽端白色，飞羽内翈基部边缘的白斑不及内翈的一半；尾羽黑色，基部白色；眼先、耳羽、颈侧及颏、喉黑色，下体余部白色，胸部沾棕；腋羽黑色具白色羽端。雌鸟上体额至腰葡萄棕色沾褐；两翅黑褐，内侧覆羽及最内侧飞羽具宽的浅棕色羽缘；其余覆羽及飞羽具淡棕白色外缘及羽端；尾上覆羽浅葡萄棕色；尾羽似雄鸟；眼先、耳羽棕黄微沾褐；颏及喉白色。虹膜褐色，嘴黑色，脚黑色。

分布：东大山。我国甘肃、新疆、西藏、宁夏、陕西等地均有分布。地理分布于阿拉伯、中东至蒙古国、喜马拉雅山脉西部及中国西部、北部、中部与青藏高原，越冬至阿拉伯和非洲东北部及印度西北部。

（5）白顶䳭（*Oenanthe hispanica*）

形态特征：雄鸟上体全黑，仅腰、头顶及颈背白色；外侧尾羽基部灰白；两翅黑褐色；腰、尾上覆羽白色；中央尾羽黑色，基部白色；下体全白，眼先、耳羽、颈侧、颏及喉黑色。雌鸟上体偏褐沾棕；颈侧、颏、喉、胸褐色沾棕，胸部棕色较显著；眉纹皮黄，外侧尾羽基部白色；白色羽尖成鳞状纹；两胁皮黄，臀白。虹膜褐色，嘴黑色，脚黑色。

分布：东大山。我国甘肃、内蒙古、新疆、青海、宁夏、陕西、山西、河南、河北及辽宁等荒瘠生态环境均有分布。栖于多石块而有矮树的荒地、农庄城镇。栖势直，尾上下摇动。

（6）白背矶鸫（*Monticola saxatilis*）

形态特征：体型略小（19cm）的矶鸫。具两种色型：①夏季雄鸟背白，翼偏褐，尾栗，中央尾羽蓝。②冬季雄鸟体羽黑色，羽缘白色成扇贝形斑纹；雌鸟色浅，上体具浅色点斑，且尾赤褐似雄鸟。亚成鸟似雌鸟，但色较浅，杂斑较多。虹膜深褐，嘴深褐，脚褐色。

分布：东大山。我国新疆西北部、青海、宁夏、内蒙古及河北等地均有分布，偶尔还见于更往南的地区。

（7）棕背鸫（*Turdus kessleri*）

形态特征：体大（28cm）的黑色及赤褐色鸫。头、颈、喉、胸、翼及尾黑色，体羽其余部位栗色，仅上背皮黄白色延伸至胸带。雌鸟较雄鸟色浅，喉近白而具细纹。虹膜褐色，嘴黄色，脚褐色。

分布：东大山。我国西南地区和东南沿海地区均有分布，是稀少罕见的留鸟。

（8）赤颈鸫（*Turdus ruficollis*）

形态特征：中等体型的鸫，全长约25cm。雄鸟上体灰褐色；额、头顶色深具隐约的黑褐色轴纹；大覆羽和飞羽外缘银灰沾棕；中央尾羽褐色，基部羽缘沾栗；外侧尾羽栗色；眉纹、颈侧、喉及胸红褐色（北方亚种无眉纹且喉与胸为黑色）；眼先灰褐；腹至臀白色。雌鸟似雄鸟，但栗红色部分较浅且喉部具黑色纵纹；上体灰褐，下胸灰，具褐色羽端斑，腹部及臀纯白，翼衬赤褐。有两个特别的亚种：亚种 *ruficollis* 的脸、喉及上胸棕色，冬季多白斑，尾羽色浅，羽缘棕色；亚种 *atrogularis* 的脸、喉及上胸黑色，冬季多白色纵纹，尾羽无棕色羽缘。雌鸟及幼鸟具浅色眉纹，下体多纵纹。虹膜褐色，嘴黄色，尖端黑色，脚近褐色。

分布：东大山。我国新疆西部、东北、华北、西南地区均有分布。

（9）斑鸫（*Turdus naumanni*）

形态特征：雄鸟额、头顶、枕、后颈黑褐色，具不甚显著的灰白色或灰色羽缘。上背和两肩也为黑褐色具不明显的棕栗色羽缘，有的标本从头至下背黑褐色具橄榄褐色羽缘，腰和尾上覆羽棕色更著；尾羽黑褐色，除最外侧1或2对尾羽外，其余尾羽基部羽缘均缀有棕栗色。两翅黑褐色，外翈缘以棕白色，翅上大覆羽和中覆羽多呈栗

棕色具白色端斑；飞羽黑褐色，除第一枚初级飞羽外翈无棕色渲染、内翈基部缀有淡棕色外，其余飞羽内外翈均缀有棕栗色，且越往内棕栗色所占面积越大，在两翼形成明显的棕栗色翼斑。眼先和耳羽黑褐色，眉纹白色或棕白色，颊棕白色具黑色斑点。颏、喉棕白或淡皮黄白色，喉的两侧缀有黑褐色斑点，有的标本里褐色斑点一直扩展到整个喉部；胸和两胁黑褐色或黑色，具棕白色或白色羽缘；腹白色，尾下覆羽棕褐色具白色羽端。雌鸟和雄鸟相似，但上体较少棕色，腋羽和翅下覆羽棕栗色。

分布：东大山。我国甘肃、内蒙古、青海、新疆、陕西、黑龙江、吉林、辽宁、河北、北京、山东、山西、江苏、江西、湖北、湖南、四川、贵州、云南、广东、福建、海南岛、台湾和西沙群岛等地均有分布。长江流域和长江以南地区为冬候鸟，长江以北为旅鸟。繁殖期间主要栖息于西伯利亚泰加林、桦树林、白杨林、杉木林等各种类型森林和林缘灌丛地带，非繁殖季节主要栖息于杨桦林、杂木林、松林和林缘灌丛地带，也出现于农田、地边、果园和村镇附近疏林灌丛草地和路边树上，特别是林缘疏林灌丛和农田地区在迁徙期间较常见。

（10）山噪鹛（*Garrulax davidi*）

形态特征：中型鸣禽。全身黑褐色，上体羽灰砂褐色或暗灰褐色，头顶各羽缀以浓褐色轴纹和羽缘，腰以下灰色较显著；飞羽暗灰褐色，外侧飞羽外缘显得更灰；中央尾羽与背同，端部转黑褐色，外侧尾羽大都黑褐色，但基部稍沾灰褐色；尾羽黑褐部分有若干隐形浓黑色横斑；眼先灰白色，羽端缀黑；眉纹和耳羽淡沙褐色而辉亮；颏黑褐色；下体余部与背相似，但较淡，向后更沾灰色；嘴稍向下曲；鼻孔完全被须羽掩盖；嘴在鼻孔处的厚度与其宽度几乎相等。鸣叫声多变化，富于音韵而动听。鸣叫时常振翅展尾，在树枝上跳上跳下，非常活跃。虹膜灰褐色，嘴黄色，跗跖和趾暗灰褐色，爪褐色。

分布：东大山。我国西北地区东南部、东北的西南部和华北部分地区均有分布。栖息于山地斜坡上的灌丛中。

（11）橙翅噪鹛（*Trochalopteron elliotii*）

形态特征：橙翅噪鹛雌雄羽色相似。额、头顶至后颈深葡萄灰色或沙褐色，额部较浅、近沙黄色，其余上体包括两翅覆羽橄榄褐色或灰橄榄褐色，有的近似黄褐色。飞羽暗褐色，外侧飞羽外翈淡蓝灰色或银灰色，基部橙黄色，从外向内逐渐扩大，形成翅斑，内侧飞羽外翈与背相似，内翈暗褐色。中央尾羽灰褐色或金黄绿色；外侧尾羽内翈暗灰色，外翈绿色而缘以橙黄色；所有尾羽均具白色端斑，且越往外侧尾羽白色端斑越大。眼先黑色，颊、耳羽橄榄褐色或灰褐色，也有的耳羽呈暗栗色或黑褐色，羽端微具白色狭缘。颏、喉、胸淡棕褐色或浅灰褐色，上腹和两胁橄榄褐色，下腹和尾下覆羽栗红或砖红色。虹膜黄色，嘴黑色，脚棕褐色。

分布：东大山。我国中部至西藏东南部、秦岭及岷山往南至四川西部及云南西北部均有分布。主要栖息于海拔1500～3400m的山地和高原森林与灌丛中，在西藏地区甚至分布到海拔4200m的山地灌丛间，也栖息于林缘疏林灌丛、竹灌丛及农田和溪边等开阔地区的柳灌丛、忍冬灌丛、杜鹃灌丛和方枝柏灌丛中。

（12）黄腹柳莺（*Phylloscopus affinis*）

形态特征：雌雄两性羽色相似。上体暗橄榄褐色；翅和尾羽褐色，羽缘染以橄榄黄；眉纹宽阔，自鼻孔延伸到颈后，呈黄色；贯眼纹暗褐色。脸颊和下体深鲜黄色；颈侧、两胁、腹染以橄榄色；腋羽和翅下覆羽浅橄榄黄色。无中央冠纹和侧冠纹，也无翅上翼斑。上眉纹长，呈黄色；下体几呈鲜黄色。虹膜褐色，上嘴暗角褐色，下嘴浅黄角色，跗跖和趾淡黄褐色或浅绿褐色至黑色，爪褐色。

分布：东大山。我国甘肃、西藏、青海、新疆、陕西、内蒙古、四川、贵州、云南等地均有分布。栖息环境多样，从海拔超过2000m的林区、农耕地区到海拔4500m以上的高原灌丛地区均有分布。

（13）黄眉柳莺（*Phylloscopus inornatus*）

形态特征：体形纤小（体长100mm左右），雌雄两性羽色相似。上体橄榄绿色；眉纹淡黄绿色；翅具两道浅黄绿色翼斑；下体为沾绿黄的白色。上体包括两翅的内侧覆羽均呈橄榄绿色，头部色泽较深，在头顶的中央贯以一条若隐若现的黄绿色纵纹，眉纹淡黄绿色，自眼先有一条暗褐色的纵纹，穿过眼睛，直达枕部；头的余部为黄色与绿褐色相混杂；翅上覆羽与飞羽黑褐色；飞羽外翈狭缘以黄绿色，且除最外侧几枚飞羽外，余者羽端均缀以白色；大覆羽和中覆羽尖端淡黄白色，形成翅上的两道翼斑；尾羽黑褐色，各翅外缘为橄榄绿色，内缘为白色。下体白色，胸、胁、尾下覆羽均稍沾绿黄色，腋羽亦然。虹膜暗褐色，嘴角黑色，下嘴基部淡黄色，跗跖及趾淡棕褐色，爪褐色。

分布：东大山。我国甘肃（南部康县、东部天水）、宁夏（北部贺兰山）、青海（西北部祁连山、南部玉树、东部贵南）、西藏（南部林芝、昌都地区北部和南部）、新疆（北部准噶尔盆地、西部喀什及天山、中部吐鲁番、东部哈密）、内蒙古（东北部呼伦贝尔、北部乌兰察布、西部阿拉善盟）、黑龙江（北部大兴安岭及小兴安岭、南部牡丹江、西部齐齐哈尔）、吉林（长白山、通化、四平）、四川（中部南充、西部埋塘、北部松潘）、云南（西部和西北部丽江山脉、金沙江与澜沧江间山脉）等地为繁殖鸟或旅鸟，迁徙和越冬于北起陕西，南至福建、海南及台湾，西起西藏，东至山东我国广大地区。栖息于海拔几米至4000m的高原、山地和平原地带的森林中，包括针叶林、针阔混交林、柳树丛和林缘灌丛，以及园林、果园、田野、村落、庭院等处。

（14）黄腰柳莺（*Phylloscopus proregulus*）

形态特征：雌雄两性羽色相似。上体包括两翼的内侧覆羽概呈橄榄绿色，在头较浓，向后渐淡；前额稍呈黄绿色；头顶中央冠纹呈淡绿黄色；眉纹显著，呈黄绿色，自嘴基直伸到头的后部；自眼先有一条暗褐色贯眼纹，沿着眉纹下面，向后延伸至枕部；颊和耳上覆羽为暗绿与绿黄色相杂；腰羽黄色，形成宽阔横带，故称黄腰柳莺。尾羽黑褐色，各羽外翈羽缘黄绿色，内翈具狭窄的灰白羽缘；翼的外侧覆羽及飞羽均呈黑褐色，各羽外翈均缘以黄绿色；中覆羽和大覆羽的先端淡黄绿色，形成翅上明显的两道翼斑；最内侧三级飞羽也具白端。下体苍白色，稍沾黄绿色，尤以两胁、腋羽和翅下覆羽犹然。虹膜黑褐色，嘴近黑色，下嘴基部淡黄色，脚淡褐色。

分布：东大山。我国甘肃、青海、宁夏（中卫、泾源、贺兰山）、西藏（波密、昌都地区北部和西南部）、新疆、陕西（北部神木、中部秦岭山区）、云南（西部腾冲、北部丽江、南部绿春）、内蒙古、黑龙江（东部佳木斯、南部牡丹江地区、西部齐齐哈尔及大庆）、吉林（东部长白山及延边、西部四平）等地有分布，迁徙期间或越冬于辽

宁、贵州、四川、河北、北京、浙江、福建、广西、广东、海南和香港等地。主要栖息于海拔2900m以下的针叶林、针阔叶混交林和稀疏的阔叶林。迁徙期间常呈小群活动于林缘次生林、柳丛、道旁疏林灌丛中。繁殖期间单独或成对活动在树冠层中。

（15）戴菊（*Regulus regulus*）

形态特征：雄鸟上体橄榄绿色，前额基部灰白色，额灰黑色或灰橄榄绿色；头顶中央有一前窄后宽略似锥状的橙色斑，其先端和两侧为柠檬黄色，头顶两侧紧接此黄色斑外又各有一条黑色侧冠纹；眼周和眼后上方灰白或乳白色，其余头侧、后颈和颈侧灰橄榄绿色。背、肩、腰等其余上体橄榄绿色，腰和尾上覆羽黄绿色。尾黑褐色，外翈橄榄黄绿色；两翅覆羽和飞羽黑褐色，除第一、第二枚初级飞羽外，其余飞羽外翈羽缘黄绿色，内侧初级飞羽和次级飞羽近基部外缘黑色形成一椭圆形黑斑，最内侧4枚飞羽先端淡黄白色，中覆羽和大覆羽先端乳白色或淡黄白色，在翅上形成明显的淡黄白色翅斑。下体污白色，羽端沾有少许黄色，体侧沾橄榄灰色或褐色。雌鸟大致和雄鸟相似，但羽色较暗淡，头顶中央斑不为橙红色而为柠檬黄色。虹膜褐色，嘴黑色，脚淡褐色。

分布：东大山。我国甘肃、新疆、青海、陕西、四川、贵州、云南、西藏、黑龙江和吉林长白山等地均有分布，迁徙或越冬于辽宁、河北、河南、山东、甘肃、青海、江苏、浙江、福建等地，也偶见于台湾。主要栖息于海拔800m以上的针叶林和针阔叶混交林中，在西藏喜马拉雅山地区，有时可上到海拔4000m左右紧邻高山灌丛的亚高山针叶林，是典型的古北区泰加林鸟类。迁徙季节和冬季，多下到低山和山脚林缘灌丛地带活动。

（16）凤头雀莺（*Lophobasileus elegans*）

形态特征：小型鸣禽，体型纤细，是中国体型最小的鸟类之一。雄鸟前额白色或近白色，头顶和枕淡灰色或褐灰色；头顶有长而尖的白色羽毛形成的羽冠披于头上，有时白色羽冠渲染有紫灰色；眼先黑色，头侧、后颈、颈侧和翕栗色或紫色；肩和上背灰蓝色，下背、腰和尾上覆羽天蓝色；尾暗褐色，外翈羽缘暗蓝色；两翅暗褐色，初级飞羽外翈羽缘绿蓝色或天蓝色；颏、喉淡栗色，胸葡萄红色，腹紫蓝色，尾下覆羽淡栗色或皮黄色，也有的整个下体淡栗色或粉紫色，两胁和尾下覆羽紫色。雌鸟头顶褐灰色，较雄鸟暗，白色羽冠也较雄鸟短，眼先和延伸到枕部的眉纹黑色、赭褐色或暗橄榄绿色，下背和腰铜绿色或蓝色；下体污白色，两胁和尾下覆羽紫褐色或淡紫色，其余似雄鸟。虹膜红褐色或赭褐色，嘴黑色，脚黑褐色。

分布：东大山。我国甘肃、西藏东部及东南部、青海、四川北部及西部均有分布。主要栖息于海拔3000~4000m的高原山地针叶林中，尤其是杉树林，夏季栖于冷杉林及林线以上的灌丛，可至海拔4300m地区。

（17）花彩雀莺（*Leptopoecile sophiae*）

形态特征：体小（10cm）的毛茸茸偏紫色雀莺，顶冠棕色，眉纹白。雄鸟：头顶中央向后颈栗红色；前额及两侧乳黄色；背及两肩稍沾沙色的灰色；腰及尾上覆羽呈带有紫色的辉蓝色；眉纹淡黄色，自嘴或一起具一道黑褐色斑纹，通过眼睛直到耳羽上方；翼羽沙褐色，飞羽的外边缘灰蓝色；颏栗色，胸及颈侧，两胁呈带栗色的辉蓝色；腹部乳黄色，尾下覆羽栗色。雌鸟：似雄鸟，但所有雄鸟有鲜艳颜色的部位，在雌鸟都变淡或不具，如头呈淡赤褐色，头侧及下体羽毛概呈淡茶色；两胁稍沾染蓝色。虹膜玫瑰红色，嘴及跗跖黑色，爪黑褐色。

分布：东大山。我国甘肃、新疆、青海、西藏、四川等地均有分布。栖于矮小灌丛，夏季于林线以上至海拔4600m，冬季下至海拔2000m。除繁殖期外结群生活。飞行弱，常下至地面。

4.4.16.9　山雀科（Paridaes）

（1）黑冠山雀（*Parus rubidiventris*）

形态特征：黑冠山雀体是一种小（12cm）而具羽冠的山雀。特征为冠羽及胸兜黑色，脸颊白，上体灰色，无翼斑，下体灰色，臀棕色。与棕枕山雀的区别在黑色的胸兜较小，飞羽灰色。幼鸟色暗而羽冠较短。虹膜褐色，嘴黑色，脚蓝灰色。

分布：东大山。我国的陕西、甘肃、青海、新疆、四川、云南、西藏等地均有分布。巴基斯坦、原苏联、阿富汗、尼泊尔、孟加拉、锡金、不丹、印度、缅甸等地也有分布，该物种的模式产地在尼泊尔。一般生活于海拔2000m以上的高山林区、常活动于高山针叶林及竹林或杜鹃等灌丛间。

（2）褐头山雀（*Parus montanus*）

形态特征：头顶及颏褐黑，上体褐灰色，下体近白，两胁皮黄，无翼斑或项纹。与沼泽山雀易混淆，但其一般具浅色翼纹，黑色顶冠较大而少光泽，头显比例较大。额、头顶和后颈栗褐色，眼先、耳羽、颊和颈侧白色；背部、腰、尾上覆羽暗褐色；尾羽暗褐色，羽缘稍淡；翅暗褐色，初级羽外具褐白色狭缘，次级飞羽具较宽的同色羽缘，覆羽褐色，外侧羽片具较宽的赭褐色羽缘；颏和喉褐色，胸、腹和下尾羽淡棕褐色，腹部中央色较淡，腋羽乳黄沾棕。雌雄羽色相似。虹膜暗褐色，嘴黑褐色，跗跖及趾暗褐色，爪角褐色。

分布：东大山。我国甘肃、青海、西藏、新疆、河北、山西、内蒙古、黑龙江、吉林、辽宁、宁夏、四川、云南等地均有分布。

4.4.16.10　鸸科（Sittidae）

黑头鸸（*Sittavillosa*）

形态特征：雄鸟额基白色；眉纹也为白色或白沾棕黄色，长而显著，从额基沿眼上向后一直延伸到后枕侧面；头顶、枕至后颈亮黑色；眼先、眼后和耳羽污黑色，具白色眉纹和细细的黑色过眼纹；耳羽常杂有白色细纹；背、肩、腰至尾上覆羽等上体达蓝色；中央尾羽也为灰蓝色，但较上体浅淡；飞羽黑褐色，外羽缘灰蓝色；脸颊、头侧、颏、喉污白色或近白色，其余下体灰棕色或浅棕黄色；尾下覆羽暗棕灰色，端缘较浅淡。雌鸟顶冠黑褐色或暗灰褐色，眉毛污白色，上体余部较雄鸟稍淡，呈淡紫灰色，下体也较雄鸟淡，为灰黄或黄褐色。虹膜褐色或暗实褐色，嘴角铅黑色，下颚基部色较浅，脚铅褐色。

分布：东大山。我国甘肃、青海东部、宁夏、陕西、山西、东北中部和南部、河北等地均有分布。多生活于寒温带低山至亚高山的针叶林或混交林带。

4.4.16.11 旋木雀科（Certhiidae）

（1）红翅旋壁雀（*Tichodroma muraria*）

形态特征：体型略小（16cm）的优雅灰色鸟。尾短而嘴长，翼具醒目的绯红色斑纹。繁殖期雄鸟脸及喉黑色，雌鸟黑色较少。非繁殖期成鸟喉偏白，头顶及脸颊沾褐色。飞羽黑色，外侧尾羽羽端白色显著，初级飞羽两排白色点斑飞行时成带状。虹膜深褐，嘴黑色，脚棕黑。

分布：东大山。我国甘肃、新疆、西藏、内蒙古、青海、宁夏、四川、东北、河北、北京、河南、陕西、湖北、江西、安徽、江苏、云南、福建、广东等地均有分布。栖息在悬崖和陡坡壁上，或栖于亚热带常绿阔叶林和针阔混交林带中的山坡壁上。

（2）普通旋木雀（*Certhia familiaris*）

形态特征：眉纹白色；眼先、颊和耳羽棕白杂有褐色；额、头顶、背和肩暗棕褐色，具褐白色羽干纹及黑褐色；下背、腰和尾上覆羽沾棕色；尾羽暗灰褐色；飞羽黑褐色，除外侧4枚飞羽其余初级飞羽和次缘飞羽中部具淡棕黄色斑，外近端具浅棕白色斑，羽端近白色；小覆羽黑褐色，外具棕褐色宽缘，羽端棕白；中覆羽黑褐，羽端棕白；腹部和两胁沾灰；尾下覆羽棕色。雌雄同色。虹膜暗褐色，上嘴黑褐色，下嘴淡褐色，跗跖及趾褐色，爪角褐色。

分布：东大山。我国甘肃西部、四川、云南等地均有分布。栖息于高山针叶或针阔混交林及山区林缘。

4.4.16.12 文鸟科（Ploceidae）

树麻雀（*Passer montanus*）

形态特征：雄鸟从额至后颈栗褐色；上体砂棕褐色，具黑色条纹；翅上有两道显著的近白色横斑纹；额和喉黑色。雌鸟似雄鸟，但色彩较淡或暗，额和颊羽具暗色先端，嘴基带黄色。成鸟：从额至后颈褐色；上体砂褐色，背部具黑色纵纹，并缀以棕褐色；尾暗褐色，羽缘较浅淡；翅小覆羽栗色，中覆羽的基部呈灰黑色，具白色沾黄的羽端，大覆羽大都黑褐色，外翈具棕褐色边缘，外侧初级飞羽的缘纹除第一枚外，在羽基和近端处稍扩大，互相骈缀，略成两道横斑状，内侧次级飞羽的羽缘较阔，棕色也较浓着；眼的下缘、眼先、额和喉的中部均黑色；颊、耳羽和颈侧为白色，耳羽后各具一黑色块斑；胸和腹淡灰近白，沾有褐色，两胁转为淡黄褐色，尾下覆羽与之相同，但色更淡，各羽具宽的较深色的轴纹，腋羽色同胁部。幼鸟（7～10月）：羽色较成鸟苍淡；头顶中部砂褐色，两侧和颈肝褐色；背部黑纹比成鸟少；翅上的横斑不明显；眼先、额和喉暗灰或灰黑；颊与喉侧均灰白，耳羽后部的黑斑比成鸟浅淡；胸灰沾棕；腹污白；两胁和尾下覆羽渲染灰棕色。虹膜暗红褐色；嘴一般为黑色，但冬季有的呈角褐色，下嘴呈黄色，特别是基部；脚和趾等均污黄褐色。

分布：东大山。我国各地均有分布，是世界分布广、数量多和最为常见的一种小鸟，主要栖息在人类居住环境，无论山地、平原、丘陵、草原、沼泽和农田，还是城镇和乡村，在有人类集居的地方，多有分布。栖息地海拔300～2500m，在西藏地区甚至可达4500m。树麻雀栖息环境很杂，但一般总是多栖息在居民点或其附近的田野。

大多在固定的地方觅食和在固定的地方休息；白天活动的范围大都在 2～3km，晚上匿藏于屋檐洞穴中或附近的土洞、岩穴内及村旁的树林中。

4.4.16.13 雀科（Frinfillidea）

（1）金翅雀（*Carduelis sinica*）

形态特征：金翅雀是体形较小的雀形目鸟类，体长在 12cm 左右，雄雌同形近色。雄性眼先和眼周部位羽毛深褐色近黑色，头顶耳羽和后颈羽毛灰色，羽稍略现黄绿色；肩部、背部及内侧覆羽均为栗褐色；尾上覆羽灰色，尾羽基部呈鲜明的金黄色，端部黑色，羽干黑褐色；双翅的飞羽黑褐色，但基部有明显的亮黄色斑块，所谓"金翅"指的就是这一部分的羽毛颜色；翅上覆羽颜色与肩羽相同；颌部、喉部、胸部黄绿色；下腹部近白色；上腹部和尾下覆羽亮黄色；两胁沾棕色。雌性体色与雄性基本相同，但颜色略显黯淡。喙与足均为肉粉色，虹膜褐色（彩图 4-22）。

分布：东大山。我国东部地区、东北大部、华北大部、华中华南各地可见。适合金翅雀的生境非常多样，其垂直分布可达海拔 2400m 的高山区，但在低山和平原地区金翅雀也是常见鸟种，尤其在冬日的平原。在平原它们活动于高大乔木的树冠中，而在山地则穿梭于低矮的灌木丛中。

（2）拟大朱雀（*Carpodacus rubicilloides*）

形态特征：体型甚大（19cm）而壮实的朱雀。嘴大，两翼及尾长。繁殖期雄鸟的脸、额及下体深红，顶冠及下体具白色纵纹；颈背及上背灰褐而具深色纵纹，略沾粉色；腰粉红。雌鸟灰褐而密布纵纹。雄鸟与大朱雀的区别在整体红色不如其浓，颈背及上背褐色较重且多纵纹。雌鸟与大朱雀的区别为颈背、背及腰具纵纹，且褐色较重。虹膜深褐色，嘴角质粉色，脚近灰色。

分布：东大山。我国甘肃、青海、四川、云南、西藏等地有分布，为不常见留鸟，见于海拔 3700～5150m 的新疆西部和南部及西藏东部至中国中部。越冬于四川南部及云南北部（丽江）。栖于高海拔的多岩流石滩及有稀疏矮树丛的高原。

（3）红眉朱雀（*Carpodacus pulcherrimus*）

形态特征：雄鸟前额、颊和眉纹深红色；眼先、眼后和耳羽灰褐色或暗褐色；头顶、枕、后颈、背、肩和翅上覆羽暗褐色或褐色，具宽的暗红色或橄榄绿黄色羽缘；腰和尾上覆羽橙红色；尾羽黑褐色，外翈羽缘红色或橄榄绿黄色；两翅褐色或黑褐色，外翈羽缘红色或橄榄绿黄色；颊、颏深红色；喉、胸深红或橙红色，羽毛中央白色形成白色斑点，其余下体淡褐灰色，腹中央较淡；尾下覆羽淡灰色，羽缘白色；腋羽和翼下覆羽褐灰色，羽缘橄榄黄色。雌鸟前额、眉纹金橙黄色；头顶、枕、后颈暗橄榄黄色；背、肩灰褐色，羽缘橄榄绿黄色；腰和尾上覆羽橄榄黄色，无纵纹；两翅和尾暗褐色，羽缘橄榄黄色；颊、颏、喉、胸金橙黄色，其余下体淡褐灰色。虹膜红褐或淡褐色，嘴肉褐色或角褐色，脚淡褐或肉褐色。

分布：东大山。我国四川、重庆、四川、云南、西藏等地有分布。栖息于海拔 2000～5000m 的高山针叶林和针阔叶混交林及其森林上缘的矮树丛、杜鹃灌丛、竹丛和草地。夏季多分布在林线上缘灌丛草地或有稀疏树木生长的灌丛草地和林缘地带，冬季多分布在 3000m 以下的沟谷与河滩灌丛和林缘地带。

（4）普通朱雀（*Carpodacus erythrinus*）

形态特征：雄鸟额、头顶、枕深朱红色或深洋红色；后颈、背、肩暗褐或橄榄褐色，具不明显的暗褐色羽干纹和沾染有深朱红色或红色；腰和尾上覆羽玫瑰红色或深红色；尾羽黑褐色，羽缘沾棕红色；两翅黑褐色，翅上覆羽具宽的洋红色羽缘，飞羽外翈具窄的土红色羽缘；眼先暗褐色，有时微染白色，耳羽褐色而杂有粉红色；两颊、额、喉和上胸朱红或洋红色；下胸至腹和两胁逐渐转淡，呈淡洋红色或淡红色；腹中央至尾下覆羽白色或灰白色，微沾粉红色；腋羽和翼下覆羽灰色。雌鸟上体灰褐或橄榄褐色；头顶至背具暗褐色纵纹；两翅和尾黑褐色，外翈具窄的橄榄黄色羽缘，中覆羽和大覆羽端斑近白色；下体灰白或皮黄白色；颏、喉、胸和两胁具暗褐色纵纹。虹膜暗褐色，嘴角褐色，下嘴较淡，脚褐色。

分布：东大山。我国甘肃、新疆、青海、内蒙古、宁夏、黑龙江、吉林、辽宁、河北、山西、河南、山东、陕西、四川、贵州、云南、西藏和长江流域及其以南各省（自治区）均有分布。其中，黑龙江、内蒙古东北部、新疆北部和西部、西藏南部、云南、贵州、四川、甘肃、青海、宁夏等地为繁殖鸟或留鸟，其他地区为冬候鸟或旅鸟。主要栖息于海拔1000m以上的针叶林和针阔叶混交林及其林缘地带。在西藏、西南和西北地区栖息较高，夏季上到海拔3000～4100m的山地森林和林缘灌丛地带，冬季多下降到海拔2000m以下的中低山和山脚平原地带的阔叶林和次生林中，尤以林缘、溪边和农田地边的小块树丛和灌丛中较常见，有时也到村寨附近的果园、竹林和房前屋后的树上。

（5）白眉朱雀（*Carpodacus thura*）

形态特征：体型略大（17cm）而壮实的朱雀。雄鸟腰及顶冠粉色，浅粉色的眉纹后端成特征性白色；中覆羽羽端白色成微弱翼斑。雌鸟与其他雌性朱雀的区别为腰色深而偏黄，眉纹后端白色，下体均具浓密纵纹。虹膜深褐，嘴角质色，脚褐色。

分布：东大山。我国甘肃、西藏、青海、宁夏、云南、四川等地均有分布。栖息在灌丛、草地和生长有稀疏植物的岩石荒坡。繁殖期间单独或成对活动；非繁殖期则多成小群，在地上活动和觅食，休息时也常停息在小灌木顶端。以草籽、果实、种子、嫩芽、嫩叶、浆果等植物性食物为食。

（6）红交嘴雀（*Loxia curvirostra*）

形态特征：红交嘴雀是中等体型（16.5cm）的雀，体型似麻雀但稍大。通体朱红色，翅膀和尾近黑色，下腹白，脸暗褐色。繁殖期雄鸟为砖红色，随亚种而有异，从橘黄色至玫红色及猩红色，但一般比任何朱雀的红色多些黄色调，红色一般多杂斑，嘴较松雀的钩嘴更弯曲。雌鸟似雄鸟，但为暗橄榄绿而非红色。幼鸟似雌鸟而具纵纹。雄雌两性的成鸟、幼鸟与白翅交嘴雀的区别在均无明显的白色翼斑，且三级飞羽无白色羽端。极个别红交嘴雀翼上略显白色翼斑，但绝不如白翅交嘴雀醒目而完整，头形也不如其拱出。虹膜深褐色，嘴近黑色，脚近黑色。

分布：东大山。我国东北南部至长江下游及西南、西北至新疆等地均有分布。喜欢在鱼鳞云杉至臭冷杉林和黄花落叶松–白桦林中生活，经常结群游荡。

（7）白翅拟腊嘴雀（*Mycerobas carnipes*）

形态特征：体大（22cm）且头大的黄色及黑色雀鸟，嘴甚厚重。繁殖期雄鸟头、喉及上体黑色，胸腹部及臀黄色。与黄颈拟蜡嘴雀的区别在无黄色的领环及背部；与白斑翅拟蜡嘴雀的区别为胸黄，腰黑。三级飞羽、大覆羽及次级飞羽的羽端具明显黄白色点斑。雌鸟及幼鸟具黑色及黄色纵纹且甚为清晰。两性翼上均具点斑图纹，幼鸟的黄色较雌鸟为淡。虹膜深褐色，嘴灰色，脚灰色。

分布：东大山。我国中部及西南等地有分布。常见于海拔 2400～3600m 的亚高山针叶林及混交林；冬季迁往较低处。留鸟于西藏东南部、云南西部及西北部、四川西部。

4.4.16.14 鹀科（Emberizinae）

（1）白头鹀（*Emberiza leucocephalos*）

形态特征：白头鹀具独特的头部图纹和小型羽冠。雄鸟具白色的顶冠纹和紧贴其两侧的黑色侧冠纹，耳羽中间白而环边缘黑色，头余部及喉栗色而与白色的胸带成对比。雌鸟色淡而不显眼，甚似黄鹀的雌鸟，区别在嘴具双色，体色较淡且略沾粉色而非黄色，髭下纹较白。白头鹀幼鸟头顶条纹浓著，喉部栗色，和胸部一样具浓密的暗褐色条纹，余部羽毛和雌鸟相似。虹膜暗褐，嘴角褐色，下嘴较淡，上嘴中线褐色，脚粉褐色。

分布：东大山。我国甘肃、内蒙古、青海、宁夏、陕西等地均有分布。

（2）白眉鹀（*Emberiza tristram*）

形态特征：体长（20cm）而色彩艳丽的太阳鸟。雄鸟红色，具长形的艳猩红色中央尾羽；头顶金属蓝色，眼先和头侧黑色，喉及髭纹金属紫色；下体黄色，胸具艳丽的橘黄色块斑。雌鸟灰橄榄色，腰黄，体型比雄鸟小许多。虹膜褐色，嘴黑色，脚黑色。

分布：东大山。我国内蒙古东北部，黑龙江，吉林，辽宁，河北，北京，山东，河南，安徽，江苏，浙江，湖南，湖北，一直往南到福建、广东、广西和香港，往西达四川东部、贵州和云南东南部均有分布。其中除东北大兴安岭、小兴安岭、完达山和长山一带为夏候鸟，长江流域和东南沿海为冬候鸟外，其他地区多为旅鸟。

（3）灰眉岩鹀（*Emberiza cia*）

形态特征：雄鸟额、头顶、枕，一直到后颈均为蓝灰色；头顶两侧从额基开始各有一条宽的栗色带，其下有一蓝灰色眉纹，眼先和经过眼有一条贯眼纹，在眼前段为黑色，经过眼以后变为栗色，颧纹黑色，其余头和头侧蓝灰色；上背沙褐色或棕沙褐色，两肩栗红色，均具黑色中央纵纹；下背、腰和尾上覆羽纯栗红色，无纵纹或纵纹不明显，有时具淡色羽缘；翅上小覆羽蓝灰色，中覆羽和大覆羽黑色或黑褐色，中覆羽尖端白色，大覆羽尖端棕白色、皮黄色或红褐色，在翅上形成两道淡色翅斑；飞羽黑褐色，羽缘淡棕白色，内侧飞羽具宽的皮黄栗色或淡棕褐色羽缘和端斑；中央一对尾羽棕褐色或红褐色，羽缘淡棕红色，外侧尾羽黑褐色，最外侧两对尾羽内翈具楔状白斑，尤以最外侧一对大，次一对较小；颏、喉、胸和颈侧蓝灰色，其余下体桂皮红色或肉桂红色，腹中央较浅淡，腋羽和翼下覆羽灰白色。雌鸟和雄鸟相似，但头顶至后颈为淡灰褐色且具较多黑色纵纹，下体羽色较浅淡，胸以下为淡肉桂红色。虹膜褐色或暗褐色，嘴黑褐色，脚肉色。

分布：东大山。我国辽宁西部、内蒙古东南部、甘肃、青海、新疆、西藏、陕西、宁夏、河北、北京、山西、湖北、四川、贵州、云南等地区均有分布。喜干燥少植被的多岩丘陵山坡及沟壑深谷，冬季迁移至开阔多矮丛的栖息生境。

（4）田鹀（*Emberiza rustica*）

形态特征：雄性成鸟（春羽）头顶和面部均为黑色，有些羽端沾栗黄色；眉纹白色，有的个体眉纹沾土黄色；枕部多为白色，形成一块白斑；颚纹棕白色伸至颈侧；背羽至尾上覆羽为栗红色，背羽中央有黑褐色纵纹，羽缘土黄色，余羽具黄色狭缘；中央尾羽的中央黑褐色，向两侧渐浅，并渐显栗色，羽缘土白色；最外侧一对尾羽由内翈先端的中央起有一白色带伸至外翈的近基部；外侧第二对尾羽的白带和第一对同，但不向外翈延伸；其余尾羽均黑褐色微具黄褐色羽缘；小覆羽栗褐色，羽缘土黄色；中覆羽和大覆羽黑褐色，羽缘栗红至栗黄色，羽端白色形成两道白斑；小翼羽、初级覆羽和飞羽均角褐色，羽缘栗黄色；颏、喉、颈侧及腹部近白色，颏和喉侧有一块褐色点斑；胸和胁的羽端栗红色，因而形成栗红色胸带及体侧的栗色斑；腋羽和翼下覆羽白色。雄性成鸟（冬羽）除后胸和腹部外，其余各羽均具栗黄色羽缘。雌性成鸟（春羽）羽色较雄鸟暗淡；头部黑褐，但枕部浅色斑较显著；面部黄褐色；胸部栗红色带杂以白色，而呈栗白色。雌性成鸟（冬羽）由于栗黄色羽缘发达，全体显得发黄；头部转黄褐色，眉纹沾黄棕色；胸部栗红色带多杂以土黄色；其余与春羽同。虹膜暗褐色，上嘴和嘴尖角褐，下嘴肉色，脚肉黄色。

分布：东大山。我国甘肃、新疆、内蒙古、宁夏、黑龙江、吉林、辽宁、河北、陕西、河南、山东、安徽、湖北、湖南、四川、江苏、浙江、福建等地均有分布。栖息于平原杂木林、人工林、灌木丛和沼泽草甸中；也有栖息于海拔 800～1000m 的低山区和山麓及开阔田野中。春秋季迁徙时间集结成群，有的与灰头鹀和黄胸鹀组成数十只的小群或百余只的大群，但在越冬地多在平原和山麓草丛、农田中分散或单独活动。

（5）红颈苇鹀（*Emberiza yessoensis*）

形态特征：雄性成鸟（夏羽）整个头部、颏和喉均黑色，具不大明显的棕白色眉纹；后颈和上背栗红色；背和肩羽栗褐色且具黑色和锈色斑纹；腰和尾上覆羽栗红色；小覆羽灰褐色具栗色羽缘，中覆羽和大覆羽黑褐色而具宽阔的栗色羽缘及大型黑色羽干斑；小翼羽和初级覆羽暗褐色；飞羽角褐色，初级飞羽具较窄的棕栗色羽缘，其余飞羽具宽的栗红色羽缘，内侧次级飞羽还具大型黑色羽干斑；中央一对尾羽栗红具褐色轴斑，其余尾羽黑褐具栗色窄缘，最外一对尾羽的楔状白斑，由内翈先端斜贯外翈基部；次对尾羽白斑较狭长，从内翈先端靠近羽轴并延至尾的 1/3～1/2 处；喉与颈侧间杂以白色；下体余部棕白色，胸部沾栗色，两胁有锈褐色纵斑；尾下覆羽、翼下覆羽和腋羽均白色。雄性成鸟（冬羽）头和上体的栗色羽缘特别发达，部分遮盖头和背面的黑色，使上体呈浅栗色；颏和喉的黑色部分具棕灰色羽缘。雌性成鸟（夏羽）色似雄鸟，但头部黑褐且具锈栗色斑纹；眉纹宽，黄白色；颏和喉黄白色，颚纹黑色。虹膜褐色，嘴黑褐色（雌鸟的上嘴角褐色，下嘴肉黄色），脚赤褐色。

分布：东大山。我国各地均有分布。栖于芦苇地及有矮丛的沼泽地以及高地的湿润草甸。越冬在沿海沼泽地带，多生活在长着各种柳丛、小灌丛和水草的沼泽地和附近生长着各种各样草丛的地方，尤喜生活在草甸等处；也见活动于洮儿河北岸长有水蒿、小叶蒿和薹草的草甸中。

4.4.17 有鳞目（Squamata）

4.4.17.1 游蛇科（Colubridae）

白条锦蛇（*Elaphe dione*）

形态特征：头略呈椭圆形，体尾较细长，全长1m左右。吻鳞略呈五边形，宽大于高，从背面可见其上缘；鼻间鳞成对，宽大于长；前额鳞一对近方形；额鳞单枚成盾形，瓣缘略宽于后缘，长度大于其与吻端的距离；顶鳞一对，较额鳞要长（彩图4-23）。

分布：东大山。我国甘肃、新疆、青海、宁夏、陕西、北京、黑龙江、吉林、辽宁、河北、山东、山西、江苏、安徽、上海、河南、湖北、四川等地均有分布。捕食壁虎、蜥蜴、鼠类、小鸟和鸟卵，幼体也吞食昆虫。

4.4.17.2 蝰蛇科（Viperidae）

蝮蛇（*Agkistrodon halys*）

形态特征：体长60～70cm，头略呈三角形，体粗短，尾短，全背呈暗褐色，体侧各有深褐色圆形斑纹一行；眼与鼻孔之间具颊窝，头背有一深色"Λ"形斑，正脊有两行深棕色圆斑，彼此交错排列略并列，背鳞外侧及腹鳞间有一行黑褐色不规则粗点，略呈星状；腹面灰白，密布棕褐色或黑褐色细点；体色变化大，头体背部由灰褐色而至土红色，头部在眼后到口角有黑色带，其上缘有一黄白色细纹；体背交互排列有黑褐圆斑；腹面灰白到灰黑褐色，有不规则黑点；尾尖黑色（彩图4-24）。

分布：东大山。我国除广东、海南、广西外，各地均有分布。有较强耐寒性，多栖息于平原、丘陵地带、树丛、田边和路旁等接近水源的地方。

4.4.17.3 蜥蜴科（Lacertidae）

荒漠麻蜥（*Eremias przewalskii*）

形态特征：体粗壮，体背为黄褐色，有蓝黑色虫纹状斑，雄性个体体侧有橘红色彩。四肢背面有黑色横纹，腹面浅色。尾化头体长1～1.5倍，头中等，吻钝，颏片与领围之间有一纵列鳞32～40枚；体背为圆粒鳞，排成横列，体中段每横列有鳞52～60枚，腹鳞方形，光滑，肛前鳞前端不规则；四肢粗壮，四肢背面为粒鳞和小鳞，前臂前侧、股前侧及胫腹而均为大鳞，股窝每侧12～16个，指、趾下瓣显著，尾基扁平，尾背鳞微有棱。

分布：东大山。我国甘肃、新疆、青海、内蒙古、宁夏、陕西等地均有分布。常见于荒漠地带，栖息于干河床的沙砾地、灌丛内，尤喜在白刺包或霸王刺沙丘上挖洞居住，其生存的海拔为1000～1400m。

4.4.17.4 鬣蜥科（Agamidae）

荒漠沙蜥（*Phrynocephalus przewalskii*）

形态特征：外部形态有许多适应荒漠生活的特征，上/下睑缘鳞的游离缘尖出构成锯齿状，鼻孔内有能自主启闭的瓣膜，耳孔及鼓膜均隐于皮肤内。荒漠沙蜥成体较大，头体长42～60mm，尾长50～84mm。头呈心脏形，长度略小于头宽。吻端尖，眼前部斜下。鼻鳞2或3（4）枚，上、下鼻鳞半圆形而大，外侧鼻鳞小。鼻孔位于吻的前侧方，鼻间鳞（2）3或4枚，头部背面的鳞片略隆起，前额和枕部的鳞片最大，眶上鳞最小。鼻鳞和眼前部之间有颊鳞3（4）枚。上睫鳞平扁，有9或10枚，前部的鳞片重叠排列，中间数枚上睑缘鳞的游离缘平齐。下睑缘鳞的游离缘呈锯齿形。下睑鳞与上唇鳞之间有纵列鳞3或4行，上唇鳞有14～17枚，下唇鳞有13～15（16）枚。鼓膜部略为下陷，覆有细鳞。颞鳞在眼后部较大。颏鳞的高和宽度相等，大于下唇鳞的2倍左右。须鳞至喉褶的一纵列鳞（37）44～54枚。颈部狭窄，有明显的颈褶和体侧褶。颈和背部有棱鳞，尤以脊鳞的棱脊更强。体侧鳞小，突出呈小刺状。胸鳞的棱脊强，往腹部则渐次转弱而终于消失。颊部有时有棱鳞。四肢健壮，均被棱鳞，前肢贴体前伸时指端全为超越吻端，指长顺序4-3-2-5-1，爪尖长。后肢贴体前伸仅第四趾的两侧和第三趾外侧栉缘发达，趾长顺序4-3-2-1-5，爪甚长。尾的背、腹面全为棱鳞，通常尾基腹面的棱鳞少而微弱。背面褐色，背脊中央自颈到后肢常有一浅色窄纹，两侧有4或5列黑色横斑，其间杂有细纹及白色圆点。眼间有2对半月形黑色横纹，老年个体的背斑常在背脊部及腰侧各成一条宽阔的波状黑带。四肢背面饰有黑色横纹。雄蜥于颊、胸、腹部常有大形黑斑，雌蜥除颊下有少量黑点外，腹面全为黄白色。尾背前部有3列纵斑，往后渐成大而对称的一对黑斑。腹面有2或3个黑色半环，尾梢黑色。幼蜥腹面黄白色，无黑点或斑块。尾的腹面橘红色，与黑环交错相间，尾梢腹面黑色。

分布：东大山。我国甘肃、新疆、内蒙古、青海、宁夏、陕西等地均有分布。荒漠沙蜥是我国西北荒漠中较为典型的优势蜥蜴，生活于荒漠或半荒漠地区，营穴居生活，一般筑洞于较板结的沙砾地斜面、沙丘和土埂上，也有在砾石下。荒漠沙蜥栖息地的海拔在1000～1500m，气候极其干旱，植物稀少，常见的有琵琶柴、猪毛菜、白刺、梭梭、柽柳等。食物主要是各类小昆虫，如蚂蚁、鼠妇、瓢虫、椿象等。

第5章 真 菌

5.1 研究历史

东大山的真菌资源，经2003年、2004年（原）河西学院生物系两次调查，初步鉴定出东大山林区有大型真菌58种，隶属9目20科38属，其中食用菌有25种，占总数的43.10%；药用菌有22种，占总数的37.93%；抗癌、抗肿瘤的大型真菌有10种，占总数的17.24%；毒菌有11种，占总数的18.97%。

东大山内真菌资源量非常丰富，经济菌类资源充足，有很好的开发前景。近年来，东大山自然保护区管理站技术人员积极与河西学院农业与生物技术学院教师合作，通过整理分析，基本确定了东大山的真菌种类。东大山真菌资源名录见附表3。

5.2 种类特征及分布

5.2.1 伞菌目（Agaricales）

5.2.1.1 球盖菇科（Strophariaceae）

（1）齿环球盖菇［*Stropharia coronila*（Fr. ex Bull.）Quél.］

别称：冠状球盖菇。

特征：子实体小。菌盖初期半球形乳白色，后期扁半球形，浅黄色，直径2.5～4cm，边缘无条纹。菌肉白色，中部稍厚。菌褶浅灰紫色或紫灰色，褶缘近灰白色，稍密，不等长，直生至近弯生。菌柄白色，柱形，长2.5～5cm，粗0.4～1cm，表面近光滑。菌环生柄的中上部较厚，上表面具沟纹，边缘呈齿轮状突起，并附有褐紫色孢子印，下面白色。孢子紫褐色，椭圆至卵圆形，光滑，壁稍厚（6.8～9.4）μm×（5～6）μm，褶侧囊体色深，近纺锤形，（25～30）μm×（7.6～10）μm。褶缘囊体多，呈棒状或梨形，（20～38）μm×（8～17）μm。

生态习性：生于林中、山坡草地、路旁、公园等处有牲畜粪肥的地方，单生或成群生长。

分布：东大山。我国河南、新疆、内蒙古、西藏、云南、广西、山西、陕西、甘肃、青海等地均有分布。

（2）半球盖菇［*Stropharia semiglibata*（Batsch. : Fr.）Quél.］

别称：半球假黑伞、半球盖菌。

特征：子实体较小，且菌柄细长，黄色。菌盖直径 1.5～3.5cm，光滑，湿时黏，中部黄色至柠檬黄色，边缘黄白至浅玉米黄色，半球形基本不变。菌肉污白色，薄。菌褶初期青灰色，后变暗灰褐色，边缘色浅呈白色，比较宽，稍密，直生，不等长。菌柄圆柱形，长 4～10（12）cm，粗 0.2～0.5cm，色同菌盖色，光滑，黏，中空。菌环膜质，薄，生柄之上部，易脱落，上表面往往落有孢子呈黑褐色。孢子椭圆形，蓝紫色，光滑，（15～18）μm×（9～10）μm。褶缘囊体近纺锤状，（35～40）μm×（5～6）μm。

生态习性：夏秋季在林中草地、草原、田野、路旁等有牛马粪肥处群生或单生。

其他用途：记载可食用，也有记载有毒或怀疑有毒，含有光盖伞素（psilocybin）和光盖伞辛（psilocin），误食后会引起神经症状和幻觉反应，故不宜采食。

分布：东大山。我国甘肃、新疆、西藏、青海、宁夏、内蒙古、山西、云南、吉林、河北、江苏、湖南、四川、香港、山东等地均有分布。

（3）黄伞［*Pnoliota adiposa*（Fr.）Quel.］

特征：子实体色泽鲜艳呈金黄色，菌盖菌柄上布满黄褐色鳞片。黄伞子实体单生或丛生，菌盖直径 5～12cm，初期半球形边缘常内卷，后渐平展，有一层黏液；盖面色泽金黄至黄褐色，附有褐色近似平状的鳞片，中央较密。菌肉白色或淡黄色。菌褶直生密集，浅黄色至锈褐色，直生或近弯生，稍密。菌柄纤维质长 5～15cm，粗 1～3cm，圆柱形，有白色或褐色反卷的鳞片，稍粘，下部常弯曲。菌环淡黄色，毛状，膜质，生于菌柄上部，易脱落。孢子椭圆形，光滑，锈色，（7.5～10）μm×（5～6.5）μm。菌丝初期白色，逐渐浓密，生理成熟时分泌黄褐色素。营养丰富，氨基酸含量高，是一种食药兼优、具有较高商品价值的大型真菌。

分布：东大山。分布于我国黄河三角洲区域内、黄河两岸及成片林区的柳树枯木上。

（4）黄褐环锈伞［*Pholiota spumosa*（Fr.）Sing.］

特征：菌柄稍细长，长 4～8cm，粗 0.3～0.6cm，上部黄白色而下部带褐色，内部空心。孢子椭圆形，光滑，带黄色，（6～8）μm×（4～5）μm。褶侧囊体近瓶状，（35～48）μm×（8～14）μm。经济价值：可食用；试验抗癌，对小白鼠肉瘤 180 和艾氏癌的抑制率为 70%。

生态习性：夏秋季生于林中地上及腐木上，成丛生长。

分布：东大山。我国甘肃、西藏、黑龙江、吉林、山西、青海、福建、四川、云南等地均有分布。

（5）粪生光盖伞［*Psilocybe coprophila*（Bull. : Fr.）Kummer］

特征：子实体小，褐色。菌盖直径 1～3cm，半球形至扁半球形，初期边缘有白色小鳞片，后变光滑，暗红褐色至灰褐色。菌褶直生，稍稀，宽，污白、褐色到紫褐色。菌柄柱形，稍弯曲，长 2～4cm，粗 0.5～1.5cm，污白至暗褐色、菌幕易消失。孢子印带紫褐色。孢子椭圆形，光滑，（11～14）μm×（7～8.5）μm。褶侧与褶缘囊体近似，（23～39）μm×（7.8～12.8）μm。

生态习性：在马粪或牛粪上单生或群生用途，此种有毒。因个体小，生粪上，一般不会有人采食，有文献记载含致幻觉物质。

分布：东大山。我国甘肃、西藏、湖南等地有分布。

5.2.1.2　光柄菇科（Pluteaceae）

小草菇［*Volvariella pusilla*（Pers.：Fr.）Sing.］

别名：草地小苞脚菇、小苞脚菇。

特征：子实体单生或群生。菌盖直径 0.6～1.5cm，白色，初卵形，后钟形至半球形，最后平展，干燥，有丝状细毛，边缘平滑，后有条纹。菌肉薄，中部稍厚，白色。菌褶离生，较稀，白色，后粉红色。菌柄长 1～1.8cm，粗 0.1～0.2cm，白色，圆柱形，光滑，膜质，均匀分裂为 3～4 瓣。孢子印粉红色；孢子椭圆形至卵形，（7～8.5）μm×（4～5）μm，光滑。囊状体中部膨大，顶端圆，（55～75）μm×（11～18）μm。

生活习性：潮湿的草地、菜地、田埂上。

分布：东大山。我国辽宁、湖南、福建、江苏、广西等地有分布。

5.2.1.3　白蘑科（Tricholomataceae）

（1）草黄口蘑［*Tricholoma lascivum*（Fr.）Gillet］

特征：草黄口蘑子实体中等大。菌盖扁半球形至近平展，直径 4～9cm，表面光滑，干，浅赭黄色、浅褐色，边缘渐呈污白色，或较中部色淡，边缘向内卷。菌肉白色，稍厚，具香气味。菌褶近白色或稍暗，密，不等长，直生至弯生。菌柄长 7.5～11cm，粗 1～1.5cm，污白色至浅褐色，近圆柱形，向下渐膨大，有纤毛而顶部白色具粉末。孢子印白色。孢子椭圆形，无色，光滑，（6～7.5）μm×（3.5～5.5）μm。记载可以食用，但也有人怀疑有毒。属树木外生菌根（彩图 5-1）。

生活习性：夏秋季生阔叶林中地上。

分布：东大山。我国甘肃、西藏等地有分布。

（2）灰假杯伞［*Pseudoclitocybe cyathiformis*（Bull.：Fr.）Sing.］

别称：灰杯伞。

特征：子实体中等大。菌盖初期半球形，后渐平展至杯状或浅漏斗状，直径 3～7cm，光滑，灰色至棕灰色，水浸状，初期菌盖边缘明显内卷。菌肉松软，较菌盖色浅，比较薄。菌褶延生，稀或较密，窄，不等长，较菌盖色浅。菌柄长 4～7cm，粗 0.4～0.8cm，细长呈柱状或基部膨大，也有白色绒毛，内部松软。孢子印白色。孢子光滑、无色，卵圆至椭圆形，（7.6～10）μm×（4.5～6.1）μm。经济价值：可食用；对小白鼠肉瘤 180 和艾氏癌的抑制率分别为 80% 和 70%。

生态习性：夏秋季在林中地上或腐朽后的倒木上分散、近丛生或成群生长。

分布：东大山。我国吉林、河北、山西、陕西、四川、山西、内蒙古、西藏等地有分布。

（3）污白杯伞［*Clitocybe gilva*（Pers.：Fr.）Kummer］

特征：子实体小或中等。菌盖宽 5～10cm，肉质，扁平，后平展，中部下凹，淡黄色，上有斑点，干，光滑，边缘内卷，波状。菌肉白色，薄。菌褶苍白色，后渐变赭

沟，有分叉和横脉，窄，延生。菌柄圆柱形，色较菌盖浅，肉质，光滑，长2.5～5cm，粗10～25mm，基部有绒毛。孢子无色，球形，4～5μm，稍粗糙。可食用。

生态习性：一般在林中地上成群生长，有时近似丛生。

分布：东大山。我国吉林、四川、云南等地均有分布（彩图5-6）。

（4）卷边杯伞 [*Clitocybe inversa* (Scop. : Fr.) Quél.]

特征：子实体小至中等。菌盖直径4～8.5cm，中部下凹近漏斗状，朽叶色或红色至褐色，光滑，边缘薄内卷而平滑。菌肉白色，薄。菌褶白色，稍密，不等长，直生至延生。菌柄近白色，有绒毛，扭转，长4～10cm，粗0.6～1.2cm。孢子印白色，孢子无色，椭圆形，宽椭圆形或近球形，微粗糙，（4～5.1）μm×（3.5～4.5）μm。经济价值：可食用。味道较好。此种孢子粗糙，单椭圆或近球形或宽卵圆形，有人将其归为香蘑属（*Lepista*）。

生态习性：秋季在林中地上丛生或群生。

分布：东大山。我国甘肃、西藏、新疆、吉林等地有分布。

（5）北方蜜环菌 (*Armillaria cf. borealis* Marxmüller & Korhonen)

特征：子实体中等至较大。菌盖直径3～10cm，初期半球形至扁半球形，后期扁平，幼时边缘内卷而成熟后往往拱起并呈现深色的环带，表面黄褐色至浅黄褐色，中部稍凸有短纤毛，四周鳞片稀少，后期近光滑。菌肉白色，湿时灰褐色，稍厚，具香气。菌褶白色至粉红色，后呈红褐色，直生或稍延生，不等长，菌柄长5～13cm，粗0.5～1.5cm，近柱形，向下渐增粗，基部明显膨大，菌环以上色浅，环以下浅黄色或粉黄色，有白色绒毛或纤毛状鳞片，内部松软。菌环生近顶部，内部实心至空心。孢子宽椭圆形，光滑，无色。（6～9）μm×（4.5～5）μm。经济价值：可食用，但存疑。

生态习性：夏秋季在木桩上或旁边群生。

分布：东大山。我国陕西、青海、甘肃等地有分布。

（6）蒜叶小皮伞 (*Marasmius alliaceus* Fr.)

特征：子实体小。菌盖直径1～4cm，初期半球形至偏球形，中部稍凸，边缘有细条纹。菌肉污白色，薄，柄部菌肉带褐色。菌褶白色或带灰色，密，直生至离生，不等长。菌柄细长，似有绒毛，长5～20cm，长圆柱形，暗褐色，基部延长根状，内部变空心。孢子印白色。孢子椭圆形，光滑，（6.5～10）μm×（6～7.5）μm。经济用途：有记载可食用，但子实体小，食用价值不大。

生态习性：夏末至秋季生林中地上。

分布：东大山。我国甘肃、吉林等地有分布。

（7）污白松果伞 [*Strobilurus trullisatus* (Murr.) Lennox]

特征：子实体小。菌盖直径1～2.5cm，扁半球形至平展，初期边缘内卷，干，近光滑或有细小鳞片，污白至粉黄白色，中部浅红褐色。菌肉很薄。菌褶白色至粉白黄色，直生。菌柄长2.5～5cm，粗0.01～0.15cm，白色至黄褐色。孢子椭圆形，（3～5）μm×（1.5～3）μm。

生态习性：夏秋季生于松球果上。

分布：东大山。我国甘肃、陕西等地有分布。

（8）黄褐口蘑 ［*Tricholoma fulvum*（DC. : Fr.）Rea.］

特征：子实体一般较小。菌盖宽 3 ~ 6.6（9）cm，半球形、扁半球形至近平展，有时中部稍凸，棕褐色，中部色深，湿时黏，具细纤毛鳞片，边缘内卷。菌肉近白色，靠近菌柄上部淡黄色。菌褶黄色，老后暗黄色，稍密，弯生，不等长。菌柄长 3 ~ 3.5cm，粗 0.6 ~ 1cm，上部色浅，中下部带褐色，中空，基部稍膨大。孢子印白色。孢子无色，光滑，近球形，（6.2 ~ 7.5）μm×（4.9 ~ 5.5）μm。经济价值：此菌试验抗癌，对小白鼠肉瘤 180 的抑制率为 80%，对艾氏癌的抑制率为 70%。

生态习性：秋季在林中地上单生或群生，有时丛生。

分布：东大山。我国甘肃、四川、吉林、辽宁、西藏等地有分布。

（9）橙黄小皮伞 ［*Marasmius ordeades*（gartn. et : Fr.）Quel］

特征：子实体小。菌盖直径 0.3 ~ 2.5cm，半球形至扁平，老时中部下凹或有皱纹，淡黄色至红黄色，薄，表面干，边缘有沟纹，菌肉薄。菌褶白色，直生又延生或近离生，较稀，不等长。菌柄长 2 ~ 3cm，粗 0.1 ~ 0.3cm，近柱形，下部色暗或有细绒毛。孢子无色，光滑，卵圆形，（8 ~ 11）μm×（3.2 ~ 4.5）μm。

生态习性：阔叶树腐枝上群生。

分布：东大山。我国甘肃、吉林、云南、广东、海南等地均有分布。

（10）草生铦囊菌 ［*Melanolecua graminicola*（Vel.）Kuhn. Mre.］

特征：子实体小。菌盖直径 2 ~ 3cm，幼时半球形至扁半球形或稍平展，后期中部下凹，中央凸起，表面光滑，暗褐色至暗灰褐色，中部色较深，边缘内卷。菌肉白色，表皮下带褐色，较薄，气味温和。菌褶白色，后变乳白色至带粉红色，直生稍至弯生，不等长。菌柄细长，长 3.5 ~ 5cm，粗 0.3 ~ 0.4cm，柱形，乳白色至带粉白色，具长条纹，向下渐增粗近棒状，内部松软。孢子无色，粗糙，有疣，宽椭圆形或卵圆形，（5.5 ~ 8）μm×（4.5 ~ 6.5）μm。可食用，气味香。

生态习性：夏末至秋季于混交林地上单生或群生。

分布：东大山。我国甘肃、陕西等地均有分布。

5.2.1.4 蘑菇科（Agaricaceae）

（1）蘑菇（*Agaricus campestris* L. : Fr）

别名：四孢蘑菇，雷窝子。

特征：子实体单生或群生。菌盖直径 3 ~ 13cm，初扁半球形，后近平展，有时中部下凹，白色至乳白色，光滑或后期有丛毛状鳞片，干燥时边缘开裂。菌肉白色，厚。菌褶初粉红色，后变褐色至黑褐色，较密，离生，不等长。菌柄较短粗，圆柱形，有时稍弯曲，长 1 ~ 9cm 粗 0.5 ~ 2cm，近光滑或略有纤毛，白色，中实。菌环单层，白色，膜质，生菌柄中部，易脱落。孢子印褐色。孢子褐色，椭圆形至广椭圆形，光滑，（6.5 ~ 10）μm×（5 ~ 6.5）μm。

生态习性：春、秋生于草地、田野、路旁、堆肥厂、林下空地。

分布：东大山。我国甘肃等地均有分布（彩图 5-2）。

（2）假根蘑菇（*Agaricus radicata* Vittadini Sensu Bres）

特征：子实体小或中等大。菌盖直径 4.5 ~ 8.5cm，污白色，初半球形，后平展，

中部有黄褐色或浅褐色的平伏鳞片，向外渐稀少。菌肉白色，较厚，伤处稍变暗红色。菌褶初期白色、粉红色，后渐变为褐色到黑褐色，较密，离生，不等长。菌柄长 5～7cm，粗 0.6～1cm，白色，中实到中空，菌环以下有纤毛形成的白色鳞片，渐变褐色，后期脱落，基部膨大，有短小假根，伤变浅黄色，干后褪去。菌环单层，白色，膜质，较易脱落，生菌柄上部。孢子印深褐色。孢子褐色，椭圆形，光滑，（6.5～8）μm×（4.5～5.5）μm。褶缘囊体稀少，无色，呈棒状，有时略高于担子，（22～33）μm×（8～12.5）μm。经济价值：可食用；也有资料记载食后可引起轻微的腹痛或腹泻，食用时应注意。

生态习性：秋季于林中地上单生到散生。

分布：东大山。我国甘肃、河北、山西等地均有分布。

（3）双环林地蘑菇（*Agricus placomyces* Peck）

别名：双环菇、扁圆伞菌。

特征：子实体单生或群生。菌盖直径 3～14cm，初扁平球形，后平展，近白色，中部淡褐色到灰褐色，覆有纤毛组成的褐色鳞片，边缘有时纵裂或不明显的纵沟。菌肉白色，较薄。菌褶初近白色，很快变粉红色，后呈褐色到黑褐色，稠密，离生，不等长。菌柄长 4～10cm，粗 0.4～1.5cm，白色，光滑，内部松软，后变中空，基部稍膨大，伤后变淡黄色，后恢复原状。菌环边缘成双层，白色，后渐变为淡黄色，膜质，表面光滑，下面略呈海绵状，生菌柄中上部，干后有时直立在菌柄上，易脱落。孢子印深褐色。孢子褐色，椭圆形到广椭圆形，光滑，（5～6.5）μm×（3.5～5）μm（彩图5-3）。

生态习性：秋季生于混交林中地上。

分布：东大山。我国甘肃等地有分布。

（4）拟双环林地蘑菇（*Agaricus* sp.）

特征：子实体中等至较大。菌盖直径 4～15cm，污白色，初期近球形，后扁半球形至平展，有时中部稍下凹，覆有平伏的浅褐色由纤毛组成的细鳞片，边缘内卷有时悬挂菌幕残片。菌肉白色，较厚。菌褶初粉红色，后呈暗褐色到黑褐色，较密，离生，不等长。菌柄长 6～10cm，粗 1.5～2.5cm，圆柱形到棒状，白色到淡粉红色，菌环以下有不明显的条纹，肉质，内部松软。菌环白色，膜质，双层，上面具条纹，下面黄褐色。孢子印深褐色。孢子褐色，广卵圆形到近球形形成或杏仁形，光滑，（5.5～7）μm×（4.5～6）μm。

生态习性：夏秋季于阔叶林边缘草地上群生或散生。

分布：东大山。我国甘肃、河南等地有分布。

（5）双孢蘑菇 [*Agaricus bisporus*（Large）Sing]

特征：子实体中等。菌盖直径 5～12cm，初半球形，后平展，白色，光滑，干时渐变淡黄色，边缘初期内卷。菌肉白色，厚，伤略变淡红色，具蘑菇特有的气味。菌褶初粉红色，后变褐色至黑褐色，密，窄，离生，不等长。菌柄长 4.5～9cm，粗 1.5～3cm，白色，光滑，具丝光，近圆柱形，内部松软或中实。菌环单层，白色，膜质，生菌柄中部，易脱落。孢子印深褐色。孢子褐色，椭圆形，光滑，一个担子一般生两个孢子，（6～8.5）μm×（5～6）μm。可食用，味道鲜美，蛋白质含量高达42%（干粉），氨基酸的种类也十分丰富。

生态习性：生于林地、草地、田野、公园、道旁等处。

分布：东大山。我国各地广泛分布，普遍栽培。

5.2.1.5　鬼伞科（Psathyrellaceae）

（1）雪白鬼伞［*Leucocoprinus cepaetipes*（Sow. : Fr）Part］

特征：子实体小。菌盖直径 1.5～3cm，卵圆形、锥形至钟形或近平展，表面纯白色，有一层粗糙的白色粉末，边缘有条纹及开裂反卷。菌肉白色，很薄。菌褶灰褐色至黑色及消融，离生，窄而密。菌柄长 4～10cm，粗 0.4～0.7cm，白色，覆盖白色絮状粉末，向基部渐粗大，质脆。孢子黑褐色，光滑，椭圆至柠檬状，（14.5～19）μm×（11～13）μm。

生态习性：夏秋季于腐熟的牲畜粪或草地上群生或散生。

分布：东大山。我国甘肃、内蒙古、青海等地均有分布。

（2）黄褐花褶伞［*Panaeolus foenisecii*（Pers. : Fr.）Maire］

特征：子实体小。菌盖直径 2～3cm，钟形至半球形，近平滑，黄褐色至暗褐色，有时边缘较暗，菌肉污白色，菌褶灰白色，黑色，有斑纹，直生。菌柄细长，长 6～8cm，粗 0.2～0.3cm，灰黄或污白黄色，下部色渐变暗，近平滑，向下稍粗。孢子黑暗色，光滑，椭圆或近似柠檬形。

生态习性：秋季于草地上散生或群生。

分布：东大山。我国北部地区有分布。

（3）黏盖花褶伞［*Panaeolusphalenarum*（Fr.）Quél.］

特征：子实体小。菌盖直径 2～3.5cm，钟形至扁半球形，光滑，黏，干后有光泽，浅肉色，边缘色浅并附有菌幕残片。菌肉白色，薄。菌褶稍密，凹生，不等长，具黑、灰相间花斑，褶缘色浅。菌柄圆柱形，长 7～10cm，粗 0.5cm，近白色带红色。孢子光滑，黑色，椭圆形，（17～20）μm×（8.5～11）μm。

生态习性：夏至秋季生于牛马粪上。

分布：东大山。我国甘肃、西藏、香港、广东、云南等地均有分布。

（4）花褶伞（*Panaerlus retriugis* Fr. Gill.）

特征：子实体小。菌盖小，半球形至钟形。菌盖直径 3cm 左右，烟灰色至褐色，顶部蛋壳色或稍深，有皱纹或裂纹，干时有光泽，边缘附有菌幕残片，后期残片往往消失。菌肉污白色。菌褶稍密，直生，不等长，灰色，常因孢子不均匀成熟或脱落，出现黑灰相间的花斑。菌柄可达 16cm，粗达 0.2～0.6cm，上部有白色粉末，下部浅紫，往往扭曲，内部空心。孢子光滑，黑色，柠檬形，（11～17）μm×（7～12）μm。褶缘囊体近圆柱形或棍棒状。

生态习性：春至秋季在牛马粪或肥沃的地上成群生长。

分布：东大山。我国青海、内蒙古、吉林、河北、山西、四川、江苏、浙江、上海、湖南、香港、贵州、广东、广西等地均有分布。

（5）毛头鬼伞［*Ciprinus comatus*（Mull. : Fr.）gary］

别名：鸡腿菇、毛鬼伞。

特征：子实体群生。菌盖直径 3 ~ 5cm，高达 9 ~ 11cm，圆柱形，表面褐色或浅褐色，并随着菌盖长大而断裂成较大形鳞片，开伞后边缘菌褶溶化成墨汁状液体。菌肉白色。菌柄白色，较细长，圆柱形且向下渐粗，长 7 ~ 25cm，粗 1 ~ 2cm，内部松软至空心。菌环连接于菌盖边缘，常随着菌柄的伸长而移动。孢子黑色，光滑，椭圆形，$(12.5 ~ 16)\mu m \times (7.5 ~ 9)\mu m$。囊状体无色，棒状，顶部钝圆，$(14 ~ 60)\mu m \times (10 ~ 12.3)\mu m$。经济价值：不宜食用，有人食后中毒，尤其与酒类同吃，容易中毒；入药能益胃，清神，治痔，也有降低血糖的作用，故有治疗糖尿病的功效；提取物对小白鼠肉瘤 180 的抑制率达 100%，对艾氏腹水癌的抑制率为 90%。

生态习性：春秋生于田野、林缘、路旁、公园等地。

分布：东大山。我国甘肃、新疆、青海、西藏、内蒙古、山西、云黑龙江、吉林、河北、南等地均有分布。

（6）长根鬼伞［*Coprinus macrorhizus*（pers. ：Fr.）Rea.］

别名：大根鬼伞。

特征：子实体群生，丛生。菌盖幼时卵形，渐成钝圆锥形，直径 1.5 ~ 5cm，初密被白色鳞片，渐脱落，呈灰色，中部带褐色，边缘有条纹。菌肉白色，薄。菌褶离生，薄，密，长短不一，初白色，成熟后黑色，迅速液化。菌柄圆柱形，$(2 ~ 9) cm \times [0.2 ~ 0.6 (1.8)] cm$。向上渐细，基部稍粗；向下延伸成主根状，白色，常很长，表面有丝状鳞片，内部中空。孢子印黑色；孢子黑色，光滑，卵状椭圆形，$(8 ~ 11.5)\mu m \times (5 ~ 7.5)\mu m$。囊状体梭形至棒状，$(75 ~ 90)\mu m \times (25 ~ 35)\mu m$。经济价值：可食用，但不能同时与酒食用；药用能益胃，祛痰，消肿。

生态习性：夏秋生于堆肥，粪堆及施有厩肥的肥土上。

分布：东大山。我国湖南、河南、贵州、云南、福建等地均有分布。

（7）褶纹鬼伞［*Coprinus plicatilis*（Curt：Fr.）Fr.］

别名：小孢膜鬼伞。

特征：子实体单生或丛生。菌盖初期卵形，变钟形至平展，开展后直径 1.5 ~ 2.5cm，膜质，浅棕灰色，有褶纹直达盖顶，盖顶浅栗色。孢子宽卵圆形，光滑，黑色，$(8 ~ 13)\mu m \times (6 ~ 10)\mu m$。经济价值：有抗癌作用，对小白鼠肉瘤 180 的抑制率为 100%，对艾氏癌的抑制率为 90%。

生态习性：春至秋季生于林中地上。

分布：东大山。我国甘肃、西藏、江苏、山西、四川、香港等地均有分布。

（8）粪鬼伞（*Coprinus sterqulinus* Fr.）

特征：子实体中等。菌盖直径 2.5 ~ 4cm，高 5 ~ 7cm，初期短圆柱形或椭圆形，纯白色，有鳞片，后变为圆锥形，渐平展，灰色，中部浅褐色，边缘有明显的棱纹，灰褐色至黑色。菌肉白色，较薄。菌褶白色，后变粉红色至黑色而自溶为黑汁状。

生态习性：春末及夏、秋雨后，生于粪堆上。

分布：东大山。我国河北、山西、江苏、广西等地均有分布。

（9）白黄小脆柄菇［*Psathyrella candolleana*（Fr.）A. H. Smith］

特征：子实体较小。菌盖初期钟形，后伸展呈斗笠状，水浸状，直径 3 ~ 7cm，初期浅蜜黄色至褐色，干时褪为污白色，往往顶部为黄褐色，初期微粗糙后光滑或干时有皱，幼时菌盖缘附有白色菌幕残片，后渐脱落。菌肉白色，较薄，味温和。菌褶污白、灰白至褐紫灰色，直生，较窄，密，褶缘污白粗糙，不等长。菌柄细长，白色，质脆易断，圆柱形，有纵条纹或纤毛，柄长3～8cm，粗0.2～0.7cm，有时弯曲，中空。孢子印暗紫褐色。孢子光滑，椭圆形，有芽孔，（6.5～9）μm×（3.5～5）μm。褶缘囊体袋状至窄的长颈瓶状，顶部纯圆，无色，（34～50）μm×（8～16）μm。

生态习性：夏秋季在林中、林缘、道旁腐朽木周围及草地上大量群生，或近丛生。

分布：东大山。我国甘肃、内蒙古、新疆、西藏、青海、宁夏、山西、黑龙江、吉林、辽宁、四川、云南、福建、台湾、湖南、广西、贵州、香港等地均有分布。

（10）草地小脆柄菇 [*Psathyrella campestris*（Earl.）Smith]

特征：子实体较小，菌盖直径2.5～6cm，钟形，扁半球形至近平展，灰褐色或黄褐色，表面干，似有绒毛，边缘有细条棱纹，内卷，菌肉灰白色，薄，无明显气味菌褶灰褐色，老后近黑褐紫色，近直生至近弯生，密，不等长。菌柄细长，长5～12cm，粗0.4～0.5cm，柱形，白色有纤毛及长条纹，质脆，孢子褐黄色，光滑，有芽孔，含油球，卵圆形至椭圆形，（5～8）μm×（4～5）μm，无褶侧囊体和褶缘囊体。

生态习性：春至秋季于阔叶林中地上单生，群生或簇生。

分布：东大山。我国甘肃、广东、河北等地均有分布（彩图5-4）。

（11）钟形花褶伞 [*Panaeolus campanulatus*（L.）Fr.]

特征：子实体单生、散生。菌盖直径2～4cm，半球形、边缘苍褐色，中央淡红褐色，湿时稍黏。菌肉淡褐色，味不明显。菌褶贴生，灰色，很快变黑色。菌柄（7～10）cm×（0.2～0.3）cm，灰色或灰褐色。孢子印黑色。孢子柠檬形，（12～14）μm×（7～8）μm。

生态特性：夏秋生于草地上，特别是马粪堆上。

分布：东大山。我国甘肃、河北、四川、福建等地均有分布。

5.2.1.6 粪绣伞科（Bolbitiaceae）

粪锈伞 [*Bolbitius vitellinus*（Pers.）Fr.]

特征：子实体一般较小。菌盖近钟形，半膜质，表面黏，光滑，中部淡黄色或柠檬黄色，有皱纹，向边缘渐变为米黄色，直径2～4.5cm，边缘有细长条棱，可接近顶部。菌肉很薄。菌褶近弯生，密或稍稀，窄，深肉桂色，褶沿色淡。菌柄细长，柱形，长5～10cm，粗0.2～0.3cm，质脆，有透明感，光滑或上部有白色细粉粒，污黄白色，空心，基部稍许膨大。

生态特性：春至秋季在牲畜粪上或肥沃地上单生或群生。

分布：东大山。我国甘肃、西藏、新疆、青海、陕西、黑龙江、吉林、辽宁、河北、内蒙古、山西、四川、云南、江苏、湖南、福建、广东等地均有分布。

5.2.1.7 绣伞科（Cortinariaceae）

田头菇 [*Agrocybe praecox*（Pers.：Fr.）Fayod]

特征：子实体一般稍小，菌盖直径2～8cm，肩半球形，后渐平展，乳白色至淡黄色，边缘平滑，初期内卷，稍黏，有时干后龟裂。菌肉白色、较厚。菌褶直生或近弯生，锈褐色，不等长。菌柄长 3.5~8.5cm，粗 0.3~1cm，白色，后变污白色，圆柱形，有粉末状鳞片，基部稍膨大，并具浅白色绒毛，菌环生柄之上部，白色，膜质，易脱落。孢子印暗褐色。孢子锈色，平滑，椭圆形，往往一端平截，[10~13（15）]μm×（6.5~8）μm。褶缘囊体较少，无色，棒形或顶端稍细，（10~55）μm×（10~13）μm，褶侧囊体纺锤状，（45~66.5）μm×（15~17）μm。经资价值：可食用；另外此菌对小白鼠肉瘤 180 和艾氏癌的抑制率均高达 100%。

生态特性：春、夏、秋季生于稀疏的林中地上或田野、路边草地上，散生或群生至近丛生。

分布：东大山。我国甘肃、青海、新疆、西藏、广东、香港、河北、山西、江苏、陕西、湖南、四川等地均有分布。

5.2.1.8 丝膜菌科（Cortinariaceae）

（1）黄褐丝膜菌（*Cortinarius decoloratus* Fr.）

特征：子实体中等。菌盖直径 5~10cm，扁半球形至扁平，后平展，上黄色至浅黄褐色，中部色稍深，黏，干时稍皱缩或稍有裂纹，边缘平滑且稍内卷。菌肉白色，味苦。菌褶灰白至肉桂色，直生，稍密、不等长。菌柄长 8~15cm，粗 2~3cm，圆柱形或向下稍粗，白色，肉部松软至变空。孢子浅锈色，稍粗糙或近光滑，近球形至卵圆形，（6.5~7.5）μm×（5.5~6.5）μm。

生态特性：夏秋季于杉等针叶林地上群生或丛生或散生。

分布：东大山。我国甘肃、青海、云南、海南、广东等地均有分布。

（2）紫丝膜菌（*Cortinarius purpurascens* Fr.）

特征：子实体中等至较大。菌盖直径 5~8cm，扁半球形，后渐平展，带紫褐色或橄榄褐色/茶色，边缘色较淡，光滑，黏，有丝膜，菌肉紫色。菌褶初期堇紫色，很快变为黄色至锈褐色，弯生，稍密。菌柄长 5~9cm，粗 1~2cm，近圆柱，淡堇紫色，后渐变淡，基部膨大呈臼形，内实。孢子印锈褐色。孢子淡锈色，椭圆形至近卵圆形，（10~12）μm×（6~7.5）μm（彩图 5-5）。

生态习性：秋季于混交林中地上群生或散生。

分布：东大山。我国甘肃、青海、吉林、湖南、四川等地均有分布。

（3）白紫丝膜菌［*Cortinarius alboviolaceus*（Pers.；Fr.）Fr.］

别名：淡紫丝膜菌。

特征：子实体群生。菌盖直径 3~9cm，初钟形，后半球形至平展，中部凸，初银白色，稍带蓝色，后淡紫色至赭色，具淡蓝紫色或白色的丝状纤毛，边缘内卷。菌肉浅紫色。菌褶初期浅紫色，后变褐色，不等长，近直生至近弯生。菌柄细长，近圆柱形，长（5~8.5）cm×（1.5~2）cm，向下渐膨大或稍膨大，同盖色或下部色深，带赭色，柄上部有灰白紫色丝膜。孢子印锈色。孢子椭圆形，粗糙有疣，（8~10.5）μm×（5.5~6）μm。

生态习性：秋季常生树下或云杉或混交林中地上群生、散生。

分布：东大山。我国甘肃、西藏、黑龙江等地均有分布（彩图 5-6）。

（4）粗鳞丝盖伞 ［*Inocybe calamistrata* （Fr.） Gill.］

特征：子实体较小。菌盖直径 1.5～4cm，钟形至扁半球形，中部凸起，表页暗褐或酱色，顶部栗褐色，不黏，密集翘起的鳞片，边缘不开裂。菌褶褐色至锈褐色，边沿带白色、直生、稍密、不等长。菌柄长 6～11cm，粗 0.3～0.5cm，实心，暗褐色，具毛状鳞片。孢子印褐色。孢子浅锈色，光滑，椭圆形或近肾脏形，（9～12）μm×（4.5～6.5）μm。褶缘囊体近棒状，（28～50）μm×（8～12）μm。

生态习性：夏秋季于阔叶树或针叶树下单生或群生。

分布：东大山。我国甘肃、湖南等地均有分布。

5.2.1.9 蜡伞科（Hygrophoraceae）

小红湿伞 ［*Hygrocybe miniatus* （Fr.） Kummer］

特征：子实体小。菌盖直径 2～4cm，扁半球形，中部脐状，干，有微细鳞片或近光滑，橘红色至朱红色。菌肉薄，黄色。菌褶直生至近延生，鲜黄色。菌柄长 4.5～5cm，粗 0.2～0.4cm，圆柱形内空变中空光滑，橘黄色。孢子无色，光滑至近光滑，椭圆形，（7～7.9）μm×（4.5～6）μm。

生态习性：夏秋季生于林缘地上，群生。

分布：东大山。我国甘肃、西藏、吉林、江苏、安徽、广西、广东、台湾、湖南等地均有分布。

5.2.1.10 小皮伞科（Marasmiaceae）

硬柄小皮伞 ［*Marasmius oreades* （Bolt.：Fr.）］

别名：硬柄皮伞、仙环上皮伞。

特征：子实体较小。菌盖宽 3～5cm，扁平球形至平展，中部平或稍凸，浅肉色至深土黄色，光滑，边缘平滑或湿时稍显出条纹。菌肉近白，形成蘑菇圈，有时生林中地上。

经济价值：气味香，味鲜，口感好；可药用，治腰腿疼痛、手足麻木、筋络不适等。

生态习性：夏秋季在草地上群生并形成蘑菇圈，有时生林中地上。

分布：东大山。我国西藏、青海、内蒙古、河北、山西、四川、湖南、福建、贵州、安徽等地均有分布。

5.2.2 鬼笔目（Phallales）

鬼笔科（Phallaceae）

多变拟多孔菌 ［*Polyporellus varius* （Pers.：Fr.） Karst］

别名：多孔菌、黄多孔菌。

特征：子实体散生或群生。菌盖肾形或肩形，稍凸至平展，基部常下凹，（3～7.5）cm×（5～12）cm，厚 3.5～10mm，深蛋壳色至深褐色，光滑，边缘薄而锐，波浪状至瓣裂。菌柄侧生至偏生，长 6～30mm，粗 3～15mm，有微细绒毛，渐变光滑，全部黑色，有时仅基部里色。菌肉白色至近白色，厚 1.5～7mm。菌管长 2～3mm，与菌肉同色，干后淡粉灰色；管口与其同色；圆形至多角形，每毫米 3～5 个。经济价

值：药用，性温，味微咸，能追风散寒，舒筋活络，是山西中药"舒筋散"的原料药之一；治腰腿疼痛、手足麻木。

生态习性：夏秋生于栎、桦等阔叶树的腐木上，罕生于云杉和松树上。

分布：东大山。我国甘肃、青海、新疆、黑龙江、山西、陕西、吉林、福建、海南，四川、云南、安徽、浙江、江西等地均有分布。

5.2.3 多孔菌目（Polyporales）

褐褶菌科（Gloeophyllaceae）

褐褶菌 ［*Gloeophyllum striatum*（Swartz.：Fr.）］

特征：担子果一年生，无柄或平展至反卷，韧木栓质。菌盖半圆形，扇形或左右相连，有时呈覆瓦状，（1~6）cm×（2~12）cm，厚3~10mm；表面新鲜时亮锈褐色、干后灰褐色，深肉桂色至深栗色，后期近黑色，有粗绒毛及宽环带；边缘薄、锐、波浪状，常呈淡黄色。菌肉锈褐色至深咖啡色，厚1.5~3mm。菌褶宽2~7mm，间距0.5~1mm，稀相互交织，深肉桂色至灰褐色，褶缘初期厚，渐变薄呈波浪状。菌丝系统三体型；生殖菌丝无色到近淡黄色，具锁状联合，直径2.6~4.3μm；骨架菌丝淡棕黄色，厚壁到实心，直径3.5~5.2μm；缠绕菌丝无色，厚壁，分枝，弯曲，直径2.3~2.6μm。囊状体透明、薄壁到厚壁，（37~45）μm×（4~7）μm。担孢子圆柱形，透明、平滑，（7.1~9.5）μm×（2.4~3.5）μm。

生态习性：生于针叶树木材上，如松、落叶松、云杉、冷杉等，稀生于桦树上。

分布：东大山。我国甘肃、青海、西藏、新疆、陕西、河北、北京、山西、太原、吉林、黑龙江、福建、江西、湖北、湖南、广东、广西、贵州、四川、云南等地均有分布。

5.2.4 非褶菌目（Polyporales）

多孔菌科（Gloeophyllaceae）

（1）棱孔菌 ［*Favolus alveolaris*（DC.：Fr.）Quél.］

别名：大孔菌。

特征：子实体单生、群生。菌盖肾形至扇形，具瘤状侧生短柄，后侧往往下凹，（3~6）cm×（4~10）cm，厚2.5~7mm，偶尔圆形，漏斗状并具偏生柄。新鲜时韧肉质，干后变硬，无环纹，初具浅朽叶色，并有由纤毛组成的小鳞片，后期近白色，几乎光滑，边缘薄，常内卷。菌肉白色，厚1~2mm。菌管深2~5mm，近白色至浅黄色；管口长形，辐射状排列，长1~3mm，宽0.5~1.5mm，管壁薄，常呈锯齿状。孢子圆柱形，（9~11）μm×3μm。菌丝无色，分枝，粗3~4.5um；有菌丝柱，无色，圆柱形，（30~75）μm×（15~25）μm。

生态习性：夏秋生于阔叶树的枯枝上。

分布：东大山。我国甘肃、黑龙江、辽宁、河北、山西、河南、陕西、四川、安徽、浙江、福建、湖南、贵州、广西、云南等地均有分布。

（2）漏斗大孔菌 ［*Favolus arcularius*（Batsch：Fr.）Ames］

特征：子实体一般较小。菌盖直径1.5~8.5cm，扁平中部脐状，后期边缘平展或翘起，似漏斗状，薄，褐色、黄褐色至深褐色，有深色鳞片，无环带，边缘有长毛，新鲜时韧肉质，柔软，干后变硬且边缘内卷。菌肉厚 1～4mm，干时呈草黄色，管口近长方圆形，辐射状推列，直径 1～3mm。柄中生，同盖色，往往有深色鳞片，长 2～8cm，粗 1～5mm，圆柱形，基部有污白色粗绒毛。孢子无色，长椭圆形，平滑，(6.5～9)μm×（2～3)μm。

生态习性：夏秋季生于多种阔叶树倒木及枯树上。

分布：东大山。我国甘肃、西藏、内蒙古、陕西、香港、海南、黑龙江、新疆、云南、台湾等地均有分布。

5.2.5 灰锤目（Tilostoraatales）

灰锤科（Tulistomataceae）

（1）柄灰锤（*Tulostoma brumale* Pers.）

特征：子实体小。外包被往往脱落且基部留存，外包被光滑，膜质，近球形，初茶褐色，后减退为浅粉灰色，直径 1.1～1.5cm，孔直径 1.5mm。柄长 2～4.8cm，粗 4～5mm，朽叶色，圆柱形，有纵向条纹和短的鳞片，内部白色，基部有球形的菌丝团。孢体浅土黄色，孢丝近无色，无分支，有稀疏横隔，横隔处不膨大，粗 5～10μm。孢子球状，黄色，有明显小疣，直径 5～6μm。经济价值：可药用，能消肿、止血、清肺解毒，另外可治感冒咳嗽、外伤出血。

生态习性：秋季生草地上。

分布：东大山。我国甘肃、山西、宁夏等地均有分布。

（2）裂顶柄灰锤（*Schizostoma laceratus* Ehrenb.）

特征：子实体小。内包被褐色、灰褐色及灰白色，球形或扁球形，直径 1.2～2.2cm，高 0.6～2cm，后期顶部不规则状或星状开裂。外包被薄，常与沙黏在一起，开裂后脱落，在内包被基部留下衣领状的"菌环"。柄圆柱形，高 6～11μm，中部渐细，近白色，有纵向皱褶数条，柄基部有外包被残留的扁球形的"菌拖"和"根"一致数条。孢子球形或椭圆形，光滑，褐色，4.5～6μm。孢丝短，薄壁，长短不一，有短分支，末端圆，常弯曲成弹丝，无横隔，褐色。经济价值：孢粉可药用，可用于止血、消肿、利肺、利喉、解毒。

生态习性：生长于梭梭、沙拐枣、散生。

分布：东大山。我国甘肃、新疆、内蒙古等地有分布。

（3）白柄灰锤（*Tulostoma jourdanii* Pat.）

特征：子实体小。包被扁锤形，灰白色，膜质，宽 1～1.7cm，高 0.7～1.3cm，具外凸、圆形的钉孔，直径 0.15～0.2cm。菌柄圆柱形，中空，长 2～4cm，粗 0.3～0.6cm，表面撕裂成鳞片并有纵条纹，上部白色，下部渐成红色，内部白色，顶部插入包被基部的凹穴内。孢体肉桂色，松软呈粉末状。孢子近球形，有色，孢子壁粗糙，直径 4.5～6μm。孢丝透明，粗 3.5～8μm，有分支，横隔少，隔膜处膨大有色。经济价值：可药用外用有消肿、止血、清肺、利喉、解毒作用，且可用于治扁桃体、咽喉炎、声音沙哑。

生态习性：在云杉、林地上或草原上，单生或散生。

分布：东大山。我国甘肃、青海、新疆、内蒙古、山西等地均有分布。

5.2.6 灰包目（Lycoperdales）

地星科（Geastraceae）

（1）毛嘴地星 ［*Geastrum fimbriatum*（Fr.）Fischer.］

特征：子实体小，未开裂之前近球形，浅红褐色。开袋后外包被反卷，基部呈浅袋装，上半部裂为 5~9 瓣。外包被薄、部分脱落，内部肉质，灰白色至褐色，与中层紧贴一起，干时开裂并常剥落。内包被直径 1~2cm，球形，灰色，无柄，嘴部突出且不很明显。孢子褐色，稍粗糙，球形，2.5~4μm。孢丝细长，粗 4~7μm，浅褐色。

生态习性：夏末秋初于林中腐枝落叶层地上散生或近群生，有时单生。

分布：东大山。我国各地均有分布。

（2）尖顶地星 ［*Geastrum triplex*（Jungh.）Fisch.］

特征：子实体小，初期扁球形。外包被基部浅袋形，上半部分裂为 5~8 个尖瓣，裂片反卷，外表光滑，蛋壳色；内层肉质，干后变薄，栗褐色，常常与纤维质的中层分离而部分脱落，仅基部存留。内包被无柄，球形，灰粉色至烟灰色，直径 17~27mm，嘴部明显，宽圆锥形。孢子球形，褐色，有小疣，直径 3.5~5μm。孢丝浅褐色，不分支，粗达 7μm。

生态习性：夏末秋初于林中腐枝落叶层地上散生或近群生，有时单生。

分布：东大山。我国甘肃、宁夏、青海、新疆、吉林、河北、山西、四川、云南、福建等地均有分布。

（3）粉红地星（*Geastram rufescens* Pers.）

特征：子实体小或中等，在开裂前埋于土或地面基物下，近似球形，顶部突起不明显，成熟后开裂，外皮层开裂 6~9 瓣，反卷，张开时总直径可达 5~8cm，外层松软与砂黏接成片状剥离，中层纤维质，干后外表呈蛋壳色，内侧菱色、肉质，新鲜时很厚，常裂成块状脱落，干后变成棕灰色至灰褐色的薄膜。内包被无柄，膜质，肉粉灰色，直径 1.5~3cm，粗糙至绒状，顶部不定形或撕裂成口。孢子球形，褐色，不分支，粗 3~6.5μm 或更粗。

生态习性：夏末秋季在林间地上成群或分散生长。

分布：东大山。我国甘肃、新疆、青海、西藏、河南、江苏、湖南、四川、云南等地均有分布。

5.2.7 马勃菌目（Lycoperdales）

马勃菌科（Sclerodermataceae）

小马勃（*Lycoperdon pusillus* Batsch：Pers）

特征：子实体小，近球形，宽 1~1.8cm，罕达 2cm，初期白色，后变土黄色及浅茶色，无不孕基部，有根状菌索固定于积物上。外包被有细小易脱落的颗粒组成；内包被薄，光滑，成熟时尖顶有小口，内部蜜黄色至浅茶色，孢子分支，与孢子同色，粗3～4μm。

生态习性：夏秋季生草地上。

分布：东大山。我国甘肃、内蒙古、西藏、青海、陕西、山西、辽宁、江西、福建、台湾、湖南、广东、香港、广西、河南、四川、云南等地均有分布。

5.2.8　蜡钉菌目（Helotiales）

地舌菌科（Geoglossaceae）

黄地勺菌（*Spathularia flavida* Pers. : Fr. ）

特征：子囊果肉质，较小，高3～8cm，有子实层的部分黄色或柠檬黄色，呈倒卵圆形或近似勺状，延柄上部的内侧生长，宽1～2cm，往往波浪状或有向两侧的脉棱。菌柄色深，近柱形或略扁，基部稍彭大，粗0.3～0.5cm，长2～2.5cm。子囊棒状，（90～120）μm×（10～13）μm。孢子成束，8枚，无色，棒性至线性，多行排列，（35～48）μm×（2.5～3）μm。侧丝线形，细长的顶部粗约2μm。

生态习性：夏秋季在云杉、冷杉等针叶林中地上成群生长，往往生长于苔藓间。

分布：东大山。我国甘肃、青海、内蒙古、西藏、新疆、吉林、黑龙江、四川、山西、陕西等地均有分布。

5.2.9　盘菌目（Pezizales）

5.2.9.1　盘菌科（Pezizaceae）

（1）茶褐盘菌（*Peciza praetervisa* Bers. ）

特征：子囊盘直径1～2.5μm，初期碗状或浅杯状。子实层面褐色、茶褐色或灰紫色，平滑，背面色浅、微粗糙或似有粉末状。孢子有点小，椭圆形，（11～13.5）μm×（6～8）μm。

生态习性：夏秋季于林地中地上群生。

分布：东大山。我国各地均有分布。

（2）粪缘刺盘菌［*Cheilymenia coprinaria*（Cooke）Boud. ］

特征：子囊盘直径0.2～1cm，呈浅杯状或浅盘状，橘黄色，边缘色较深，无柄，内表面光滑，外表面被浅褐色至无色的毛，其毛顶端尖锐，（520～820）μm×（33～38）μm。子囊柱状，基部收缩。子囊孢子椭圆形至长椭圆形，（17～18）μm×（8～9.5）μm。侧丝细棒状，顶部多充满黄褐色颗粒。该菌有分解牛粪等纤维素的作用。

生态习性：生于温带、亚热带林缘草地或草原上，多于草场牲畜粪上散生或聚生。

分布：东大山。我国内甘肃、内蒙古、青海、四川、云南、北京、新疆草原牧区等。

5.2.9.2　羊肚菌科（Morchellaceae）

黑脉羊肚菌（*Morchella angusticeps* Peck）

特征：子囊果中等大小，高6～12cm。菌盖锥形或近圆柱形，高4～6cm，粗2.3～5.5cm，凹坑多呈长方圆形，淡褐色至蛋壳色，棱纹黑色，纵向排列，有横球交织，边缘与菌柄连接在一起。菌柄乳白色，近圆柱形，长5.5～10.5cm，粗1.5～3cm，上部稍有颗粒，基部往往有凹槽。子囊近圆柱形，（128～280）μm×（15～23）μm。子囊孢子单行排列，（20～26）μm×（13～15.3）μm，侧丝基部有的有分隔，顶端膨大，粗8～13μm。

生态习性：云杉、冷杉等林地上大量群生。

分布：东大山。我国甘肃、西藏、新疆、内蒙古、青海、四川、云南等地均有分布。

5.2.9.3　马鞍菌科（Helvellaceae）

（1）黑马鞍菌（*HelveUa atra* Holmsk：Fr.）

特征：子囊果小，黑灰色。菌盖直径1～2cm，呈马鞍形或不正规马鞍形，边缘完整，与桥分离，上表面即子实层面黑色至黑灰色，平整，下表面灰色或暗灰色，平滑，无明显粉粒。菌柄圆柱形或侧扁，稍弯曲，黑色或黑灰色，往往较盖色浅，长2.5～4cm，粗0.3～0.4cm。表面有粉粒，基部色浅，内部实心，子囊圆柱形，（200～280）μm×（15～19）μm，含孢子8枚，单行排列。孢子无色，平滑，椭圆形至长方形，（16～19.5）μm×（9.5～12.3）μm，含一大油球。测丝细长，有分隔，不分支，灰褐色至暗褐色，顶部膨大呈棒状，粗8μm。

生态习性：夏秋季节林中地上散生或群生。

分布：东大山，国内甘肃、新疆、河北、云南、四川，湖南、山西等地均有分布。

（2）波状根盘菌（*Rhizina undulala* Fr.）

特征：子囊盘群生或散生。子囊盘无柄，平展于地面上，直径3～10cm，厚2～3mm，下面有假根状菌丝束伸入地中。子实层面红褐色，有不规则的波曲，边缘淡色，下面淡土黄色，有细皱。子实层面中除薄壁无色的侧丝外，还有厚壁褐色、刚毛状的侧丝和钝头的侧丝。子囊圆柱形，300～400μm，子囊孢子纺锤状，（22～40）μm×（8～11）μm，有2个至多个油滴。

生态习性：夏秋季节林中地上散生或群生。

分布：东大山，国内甘肃、福建、贵州等地均有分布。

（3）马鞍菌（*Helvella elastic* Bull.：Fr）

特征：子囊果小。菌盖马鞍形，宽2～4cm，蛋壳色至褐色或近黑色。表平面平滑或卷曲，边缘与柄分离。菌柄圆柱形，长4～9cm，粗0.6～0.8cm，蛋壳色至灰色。子囊（200～280）μm×（14～21）μm，孢子8个单行排列。孢子无色，含一大油滴，有的粗糙，椭圆形，17（16.5）～22（23）μm×4μm。侧丝上端膨大，粗6.3～10μm。

生态习性：夏秋季生长于林地中地上，往往成群生长。

分布：东大山，国内甘肃、青海、新疆、西藏、吉林、河北、山西、陕西、四川、江苏、浙江、江西、云南、海南等地均有分布。

第6章 生物多样性综合评价

6.1 生物多样性评价

2017年6~7月笔者结合第2章所列标准对东大山的植物资源进行生物多样性的调查分析；对动物资源的保护价值、珍稀濒危动物种类、珍稀濒危野生动物多样性保护价值进行了评价；对生物资源多样性进行了综合评价。

6.1.1 植物资源多样性研究结果与分析

6.1.1.1 植物物种多样性的地域特征（样方）

该部分内部涉及的样地调查情况见表6-1和表6-2。

表6-1 样地调查统计表（阴坡）

样方号	海拔/m	地理坐标	物种数	物种株数
SH 01	3 566	39°00′31.830″N, 100°49′07.367″E	10	1 421 676
SH 02	3 515	39°00′55.618″N, 100°49′04.699″E	10	713 464
SH 03	3 426	39°01′20.780″N, 100°48′43.649″E	12	1 640 272
SH 04	3 304	39°01′49.603″N, 100°48′31.572″E	13	608 786
SH 05	3 230	39°02′43.111″N, 100°47′45.339″E	9	1 102 643
SH 06	3 149	39°02′51.955″N, 100°47′41.942″E	13	1 101 497
SH 07	3 074	39°02′56.904″N, 100°47′35.802″E	9	588 272
SH 08	2 987	39°02′57.758″N, 100°47′49.906″E	12	692 100
SH 09	2 911	39°02′58.153″N, 100°47′22.629″E	3	384 058
SH 10	2 836	39°03′02.993″N, 100°47′13.448″E	8	488 083
SH 11	2 768	39°03′10.818″N, 100°47′04.255″E	13	408 069
SH 12	2 675	39°03′21.204″N, 100°46′53.567″E	8	421 136
SH 13	2 582	39°03′41.490″N, 100°46′41.260″E	15	777 195
SH 14	2 506	39°03′49.712″N, 100°46′31.990″E	19	862 816
SH 15	2 392	39°04′17.328″N, 100°46′38.816″E	11	54 186

表6-2　样地调查统计表（阳坡）

样方号	海拔/m	地理坐标	物种数	物种株数
SU 01	3 566	39°00′21.141″N，100°48′49.106″E	10	1 738 800
SU 02	3 515	39°00′56.183″N，100°49′03.163″E	10	1 581 096
SU 03	3 426	39°01′19.472″N，100°48′42.873″E	12	2 079 712
SU 04	3 304	39°01′49.098″N，100°48′31.605″E	13	964 053
SU 05	3 230	39°02′42.914″N，100°47′45.419″E	9	902 136
SU 06	3 149	39°02′55.167″N，100°47′42.290″E	13	1 496 600
SU 07	3 074	39°02′57.047″N，100°47′35.511″E	9	1 180 200
SU 08	2 987	39°02′57.567″N，100°47′29.065″E	12	1 342 328
SU 09	2 911	39°02′58.412″N，100°47′22.731″E	3	1 209 864
SU 10	2 836	39°03′03.093″N，100°47′13.398″E	8	1 442 144
SU 11	2 768	39°03′23.364″N，100°46′23.969″E	13	1 190 400
SU 12	2 675	39°03′42.631″N，100°46′02.789″E	8	422 839
SU 13	2 582	39°03′52.653″N，100°45′48.466″E	15	634 000
SU 14	2 506	39°03′49.613″N，100°46′33.860″E	19	730 442
SU 15	2 392	39°04′16.174″N，100°46′35.071″E	11	632 336

根据样地调查结果，结合第2章"2.3.1.3 植物多样性的测定方法与公式"得出植物物种多样性指数（表6-3，表6-4）。

表6-3　植物物种多样性指数（阴坡）

样方	海拔/m	丰富度（S）	多样性（H）	均匀度（E）	优势度（P）
SH 01	3 566	10	1.621 2	0.704 1	0.765 7
SH 02	3 515	10	0.805 2	0.349 7	0.518 2
SH 03	3 426	12	1.636 7	0.638 1	0.751 3
SH 04	3 304	13	1.561 0	0.608 6	0.750 7
SH 05	3 230	9	1.009 7	0.459 5	0.544 0
SH 06	3 149	13	1.568 3	0.611 4	0.687 1
SH 07	3 074	9	0.701 9	0.319 4	0.365 7
SH 08	2 987	12	0.790 0	0.317 9	0.398 3
SH 09	2 911	3	0.468 4	0.426 3	0.291 7
SH 10	2 836	8	0.781 5	0.375 8	0.363 6
SH 11	2 768	13	0.415 2	0.161 9	0.210 1
SH 12	2 675	8	0.335 3	0.161 2	0.176 8
SH 13	2 582	15	0.735 9	0.271 7	0.306 6
SH 14	2 506	19	1.608 4	0.546 2	0.751 9
SH 15	2 392	11	1.060 1	0.442 1	0.563 0

表 6-4　植物物种多样性指数（阳坡）

样方	海拔/m	丰富度（S）	多样性（H）	均匀度（E）	优势度（P）
SU 01	3 566	7	1.536 4	0.789 5	0.763 3
SU 02	3 515	10	1.307 4	0.567 8	0.622 3
SU 03	3 426	10	1.739 9	0.755 6	0.792 3
SU 04	3 304	12	1.357 1	0.546 1	0.648 7
SU 05	3 230	6	0.712 8	0.397 8	0.452 5
SU 06	3 149	14	1.865 9	0.707 0	0.780 0
SU 07	3 074	14	2.021 9	0.761 1	0.827 8
SU 08	2 987	13	1.879 1	0.732 6	0.793 6
SU 09	2 911	17	2.174 3	0.767 4	0.857 9
SU 10	2 836	14	1.883 3	0.713 6	0.763 9
SU 11	2 768	11	1.547 1	0.645 2	0.689 4
SU 12	2 675	18	1.853 9	0.641 4	0.772 0
SU 13	2 582	11	1.550 7	0.646 7	0.698 0
SU 14	2 506	14	1.787 4	0.677 3	0.804 5
SU 15	2 392	9	1.055 6	0.480 5	0.447 4

从数据的采集和处理过程来看，植被依阴坡、阳坡分布情况大致可分为三类：高海拔区域气候高寒湿润，阴坡、阳坡差异较小；中海拔区域较高海拔区域温度升高，降雨充足，阴坡、阳坡差异明显；低海拔区域温度高、降雨少、坡度较缓，导致阴坡、阳坡差异不明显。

植物物种多样性测度结果表明：在样方的多样性指标中，多样性指数（H）最大为 2.1743，最小为 0.3353，平均值为 1.3124；均匀度指数（E）最大值为 0.7895，最小值为 0.1612，平均为 0.5539；丰富度指数（S）最大为 19，最小为 3，平均为 12；优势度指数（P）最大值为 0.8579，最小值为 0.1768，平均值 0.6347。

6.1.1.2　植物物种多样性的空间分布特征（海拔）

地形对物种多样性分布所起的作用已为很多学者所认识，有研究认为海拔是影响植物群落物种多样性格局的主要因子之一，并总结出了物种多样性与海拔梯度关系的 5 种模式（陈伟烈，1997）。为了探求东大山植物物种多样性沿海拔梯度的分布规律和其内在机制，本部分以海拔为主，分阳坡、阴坡对其进行分析。

图 6-1 反映了植物物种多样性沿海拔梯度的变化模式。可以发现，植物多样性与海拔的关系从线性图形上看：丰富度指数随海拔的升高，阴坡和阳坡均呈现下降的趋势；多样性指数、均匀度指数和优势度指数都随海拔的升高而升高，阴坡的上升趋势明显，阳坡上升平缓。

在高海拔区域植被基本属于初生演替的苔藓植物、草本植物和灌木群落阶段，群落多，导致均匀度、优势度较高，多样性指数和丰富度指数下降。在中海拔区域水热适宜，在阴坡高大乔木占据优势，草本和灌木数量种类都减少，多样性指数、丰富度

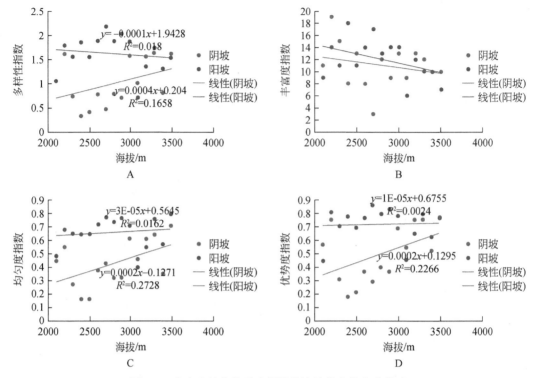

图 6-1 东大山植物物种多样性沿海拔梯度的变化模式

指数、均匀度指数和优势度指数均有下降趋势；阳坡多以喜光耗热植物为主，相比高海拔区域，植物丰多样性指数、丰富度指数、均匀度指数和优势度指数均有上升。低海拔区域由于海拔低，不在优势植物分布区域，高温而且降水偏少，基本以耐旱植物为主，阴坡物种多样性、均匀度和优势度指数较低，丰富度指数相对中高海拔有所上升；阳坡多样性、丰富度、均匀度和优势度指数变化相对于中、高海拔区域变化不明显。

　　总体来讲，东大山实行人为保护，植物多样性基本不受人为因素干扰，受降水和温度的限制较多。在高海拔区域温度低、湿度大，优势度指数较高，耐高寒耐湿的物种占据优势；随着海拔降低，水热条件适宜，导致优势度指数降低。

6.1.2 动物资源多样性研究结果与分析

6.1.2.1 动物的保护价值数据采集

　　经多次调查，林区分布有 3 纲 17 目 36 科 57 属 91 种野生动物。其中哺乳纲 4 目 6 科 7 种；鸟纲 12 目 26 科 80 种；爬行纲 1 目 4 科 4 种。种群数量较多的有岩羊、甘肃马鹿，林缘区还有黄羊（蒙古原羚）等活动，均属国家二级保护动物。此外还有石兔、鼠兔、旱獭、猞猁、狐狸、豹猫等。据记载，20 世纪六七十年代东大山林区曾有雪豹、狼、盘羊等出没，现已绝迹。列入国家一类、二类保护的鸟类有暗腹雪鸡、金雕、鸢、红隼、燕隼等几种。蛇类有白条锦蛇和蝮蛇两种，蜥类有荒漠麻蜥和荒漠沙蜥两种。表 6-5 统计结果赋值来自《中国生物多样性红色名录——脊椎动物卷》。

表 6-5 动物保护等级

动物名称	濒危性赋值	特有性赋值	保护等级赋值	保护重要值
猞猁	4	1	4	16
岩羊	1	1	4	4
甘肃马鹿	1	8	4	32
红隼	1	1	4	4
燕隼	1	1	4	4
鹰	1	1	4	4
金雕	1	1	8	8
纵纹腹小鸮	1	1	4	4

6.1.2.2 数据处理及分析

根据第 2 章 "2.3.2 动物资源多样性研究" 中所用方法计算得出，祁连山自然保护区动物保护等级中濒危性与特有性无法考正均赋值为 1，结果如表 6-6。

表 6-6 动物保护价值指数

自然保护区	省份	N_A	V_A	N_{AT}	V_{AT}
东大山	甘肃	91	12.727 9	1	4
祁连山	甘肃	286	22.383 0	0	0

注：N_A 为动物种类；V_A 为动物多样性保护价值；N_{AT} 为珍稀濒危动物种类；V_{AT} 为珍稀濒危动物多样性保护价值

东大山海拔（2200～3600m），与祁连山海拔（1800～5547m）相比，在垂直高度上仅占祁连山的 38%；东大山总面积 0.956 万公顷，祁连山自然保护区总面积 198.72 万公顷，东大山仅占祁连山保护区面积的 0.48%。

比较东大山动物多样性保护价值指数与祁连山自然保护区动物多样性保护价值指数，结果显示：东大山野生动物中一级保护动物 1 种，二级保护动物 8 种，其中甘肃特有种 1 种，濒危动物 1 种，多样性保护价值指数为 12.7279；祁连山自然保护区野生动物中一级保护动物 14 种，二级保护动物 39 种，多样性保护价值指数为 22.3830；一级保护动物物种数占祁连山的 7.1%，二级保护动物物种数占祁连山的 20.5%，野生动物多样性保护指数占祁连山的 56.86%。这充分说明东大山野生动物多样性保护指数在祁连山保护区占有非常重要的比例，祁连山自然保护区局部范围（东大山）动物物种多样性高度丰富。

动物资源多样性是持续发展的基础，对稳定和发展人类社会经济具有重要意义。随着人口的迅速增长，人类经济活动不断加剧，作为人类生存最为基础的生物多样性受到了严重威胁，动物多样性的破坏会对人类社会造成不可逆的影响。而东大山地理位置优越，地处河西走廊，南隔张掖盆地与祁连山相望，动物资源丰富，如果动物多样性受到破坏势必会影响生物多样性，从而对张掖市及周边地区生态环境造成严重影响，如果破坏了生态平衡，对整个祁连山乃至河西走廊都有严重的影响。所以动物多样性是保护生态多样性的基础。

6.1.3 总体结果与分析

6.1.3.1 数据采集

根据调查和资料得到东大山维管束植物共有 152 种，其中受威物种和特有物种如表 6-7 所示；野生动物共 95 种，其中受威物种和特有物种如表 6-8 所示。

表 6-7 维管束植物采集表

| 序号 | 受威或特有物种信息 | | | 分布信息 |
	物种名称	受威程度	是否中国特有	
1	青海云杉（*Picea crassifolia* Kom.）	—	是	头道沟、二道沟、三道沟
2	祁连圆柏（*Sabina przewalskii* Kom.）	—	是	头道沟、二道沟、三道沟
3	中麻黄（*Ephedra intermedia* Schrenk ex Mey.）	近危(NT)	—	仙沟堡、黑沟台、马圈沟
4	甘青铁线莲（*Clematis tangutica*（Maxim）Korsh）		是	黑沟、揽柴河
5	蒙古扁桃［*Amygdalus mongolica*（Maxim）Ricker］	易危(VU)	是	中林沟、黑沟、火烧沟
6	高山锦鸡儿（*Caragana alpina* Liou f.）	易危(VU)		天涝池、老寺顶、黄羯子
7	甘肃锦鸡儿（*Cardganq gansnensis*Pojark）	—	是	天涝池、老寺顶、黄羯子
8	甘肃棘豆（*Oxytropis kansaensis* Bunge.）	—	是	黑沟，阴帐河、揽柴河
9	直立点地梅（*Androsace erecta* Maxim）	近危(NT)	—	黑沟台
10	甘肃马先蒿（*Pedicularis kansuensis* Maxim）	—	是	黑沟，阴帐河、揽柴河
11	陇塞忍冬（*Lonicera tangutica* Maxim.）	—	是	三个泉、前口、牛角山

注："—"表示中国持有，但不一定受威胁

表 6-8 野生动物采集表

序号	物种名称	受威程度	是否中国特有
1	甘肃马鹿（*Cervus elaphus kansuensis*）	无危(LC)	是
2	草地鹨（*Anthus pratensis*）	近危(NT)	否
3	贺兰山红尾鸲（*Phoenicurus alaschanicus*）	近危(NT)	否
4	红颈苇鹀（*Emberiza yessoensis*）	近危(NT)	否
5	弯嘴滨鹬（Curlew sandpiper）	近危(NT)	否

6.1.3.2 结果处理

依据第 2 章 "2.3.3.2 多样性评价方法"，结合数据采集结果，得出生物多样评价相关指数，具体如表6-9所示。

表6-9 计算结果统计表

项目名称	项目指数	归一化后
植物丰富度	152	11.5942
野生动物丰富度	95	33.2168
生态系统类型	14	11.2903
受威胁物种丰富度	0.0048	1.5635
物种特有性指数	0.0068	4.3257
生物多样性指数（BI）		13.6417

6.1.3.3 东大山生物多样性评价

通过将计算结果对照生物多样性状况分级标准（第2章"2.3.3.2多样性评价标准"）显示；生物多样性指数（BI）= 13.6417<20（表6-10），生物多样性等级低，表明东大山物种贫乏，生态系统类型单一、脆弱，生物多样性极低。

表6-10 生物多样性状况分级标准

生物多样性等级	生物多样性指数	生物多样性状况
高	BI≥60	物种高度丰富，特有属、种多，生态系统丰富多样
中	30≤BI<60	物种较丰富，特有属、种较多，生态系统类型较多，局部地区生物多样性高度丰富
一般	20≤BI<30	物种较少，特有属、种不多，局部地区生物多样性较丰富，但生物多样性总体水平一般
低	BI<20	物种贫乏，生态系统类型单一、脆弱，生物多样性极低

6.2 生态环境现状评价

6.2.1 生态环境的脆弱性

近现代以来对东大山森林资源的过度采伐，使区内生态环境遭受严重破坏，从山坡上遗留的利用价值很低的青海云杉、祁连圆柏来看，在百年前北坡乔木林可能分布至海拔2000~2300m，南坡则以分水岭为界，乔木很少。森林植被分割成不连续的带状和块状，森林生态系统的整体功能被削弱，系统反馈调节能力减弱；过度放牧使森林生态系统边缘的植被遭受严重破坏，林下更新能力减弱甚至丧失，对自然和人为干扰的抗御能力减弱；受全球气温上升和人为破坏的影响，森林植被带上移；建群种单一，群落结构简单，极易受环境的干扰，植被脆弱，抗病虫害及其他灾害的能力也弱。

6.2.2 乔木林、灌木林不连续分布

地质作用和外营力作用，塑造了东大山破碎的地貌景观；青海云杉林主要分布于沟谷和阴坡，随沟谷和阴坡地形的变化，形成片状、块状或条块状；过度放牧破坏了森林生态系统的边缘植被，林地被草原蚕食，难以天然或人工更新；灌木林沦为草场，草场向乔木林推进，林分遭到破坏，森林生态系统承受着畜牧业过度利用的巨大压力，极易发生逆行演替，造成生态系统退化。

6.2.3 生物多样性受到威胁

由于人为的过度猎杀，东大山的部分大型食肉动物如雪豹等在20世纪70年代就已经灭绝，狼的数量急剧下降，食肉动物对大型草食动物的控制能力降低，致使大型草食动物种群数量不断增长，对植被的破坏加剧，加之牧业活动的增多，使植物的生物多样性受到严重威胁，使以植物为食、以植被为栖息环境的其他生物的生物多样性同样也受到严重威胁。

6.2.4 林牧矛盾突出

据调查统计，在东大山经常有马、牛等大家畜约3000头（匹），羊约30000只在林区放牧，使现有草原载畜量大家畜达1.49头（匹）/hm²，小家畜（羊）14.88只/hm²。而该区草原最大载畜量按大家畜来算，最多只能容纳600多头（匹），即0.31头（匹）/hm²；按小家畜来算，最多可容纳2000余只，约1只/hm²。目前的载畜量远远超过了合理载畜量，而且干燥的气候和近几年的干旱，牧草生长不良，产草量下降，使得林牧矛盾显得十分尖锐。

（1）过度放牧影响着云杉林的更新

经调查发现，在20世纪六七十年代，烂柴河、阴帐、大黑沟等地段，人工林均被牲畜啃食；在过度放牧严重的马圈沟、中林沟、老寺顶等地方的云杉幼苗顶芽大多被牛羊啃食，造成林内更新不良，使现有森林缺乏后续资源。

（2）过度放牧使灌丛向草原退化

过度放牧的俄博顶等地带的高山灌丛，多为夏季牧场，严重影响着该灌丛的生长和更新。据对吉拉柳群落观察，封禁区的道人地（长期封护）、老寺顶（1982年封护）与过度放牧区的俄博顶、岔子梁有显著差异。封禁区灌丛枯枝落叶层厚，吉拉柳及牧草生长良好。因海拔高，温度低，枯枝落叶分解差，物质循环慢，但保水力强，水源涵养作用明显。放牧区枯枝落叶层薄，地表紧实，牧草稀疏，生长不良，局部地方有水土流失的现象，涵养水源的作用降低，整个灌木群落向着草原群落退化。

（3）过度放牧会使高山草原趋于荒漠化

林区边缘地带的仙沟堡、红泉及林区内的闸子沟、马圈沟、大滩等一些遭受牛、羊严重践踏的草场，植物生长不良，甚至枯死，有毒有害植物增加，造成水土流失，草原严重退化。

6.3 生物资源多样性保护研究

6.3.1 生态环境建设的原则

应坚持"全面规划，综合治理；因地制宜，因害设防；分类经营，保护优先；乔灌为主，生物、工程措施相结合"的原则，加强人工更新，努力扩大森林面积，加快改善生态环境建设步伐，保护生物多样性，保持经济的可持续发展。

6.3.2 生态环境建设的对策及建议

6.3.2.1 植物资源保护利用对策及建议

（1）对东大山花卉资源保护利用的几点建议

1）加强野生花卉的引种驯化工作。明确野生花卉的引种方向、对象、种类，调查其生态习性，找出繁殖和栽培方法，繁育苗木，评价园林观赏价值。

2）要保护性地开发利用野生花卉。野生花卉资源是园林应用中非常珍贵的资源。在开发利用这些野生花卉的同时，更要保护好它们。要从粗放采集原材料向规模化人工栽培方向发展，这样不但保证了野生花卉资源的可持续发展，而且对保护山区生态环境有着重要的现实意义。

3）加强野生花卉的育种工作。目前，有些野生花卉的观赏价值还不尽如人意，需要通过一些育种手段改变其不良性状，获得人们在观赏上所需要的优良性状。要正确认识野生花卉资源的潜在价值，积极进行开发研究，就一定会发挥出野生花卉资源的生产潜力，造福于园林建设。

（2）东大山药用植物保护利用及对策

药用植物资源的保护涉及多个部门及政策、立法及科学研究等多方面的问题，结合东大山的实际情况。提出以下综合性保护对策。

1）对野生生物资源的采集、利用，要加强立法和执法工作，控制资源利用量，防止资源枯竭。

2）加强药用植物资源的科研工作，在现有资料基础上，进一步开展该区药用植物资源的调查和应用基础研究，为资源保护和合理开发提供科学依据。

3）建立药用植物园，以便保护本地区生物多样性、重要药用植物的保护繁衍、科学研究、科普宣传、对外合作交流，尤其对该区濒危药用植物进行移迁保护。

4）对有重要开发价值的药用植物进行保护，建立繁育等生产基地，以满足开发及产业化的要求。

（3）东大山主要经济植物资源的保护利用及对策

1）水栒子为东大山具有代表性的灌木，不但耐旱，而且其果实可提取淀粉，应大力研究其叶、花、树干的作用，充分利用并实现其经济价值。

2）青海云杉为东大山的建群树种，分布量大，长势良好，为优良的木材，且树干中含有单宁，为栲胶植物，应加大力度研究其根、叶和球果的作用，使其真正成为东大山的优势资源。

3）蒙古韭等在东大山广泛分布，其味道鲜美，为天然无污染蔬菜，但不易存放，应研究其加工方法或将其加工为成品。

4）对于东大山的经济植物资源严禁无节制地胡乱开采，应进行保护性开发，以保护其物种多样性，确保在赢得经济利益的同时，做到保护生态环境。

5）建立东大山经济植物资源数据库，以利于更好地保护与利用其经济价值。

6.3.2.2　动物物种的保护建议

2008 年和 2009 年对东大山动物资源优势种的调查结果显示，甘肃马鹿最高密度为 6.6 只/km^2，最低密度为 2.6 只/km^2，平均密度为 4.7 只/km^2，甘肃马鹿的数量在 100～150 只；岩羊最高密度达到了 58 只/km^2，整个分布区平均密度为 29 只/km^2。根据近几年的实地调查和巡山查林记录统计，甘肃马鹿的数量保持稳定，也无扩展的迹象，这可能与东大山的有林地和山柳等高大灌木林资源较少有关。岩羊的分布范围由深山区向浅山区扩展，分布高度不断下移，即使是夏季林线以下的低山地带也经常能发现岩羊的活动，岩羊的种群数量在不断扩大。究其原因：一是封山育林。自 2001 年开始，东大山实施封山育林 34km^2，禁止放牧，消除了家畜和岩羊的食物竞争，这是岩羊种群数量和分布范围不断扩大的主要原因。二是岩羊的天敌少，对种群数量缺乏有效控制和调节。历史上，东大山有雪豹的分布，自 20 世纪 80 年代后再没有发现过其活动踪迹；而狼等大型食肉动物主要活动在沙漠中，很少上山活动。目前，东大山岩羊的主要天敌是秃鹫，但其主要是在岩羊产仔季节对岩羊数量有影响。三是严厉打击盗猎活动，保护力度大，杜绝了滥捕乱猎现象。暗腹雪鸡的种群数量相比 2010 年有明显下降（通过访问调查），数量约在 3500 只以上。下降的主要原因有：一是偷猎者的猎捕（民间传说雪鸡是高级补品），二是天敌的危害（鹰）。

（1）加强保护

由于东大山地理位置的特殊性，加强法制宣传和执法队伍建设是加强保护的主要措施，同时加大资源管护基础设施建设和执法力度，杜绝盗猎现象。

（2）加强科学调控力度

由于岩羊等种群数量的急剧增加，保护和引进一些天敌和食物竞争者，如雪豹、盘羊等，有利于维护生态平衡，特别要对狼、秃鹫等严加保护，保持生物链的完整，以对岩羊种群数量进行有效的生态调控。

（3）增加物种的多样性

依据调查结果，东大山的云杉林内没有林栖的鸡类，对于某些栖息于云杉林的鸡类，这里的生态位尚未被占领。建议有计划地引种散放，以利用这里的未被占领的生态位。可以引进蓝马鸡、血雉和斑尾棒鸡等，这里的云杉林和灌丛环境是这三种鸡的理想环境，同时这三种鸡在生态要求上相互并不发生矛盾。

6.3.3　生态系统的保护建议

东大山生态系统原生性较强，是长期适应自然环境的结果，是比较接近演替顶级的较成熟的森林生态系统。由于地理位置的特殊性，阻挡了来自蒙古高原的干冷气流。因此，在生态灾难日益严重的今天，保护这片森林及周边日益恶化的生态环境，科学合理地培育后备森林资源，是建设和改善张掖市乃至甘肃省生态环境的必然选择。

6.3.3.1　扩大现有自然保护区面积

东大山周边荒漠地区在中国自然区划分级系统中区划为Ⅱ级自然带，它是不同自然地带典型的荒漠生态系统，根据建立自然保护区的条件和自然区域的主要特征，符合建立自然保护区。从生物地理学原理看，物种越多，所占面积就越大，而且按生态学物种面积函数 $S=CA^2$ 的关系式，物种 S 每增加 1 种，面积 A 都要增大数倍或数十倍。因此要保持生物多样性，面积越大越有利，故保护区面积以大者为佳。因此，我们建议把东大山周边荒漠地区列入现有的保护区内，增加保护区的面积。

6.3.3.2　社区共管

社区共管通常是指当地社区对特定自然资源的规划和使用具有一定的职责，同时也是指社区同意在持续性利用这些资源时与保护区生物多样性保护的总目标不发生矛盾。社区共管是一个发展过程，而不是一个项目，共管是建立一种保护与发展协调的机制，是一个解决矛盾和保护区与社区共同发展的过程，是一种保护区与周边社区长期共生、共存、共发展的保护区保护发展模式。为此，我们建议保护区应与周边乡镇进行协商，建立一种社区共管的机制。

6.3.3.3　封山育林

建议对东大山及周边地区采取封山禁牧的措施。经统计分析，东大山自 2000 年实施天然林保护工程以来，使 1206hm² 天保工程封山育林区的植被盖度由封育前的 15% 增加到 2016 年的 46%，每年递增约 2 个百分点。因此，对于具有特殊意义的荒漠生态区进行封山育林不失为一种有效恢复自然资源的措施。

参 考 文 献

边巴多吉，刘玉军．2009．西藏米拉山区藏药植物资源及其多样性研究［J］．安徽农业科学，37（26）：12533-12535．

边彪，周多良，孟好军，等．2006．祁连山生物多样性保护建设［J］．甘肃科技，22（11）：243-244．

柴新义，许雪峰，汪美英．2010．皖琅琊山自然保护区大型真菌群落多样性［J］．生态学报，30（6）：1508-1515．

陈大新，朱兆泉，欧阳志．2000．神农架自然保护区生物多样性特征分析［J］．湖北林业科技，1（4）：5-10．

陈服官，罗时友．1998．中国动物志（鸟纲九卷）［M］．北京．科学出版社．

陈国科，马克平．2012．生态系统受威胁等级的评估标准和方法［J］．生物多样性，20（1）：66-75．

陈西仓．2005．甘肃省国家级珍稀濒危保护植物和国家级重点保护野生植物资源［J］．中国林副特产，（6）：47-49．

陈学林，巨天珍．1996．甘南合作和肃南马蹄中国沙棘群落的物种多样性和生态优势度［J］．沙棘，（4）：3-6．

程松林，毛夷仙，袁荣斌．2013．江西武夷山西北坡的森林繁殖鸟类多样性［C］．杭州：海峡两岸鸟类学术研讨会．

丁冬荪．1997．增补国家重点保护野生昆虫名录雏议［J］．南方林业科学，（2）：20-22．

丁晓龙，潘新园，袁倩敏，等．2012．深圳松子坑森林公园鸟类多样性与群落特征研究［J］．四川动物，31（6）：983-986．

傅立国．1991．中国植物红皮书［M］．北京：科学出版社．

甘肃省林业勘察设计研究院．2001．兰州：甘肃祁连山国家级自然保护区管理局东大山自然管理站森林资源规划设计调查报告［M］．

甘肃省张掖市东大山自然保护区．1985．张掖：张掖东大山自然保护区资料汇编［M］．

甘肃省张掖市东大山自然保护区．1988．张掖：张掖东大山自然保护区资料汇编（二）［M］．

甘州区东大山自热保护区管理站．2012．张掖：东大山资源植物调查与保护利用研究［M］．

葛宝明，鲍毅新，郑祥．2004．生态学中关键种的研究综述［J］．生态学杂志，23（6）：102-106．

关佳洁，余奇，王娟，等．2014．南滚河国家级自然保护区珍稀濒危植物的分布特征［J］．西部林业科学，（3）：99-109．

郭子良，邢韶华，崔国发．2017．自然保护区物种多样性保护价值评价方法［J］．生物多样性，25（3）：312-324．

国常宁，杨建州，冯祥锦．2013．基于边际机会成本的森林环境资源价值评估研究——以森林生物多样性为例［J］．生态经济（中文版），（5）：61-65．

韩多红，朱杰，张挺峰，等．2011．东大山野生药用植物资源的利用及保护［J］．防护林科技，（2）：49-51．

韩联宪，兰道英．1996．云南高黎贡山地区鸟类多样性分布及保护［C］．北京：海峡两岸鸟类学术研讨会．

韩兴国，黄建辉，娄治平．1995. 关键种概念在生物多样性保护中的意义与存在的问题［J］. 植物学报，（s2）：168-184.

和荣华，和文清．2015. 玉龙雪山自然保护区国家重点保护野生动植物资源及保护对策［J］. 林业调查规划，40（2）：79-83.

胡志昂．2002. 生物多样性与生态系统功能的研究及有关的科学哲学问题［C］. 杭州：全国生物多样性保护与持续利用研讨会.

季蒙，童成仁，莎仁．1996. 五种荒漠珍稀濒危树种引种及育苗试验研究［J］. 内蒙古林学院学报，（1）：16-21.

贾力，赵娜．2012. 生物多样性和生态系统功能的研究历史与现状［J］. 内蒙古科技与经济，（10）：46-50.

江小雷，张卫国，严林，等．2004. 植物群落物种多样性对生态系统生产力的影响［J］. 草业学报，13（6）：8-13.

蒋志刚，马克平，韩兴国．1997. 保护生物学. 杭州：浙江科学出版社.

金山．2009. 宁夏贺兰山国家级自然保护区植物多样性及其保护研究［D］. 北京：北京林业大学博士学位论文.

金水虎，俞建，丁炳扬，等．2002. 浙江产国家重点保护野生植物（第一批）的分布与保护现状［J］. 浙江林业科技，22（2）：48-53.

巨天珍，李沛祺，王彦，等．2011. 小陇山锐齿栎群落物种多样性特征分析［J］. 中国农学通报，27（13）：67-73.

雷羚洁，孔德良，李晓明，等．2016. 植物功能性状、功能多样性与生态系统功能：进展与展望［J］. 生物多样性，24（8）：922-931.

李博，孙丽华．2016. 中国大型真菌野外采集及分类研究分析方法简述［J］. 绿色科技，（18）：176-181.

李刚，倪自银，李海春，等．2012. 张掖市东大山野生经济植物资源及其开发利用［J］. 中国林副特产，（4）：83-84.

李刚，倪自银，李海春，等．2012. 张掖市东大山野菜植物资源及其开发利用［J］. 甘肃林业，（3）：38-39.

李国峰．2011. 滇东南西隆山种子植物区系的初步研究［D］. 北京：中国科学院研究生院硕士学位论文.

李华兵，王德良．2008. 湖南天门山国家森林公园夏季鸟类资源调查及其多样性分析［J］. 江西农业学报，20（6）：101-104.

李加木．2008. 漳江口红树林国家级自然保护区水鸟生物多样性分析［J］. 林业勘察设计，（1）：72-75.

李林，周可新，郭泺．2014. 中国陆地生态系统受威胁等级评价［J］. 安全与环境学报，（2）：259-265.

李敏．2004. 沙棘在半干旱地区生物多样性保护中的作用［J］. 沙棘，17（4）：17-22.

李琦珂，惠富平．2012. 生物多样性视野中的中国传统农业科技［J］. 科学管理研究，30（4）：83-86.

李睿，章笕，章珠娥．2003. 中国竹类植物生物多样性的价值及保护进展［J］. 竹子研究汇刊，22（4）：7-12.

李思锋，祁云枝，张莹，等．2009. 西安植物园国家重点保护野生植物资源引种研究［J］. 中国农学通报，25（17）：227-232.

李晓京．2008. 北京山区森林鸟类多样性及其保护研究［D］. 北京：北京林业大学博士学位论文.

李银霞.2002.祁连山自然保护区森林生物多样性经济价值评估［D］.兰州：甘肃农业大学硕士学位论文.

李自君，邓学建，郭克疾，等.2004.天际岭森林公园夏季鸟类群落调查及多样性研究［J］.生命科学研究，（s1）：143-145.

廖彬森.2006.龙岩市国家重点保护野生植物的分布现状及保护管理建议［J］.防护林科技，（4）：82-84.

林崇良，林观样，蔡进章，等.2011.浙江乌岩岭自然保护区国家重点保护野生植物资源保护与对策［J］.海峡药学，23（4）：54-56.

刘海红，汪有奎，李世霞.2011.祁连山生物多样性保护现状与发展措施［J］.中国林业，（18）：36-36.

刘日洪，李东海.2013.文成县石垟林场国家重点保护野生植物资源现状及保护对策［J］.现代农业科技，（13）：179-180.

刘体应，刘仁林，肖活生，等.2002.齐云山自然保护区生物多样性调查分析［J］.南方林业科学，（6）：12-15.

刘贤德，王金叶.2001.祁连山生物多样性研究回顾与展望［J］.西北林学院学报，16（z1）：58-61.

刘毅，孙云逸，陈世明，等.2007.湖北星斗山国家级自然保护区生物多样性分析与保护［J］.湖北林业科技，（6）：42-45.

龙翠玲.2008.喀斯特森林林隙特征与更新［M］.北京：地质出版社.

龙翠玲.2009.茂兰喀斯特森林林隙物种多样性的动态规律［J］.山地学报，27（3）：278-284.

吕亭亭.2014.草本植物群落功能多样性与生态系统功能关系研究［D］.长春：东北师范大学硕士学位论文.

罗春雨，倪红伟，高玉慧.2007.黑龙江挠力河自然保护区生物多样性分析［J］.国土与自然资源研究，（4）：59-61.

马克平，陈灵芝，杨晓杰.1994.生态系统多样性：概念、研究内容与进展［C］.北京：首届全国生物多样性保护与持续利用研讨会.

马克平.1993.试论生物多样性的概念［J］.生物多样性，01（1）：20-22.

马克平.1994.生物群落多样性的测度方法 Ⅰ α 多样性的测度方法（上）［J］.生物多样性，02（3）：162-168.

麦金农.2000.中国鸟类野外手册［M］.长沙：湖南教育出版社.

卯晓岚.2000.中国大型真菌［M］.郑州：河南科学技术出版社.

梅小洪，郑泽仁.2010.缙云县大洋山国家重点保护野生植物资源及保护对策［J］.现代农业科技，（1）：225-225.

莫明忠.2003.云南金平分水岭国家级自然保护区珍稀濒危植物种类［J］.林业调查规划，28（3）：50-53.

牟迈，龚大洁，孙坤，等.2008.敦煌阳关自然保护区鸟类多样性调查及分析［J］.干旱区资源与环境，22（8）：111-115.

南海龙.2006.山西太岳山典型森林林隙动态研究［D］.北京：北京林业大学硕士学位论文.

倪自银.2005.张掖市东大山自热保护区生态环境现状与建设对策［J］.防护林科技，（3）：90-92.

彭少麟，陆宏芳.2003.恢复生态学焦点问题［J］.生态学报，23（7）：1249-1257.

齐敦武，王晓琴，苗苗，等.2004.四川美姑县大风顶国家级自然保护区小型兽类生物多样性分析［J］.四川动物，23（2）：108-112.

齐建文，黄志军，戴勇.2012.湖南六步溪国家级自然保护区生物多样性研究［M］.北京：中国林业出版社.

尚占环,龙瑞军.2007.生物多样性学发展中几个基本问题的探讨 [J].世界科技研究与发展,29(1):62-66.

沈才智,刘丙万.2011.生境对生物多样性影响研究进展 [J].现代农业科技,(23):305-306.

宋磊.2004.泰山森林生物多样性价值评估 [D].泰安:山东农业大学硕士学位论文.

苏日娜.2015.内蒙古高格斯台罕乌拉国家级自然保护区鸟类群落多样性及保护管理研究 [D].呼和浩特:内蒙古师范大学硕士学位论文.

索安宁,巨天珍,张俊华,等.2004.甘肃小陇山锐齿栎群落生物多样性特征分析 [J].西北植物学报,24(10):1877-1881.

田生,陈凤春,魏胜利.2008.森林经营与森林植物多样性 [J].林业勘察设计,(1):6-9.

王棒,关文彬,吴建安,等.2006.生物多样性保护的区域生态安全格局评价手段——GAP 分析 [J].水土保持研究,13(1):192-196.

王金叶,车克钧,阎文德.1996.祁连山(北坡)生物多样性分析 [J].甘肃林业科技,(2):22-27.

王天罡.2007.天津八仙山自然保护区植物多样性及其保护研究 [D].北京:北京林业大学硕士学位论文.

王献溥.1990.生态系统中关键种的确定在生物多样性保护和利用上的作用 [J].植物学报,7(4):10-12.

王智,蒋明康,秦卫华.2007.中国生物多样性重点保护区评价标准探讨 [J].生态与农村环境学报,23(3):93-96.

王忠,王瑞江.2008.广州地区种子植物区系及物种多样性研究 [C].兰州:中国植物学会七十五周年年会论文摘要汇编(1933-2008).

武素功,杨永平.1995.青藏高原高寒地区种子植物区系的研究 [J].植物分类与资源学报,17(3):233-250.

小泽.2011.森林生物多样性 [J].环境,(4):24-29.

徐成立.2007.燕山山地华北落叶松人工林林隙特征及其影响 [D].保定:河北农业大学硕士学位论文.

许再富.1995.生态系统中关键种类型及其管理对策 [J].植物分类与资源学报,17(3):331-335.

严子柱,李爱德,李得禄,等.2007.珍稀濒危保护植物蒙古扁桃的生长特性研究 [J].西北植物学报,27(3):625-628.

燕玲,李红,宋述芹.2004.干旱区五种野生观赏植物的引种栽培试验 [J].干旱区资源与环境,18(6):159-163.

杨爱莲.1996.国家重点保护野生植物名录(农业部分)通过专家论证 [J].草业科学,(4):1.

杨利民,李建东.1997.生物多样性研究的历史沿革及现代概念 [J].吉林农业大学学报,(2):109-114.

杨亮亮.2010.国家重点保护动物及国家级自然保护区地理分布特征分析 [D].北京:北京林业大学硕士学位论文.

杨全生.2009.甘肃祁连山国家级自然保护区志 [M].兰州:甘肃科学技术出版社.

杨荣金,李俊生,胡萌.2011.区域规划环评中生物多样性影响评价面临的主要障碍及解决途径 [J].环境与发展,23(10):75-77.

杨曙辉,宋天庆,欧阳作富,等.2016.基于中国农业生物多样性安全的战略思考 [J].农业科技管理,35(5):1-3.

杨莹,冯建孟.2015.藏东南墨脱地区种子植物区系的多样性及其区系组成 [J].大理学院学报,14(12):69-74.

佚名.2012.中华人民共和国国家环境保护标准 HJ623—2011 区域生物多样性评价标准 [J].油气田

环境保护，22（2）：73-74.

于永福.1999.中国野生植物保护工作的里程碑——《国家重点保护野生植物名录（第一批）》出台[J].植物杂志，（5）：4.

臧润国.1999.林隙动态与森林生物多样性[M].北京：中国林业出版社.

曾志新，罗军.1999.生物多样性的评价指标和评价标准[J].湖南林业科技，（2）：26-29.

张春光.2010.中国动物志[M].北京：科学出版社.

张荣京，邢福武，萧丽萍，等.2007.海南鹦哥岭的种子植物区系[J].生物多样性，15（4）：382-392.

张小伟.2014.IUCN濒危物种红色名录等级与IUCN濒危生态系统红色名录等级潜在关系研究——以中国两栖类与中国湿地生态系统为例[D].北京：中国科学院大学硕士学位论文.

张营，鲍敏，李若凡，等.2014.青海三江源国家级自然保护区通天河保护分区野生动物种类及区系分析[R].

张颖.2001.中国森林生物多样性价值核算研究[J].林业经济，（3）：37-42.

张玉芹.2007.河北鹫峰山风景区种子植物物种多样性及其保护性研究[D].石家庄：河北师范大学硕士学位论文.

张再霞，张华海.2010.麻阳河国家级自然保护区珍稀濒危植物种类资源及地理分布研究[J].贵州科学，28（3）：39-45.

赵勃.2005.北京山区植物多样性研究[D].北京：北京林业大学博士学位论文.

赵平，彭少麟.2000.恢复生态学——退化生态系统生物多样性恢复的有效途径[J].生态学杂志，19（1）：53-58.

郑万钧.1985.中国树木志[M].北京：中国林业出版社.

郑作新.1978.中国动物志（鸟纲四卷）[M].北京：科学出版社.

郑作新.1979.中国动物志（鸟纲二卷）[M].北京：科学出版社.

郑作新.1985.中国动物志（鸟纲八卷）[M].北京：科学出版社.

郑作新.1991.中国动物志（鸟纲六卷）[M].北京：科学出版社.

郑作新.1995.中国动物志（鸟纲十卷）[M].北京：科学出版社.

郑作新.1997.中国动物志（鸟纲一卷）[M].北京：科学出版社.

中国科学院.1954.中国植物科属检索表[M].北京：科学出版社.

中国科学院中国动物志.1998.中国动物志 鸟纲[M].北京：科学出版社.

中国科学院中国植物志委员会，傅坤俊，张振万，等.1993.中国植物志：豆科[J].

中国科学院中国植物志委员会，傅书遐，郑万钧，等.1978.中国植物志：裸子植物门[M].

中国科学院中国植物志委员会，关克俭，肖培根，等.1979.中国植物志：毛茛科[M].

中国科学院中国植物志委员会，钱崇澍，陈焕镛.1961.中国植物志[M].北京：科学出版社.

中国科学院中国植物志委员会，丘华兴，黄淑美，等.1988.中国植物志：双子叶植物纲[J].

中国科学院中国植物志委员会，张振万.1998.中国植物志：豆科（五）[M].北京：科学出版社.

周跃华.2012.关于《国家重点保护野生药材物种名录》修订之探讨[J].中国现代中药，14（9）：1-12.

朱杰，倪自银，韩多红，等.2005.东大山野生花卉资源及园林应用[J].中国林副特产，（4）：48-49.

附 录

附表 1 植物资源名录表

门	纲	目	科	属	种
蓝藻门(Cyanophyta)	蓝藻纲(Cyanophyceae)	念珠藻目(Nostocales)	念珠藻科(Nostocaceae)	念珠藻属(Nostoc)	(1)发菜(Nostoc flagelliforme Born. ex Flah.) (2)地木耳(Nostoc commune Vauch.)
蕨类植物门(Pteridophyta)	木贼纲(Equisetinae)	木贼目(Equisetales)	木贼科(Equisetaceae)	木贼属(Equisetum)	问荆(Equisetum orvese L.)
裸子植物门(Gymnospermae)	(一)松杉纲(Coniferopsida)	松杉目(Pinales)	松科(Pinaceae)	云杉属(Picea)	青海云杉(Picea crassifolia Kom.)
			柏科(Cupressaceae)	1. 刺柏属(Juniperus)	刺柏(Juniperus formosana Hayata)
				2. 圆柏属(Sabina)	(1)祁连圆柏(Sabina przewalskii Kom.) (2)叉子圆柏(Sabina vulgaris Ant.)
被子植物门(Angiospermae)	(一)双子叶植物纲(Dicotyledoneae)	杨柳目(Salicales)	杨柳科(Salicaceae)	杨属(Populus)	山杨(Populu davidiana Dode)
				柳属(Salix)	(1)杯腺柳(Salix cupularis Rehd.) (2)康定柳(Salix paraplesia Scheid) (3)吉拉柳(Salix gilasnanica C. Wang et. P. Z. fu)
		蓼目(Polygonales)	蓼科(Polygonaceae)	1. 酸模属(Rumex)	酸模(Rumex acetosa L.)
				2. 蓼属(Polygonum)	(1)萹蓄(Polygonum aviculare L.) (2)水蓼(Polygonum hydropiper L.) (3)酸膜叶蓼(Polygonum lapathifolium L.) (4)珠芽蓼(Polygonum viviparum L.)
				3. 大黄属(Rheum)	唐古特大黄(Rheum palmatum L.)

门	纲	目	科	属	种
被子植物门（Angiospermae）	（一）双子叶植物纲（Dicotyledoneae）	中央种子目（Centrospermae）	藜科（Chenopodiaceae）	1. 盐爪爪属（Kalidium）	（1）圆叶盐爪爪（Kalidium schrenkianum Bunge）
					（2）细枝盐爪爪（Kalidium gracidl Feuzel）
					（3）盐爪爪 [Kalidium foliatum（Pall.）Moq.]
					（4）尖叶盐爪爪 [Kalidium cuspidatum（Ung - Sternb.）Grub.]
				2. 滨藜属（Atriplex）	（1）西伯利亚滨藜（Atriplex sibirica L.）
					（2）中亚滨藜（Atriplex centralasiatica Iljin.）
				3. 地肤属（Kochiq）	地肤 [Kochia scoparia（L.）schrad]
				4. 碱蓬属（Suaeda）	碱蓬（Salicornia glauca Bge）
				5. 合头草属（Sympegma）	合头草（Sympegma regelii Bunge）
				6. 驼绒藜属（Ceratoides）	驼绒藜（Ceratoides latens（J. F. Gmel.）Reveal et Holmgren）
				7. 盐生草属（Halogeton）	白茎盐生草（Halogeton arachnoideus Moq）
				8. 猪毛菜属（Salsola）	珍珠猪毛菜（Salsola passerina Bunge）
			苋科（Amaranthaceae）	苋属（Amaranthus）	（1）绿苋（Amaranthus viridis L.）
					（2）反枝苋（Amaranthus retroflexus L.）
			马齿苋科（Portulacaceae）	马齿苋属（Portulaca）	马齿苋（Portulaca oleracea L.）
			石竹科（Caryophyllaceae）	1. 蝇子草属（Silene）	（1）女娄菜（Silene aprica Turcz. ex Fisch et Mey.）
					（2）蝇子草（Silene gallica Linn.）
				2. 繁缕属（Stellaria）	湿地繁缕（Stellaria uda Williams）

门	纲	目	科	属	种
被子植物门 (Angiospermae)	(一)双子叶植物纲 (Dicotyledoneae)	毛茛目 (Ranales)	毛茛科(Ranunculaceae)	1. 楼斗菜属 (Aquilegia)	楼斗菜 (Aquilegia viridiflora Pall.)
				2. 铁线莲属 (Clematis)	(1)甘肃铁线莲 [Clematis tangutica (Maxim.) Korsh.]
					(2)黄花铁线莲 (Clematis intricata Bunge.)
				3. 唐松草属 (Thalictrum)	瓣蕊唐松草 (Thalictrum petaloideum L.)
				4. 毛茛属 (Ranunculus)	毛茛 (Ranunculus japonicus Thumb.)
			小檗科(Berberidaceae)	小檗属 (Berberis)	置疑小檗 (Berberis dubia Schneid.)
			罂粟科(Papaveraceae)	紫堇属 (Corydalis)	(1)地丁草 (Corydalis bungeana Turcz)
					(2)紫堇 (Corydalis edulis Maxim)
		罂粟目 (Rhoeadales)	十字花科(Cruciferae)	1. 独行菜属 (Lepidium)	(1)独行菜 (Lepidium apetalum Willd)
					(2)宽叶独行菜 (Lepidium latifolium L.)
				2. 荠属 (Capsella)	荠菜 (Capsella bursa-pastoris L.)
				3. 播娘蒿属 (Descurainia)	播娘蒿 [Descurainia sophia (L.) Schur]
			景天科 (Crassulaceae)	瓦松属 (Orostachys)	瓦松 (Orostachys fimbratus Berger)
		蔷薇目 (Rosales)	蔷薇科(Rosaceae)	1. 栒子属 (Cotoneaster)	灰栒子 (Cotoneaster acutifolius Turcz.)
				2. 蔷薇属 (Rosa)	(1)山刺玫 (Rosa davurica Pall.)
					(2)黄刺玫 (Rosa xanthina Lindl.)
					(3)多花蔷薇 (Rosa multiflora Thumb.)
				3. 委陵菜属 (Potentilla)	(1)鹅绒委陵菜 (Potentilla anserine L.)
					(2)朝天委陵菜 (Potentilla supina L.)
					(3)大萼委陵菜 (Potentilla conferta Bge.)
					(4)二裂委陵 (Potentilla bifurca L.)
					(5)多茎委陵菜 (Potentilla multicaulis Bge.)
					(6)金露梅 (Potentilla fruticosa L.)
					(7)银露梅 (Potentilla glabra Lodd.)

门	纲	目	科	属	种
被子植物门 (Angiospermae)	(一)双子叶植物纲 (Dicotyledoneae)	蔷薇目 (Rosales)	蔷薇科 (Rosaceae)	4. 蛇莓属 (Duchesnea)	蛇莓 [Duchesnea indica (Andrews) Focke]
				5. 桃属 (Amygdalus)	蒙古扁桃 [Amygdalus mongolica (Maxim) Ricker]
				6. 杏属 (Armeniaca)	山杏(siberian apricot)
			豆科 (Leguminosae)	1. 野决明属 (Thermopsis)	(1)高山黄华 [Thermopsis alpina(pall)Ledeb]
					(2)披针叶黄华 (Thermopsis lanceolata R. Br.)
				2. 草木樨属 (Melilotus)	(1)黄香草木樨 (Melilotus officinalis (L.) Pall.)
					(2)白香草木樨 [Melilotus officinalis (L.) Desr.]
				3. 苦马豆属 (Sphaerophysa)	苦马豆 [Sphaerophysa salsula(Pall.) DC.]
				4. 锦鸡儿属 (Caragana)	(1)高山锦鸡儿 (Caragana alpina Liou f.)
					(2)甘蒙锦鸡儿 (Cardganq gansnensis Pojark)
					(3)鬼箭锦鸡儿 (Caragana jubata (Pall.) Poir.)
				5. 米口袋属 (Gueldenstaedtia)	米口袋 (Gueldenstaedtia multiflora Bge.)
				6. 甘草属 (Glycyrrhiza)	甘草 (Glycyrrhiza uralensis Fisch.)
				7. 岩黄耆属 (Hedysarum)	红花岩黄芪(Hedysarum multijngmu Maxim in Ball.)
				8. 棘豆属 (Oxytropis)	(1)小花棘豆 (Oxytxopis glabra DC.)
					(2)甘肃棘豆 (Oxytropis kansaensis Bunge.)
		牻牛儿苗目 (Geraniales)	牻牛儿苗科 (Geraniaceae)	老鹳草属 (Geranium)	老鹳草 (Geranium wilfordii Maxim.)
			蒺藜科 (Zygophyllaceae)	1. 白刺属 (Nitraria)	(1)白刺 (Nitiaria tangutorum Bolor)
					(2)小果白刺 (Nitraria sibirica Pall.)
					(3)泡泡刺 (Nitraria sphaerocarpa Maxim.)
				2. 骆驼蓬属 (Peganum)	骆驼蓬 (Peganum harmala L.)

门	纲	目	科	属	种
被子植物门（Angiospermae）	（一）双子叶植物纲（Dicotyledoneae）	芸香目（Rutales）	远志科（Polygalaceae）	远志属（Polygala）	西伯利亚远志（Polygala sibibirica L.）
		大戟目（Euphorbiales）	大戟科（Euphorbiaceae）	大戟属（Euphorbia）	狼毒（Euphorbia fischeriana Steud.）
		锦葵目（Malvales）	锦葵科（Malvaceae）	1. 锦葵属（Malva）	冬葵（Malva crispa Linn.）
				2. 蜀葵属（Althaea）	蜀葵（Alcea rosea L.）
		侧膜胎座目（Parietales）	柽柳科（Tamaricaceae）	1. 柽柳属（Tamarix）	柽柳（Tamarix chinensis Lour）
				2. 红砂属（Reaumu）	红砂[Reaumuria songarica（Pall.）Maxim.]
			胡颓子科（Elaeagnaceae）	胡颓子属（Elaeagnus）	沙枣（Elaeagnus angustifolia L.）
		桃金娘目（Myrtiflorae）	柳叶菜科（Onagraceae）	柳叶菜属（Epilobium）	柳兰（Epilobium angustifolium L.）
		伞形目（Umbelliflorae）	伞形科（Umbelliferae）	1. 变豆菜属（Sanicula）	山芹菜（Sanicula lamelligera Hance）
				2. 柴胡属（Bupleurum）	北柴胡（Bupleurum chinense DC.）
				3. 水芹属（Oenanthe）	水芹[Oenanthe javanica（Bl.）DC]
				4. 茴香属（Foeniculum）	茴香（Foeniculum vulgare Mill.）
				5. 阿魏属（Ferula）	硬阿魏（Ferula bungeana Kitagawa.）
				6. 胡萝卜属（Daucus）	野胡萝卜（Daucus carota L.）
				7. 防风属（Saposhnikonia）	防风[Saposhnikonia divaricata（Turcz.）Schischk]
		报春花目（Primulales）	报春花科（Primulaceae）	点地梅属（Androsace）	（1）直立点地梅（Androsace erecta Maxim） （2）西藏点地梅（Androsace mariae Kanitz）
		白花丹目（Plumbaginales）	白花丹科（Plumbaginaceae）	补血草属（Limonium）	黄花补血草[Limonium aureum（L.）Hill]
		捩花目（Contortae）	龙胆科（Gentianaceae）	龙胆属（Gentiana）	秦艽（Gentiana macrophylla Pall.）
		管状花目（Tubiflorae）	旋花科（Convolvulaceae）	旋花属（Convolvulus）	（1）田旋花（Convolvulus arvensis L.） （2）打碗花（Calystegia hederacea Wall.）
			紫草科（Boraginaceae）	鹤虱属（Lappula）	鹤虱（Lappula myosotis riwolf）

门	纲	目	科	属	种
被子植物门（Angiospermae）	（一）双子叶植物纲（Dicotyledoneae）	管状花目（Tubiflorae）	唇形科（Labiatae）	1. 荆芥属（Nepeta）	荆芥（Nepeta cataria L.）
				2. 紫苏属（Perilla）	紫苏（Perilla frutescens L.）
				3. 薄荷属（Mentha）	薄荷（Mentha haplocalyx Brig）
			茄科（Solanaceae）	枸杞属（Lycium）	枸杞（Lycium barbarum L.）
			玄参科（Scrophulariaceae）	马先蒿属（Pedicularis）	(1) 皱褶马先蒿（Pedicularis plicata Maxim）
					(2) 甘肃马先蒿（Pedicularis kansuensis Maxim）
		车前目（Plantaginales）	车前科（Plantaginaceae）	车前属（Plantago）	(1) 平车前（Platago depressa Willd.）
					(2) 车前（Plantago asiatica）
		茜草目（Rubiales）	茜草科（Rubiaceae）	1. 拉拉藤属（Galium）	(1) 蓬子菜（Galium verum L.）
					(2) 猪殃殃（Gallium aparinel L.）
				2. 茜草属（Rubia）	茜草（Rubia cordifolia L.）
			忍冬科（Caprifoliaceae）	忍冬属（Lonicera）	陇塞忍冬（Lonicera tangutica Maxim）
			败酱科（Valerianaceae）	缬草属（Valeriana）	小缬草（Valeriana tagulica batal）
		桔梗目（Campanulales）	桔梗科（Campanulaceae）	沙参属（Adenophora）	长柱沙参（Adenophora stenanthindla Tagawa）
			菊科（Compositae）	1. 紫菀木属（Aster）	中亚紫菀木（Asteroth-amnus centrali-asiaticus）
				2. 火绒草属（Leontopodium）	高山火绒草（Leontopodium alpinum L.）
				3. 香青属（Anaphalis）	乳白香青（Anaphalis lactea Maxim）
				4. 旋覆花属（Inula）	欧亚旋覆花（Inula britanica L.）
				5. 蒿属（Artemisia）	(1) 茵陈蒿（Artemisia annua L.）
					(2) 艾蒿（Artemisia argyi Levl. et Van. var. argyi）
					(3) 黄花蒿（Artemisia annua L.）
					(4) 冷蒿（Artemisia frigida Willd.）
				6. 千里光属（Seneci）	北千里光（Senecio dubitabilis）

门	纲	目	科	属	种
被子植物门（Angiospermae）	（一）双子叶植物纲（Dicotyledoneae）	桔梗目（Campanulales）	菊科（Compositae）	7. 牛蒡属（Arctium）	牛蒡（Arctium lappa L.）
				8. 蓟属（Cirsium）	刺儿菜［Cirsium setosum（Willd.）MB.］
				9. 蒲公英属（Taraxacum）	蒲公英（Taraxacum mongolicum Hand- Mazz）
				10. 苦苣菜属（Sonchus）	（1）苦苣菜（Sonchus oleraceus L.） （2）苣荬菜（onchus brachyotus DC.）
				11. 莴苣属（Lagedium）	山莴苣［Lagedium sibiricum（L.）Sojak］
		百合目（Liliflorae）	百合科（Liliaceae）	1. 百合属（Lilium）	山丹（Lilium pumilum DC）
				2. 葱属（Allium）	（1）高山韭（Allium sikkimense L.） （2）蒙古韭（Allium mongolicum L.） （3）天蓝韭（Allium cyaneum L.） （4）唐古韭（Allium tanguticum L.） （5）山韭（Allium senescens L.） （6）野葱（Allium chrysanthum L.） （7）多根葱（Allium polyrhizum Turcz. Ex Regel）
			鸢尾科（Iridaceae）	鸢尾属（Iris）	（1）鸢尾（Iris tectorum Maxim.） （2）马蔺［Iris lactea Pall. var. chinensis（Fisch）Koidz.］
		禾本目（Graminales）	禾本科（Gramineae）	1. 早熟禾属（Poa）	早熟禾（Poa annua L.）
				2. 冰草属（Agropyron）	冰草［Agropyron cristatum（L.）Gaertn.］
				3. 赖草属（Leymus）	赖草［Leymus secalinus（Georgi）Tzvel.］
				4. 针茅属（Stipa）	（1）短花针茅（Stipa breviflora Griseb.） （2）克氏针茅（Stipa krylovii Roshev）
				5. 芨芨草属（Achnatherum）	（1）醉马草［Achnatherum inebrians（Hance）Keng］ （2）芨芨草［Achnatherum splendens（Trin.）Nevski］
		莎草目（Cyperales）	莎草科（Cyperaceae）	薹草属（Carex）	直穗薹草（Carex orthostachys C. A. Mey.）

附 录

附表 2　动物资源名录表

纲	目	科	属	种
哺乳纲 (Mammalia)	(一)偶蹄目 (Artiodactyla)	1. 牛科 (vidae)	岩羊属 (Pseudois)	岩羊 (Pseudois nayaur)
		2. 鹿科 (Cervidae)	鹿属 (Cervus)	甘肃马鹿 (Cervus elaphus kansuensis)
	(二)兔形目 (Lagomorpha)	鼠兔科 (Ochotonidae)	鼠兔属 (Ochotonidae Ochotona)	鼠兔 (Ochotonidae)
	(三)啮齿目 (Rodentia)	松鼠科 (Sciuridae)	旱獭属 (Marmota)	土拨鼠 (Prairie dog)
	(四)食肉目 (Carnivora)	1. 犬科 (Canidae)	狐属 (Vulpes)	狐 (Vulpes)
		2. 猫科 (Felidae)	(1)猞猁属 (Lynx)	猞猁 (Lynx lynx)
			(2)豹猫属 (Prionailurus)	豹猫 (Prionailurus bengalensis)
鸟纲 (Aves)	(一)鹈形目 (Pelecaniformes)	鸬鹚科 (Phalacrocoracidae)	鸬鹚属 (Phalacrocorax)	普通鸬鹚 (Phalacrocorax carbo)
	(二)雁形目 (Anseriformes)	鸭科 (Anatidae)	(1)麻鸭属 (Tadorna)	赤麻鸭 (Tadorna ferruginea)
			(2)鸭属 (Anas)	绿翅鸭 (Anas crecca) 琵嘴鸭 (Anas clypeata)
	(三)隼形目 (Falconiformes)	1. 隼科 (Falconidae)	隼属 (Falco)	①红隼 (Falco tinnunculus) ②燕隼 (Falco subbuteo)
		2. 鹰科 (Accipitridae)	(1)鹰属 (Accipiter)	鹰 (别名鸢) (Aquila)
			(2)真雕属 (Aquila)	金雕 (Aquila chrysaetos)
	(四)鸡形目 (Galliformes)	雉科 (Phasianidae)	(1)雪鸡属 (Tetraogallus)	暗腹雪鸡 (Tetraogallus himalayensis)
			(2)石鸡属 (Alectoris)	石鸡 (Alectoris chukar)
			(3)山鹑属 (Perdix)	斑翅山鹑 (Perdix dauurica)
	(五)鸻形目 (Charadriiformes)	鹬科 (Scolopacidae)	(1)鹬属 (Tringa)	①林鹬 (Tringa glareola) ②矶鹬 (Actitis hypoleucos) ③白腰草鹬 (Tringa ochropus)
			(2)滨鹬属 (Calidris)	①长趾滨鹬 (Calidris subminuta) ②乌脚滨鹬 (Calidris temminckii) ③弯嘴滨鹬 (Curlew sandpiper)

纲	目	科	属	种
鸟纲 (Aves)	(六) 鸽形目 (Columbiformes)	1. 沙鸡科 (Pteroclidae)	沙鸡属 (Pterocles)	毛腿沙鸡 (Syrrhaptes paradoxus)
		2. 鸠鸽科 (Columbidae)	鸽属 (Columba)	岩鸽 (Columba rupestris)
	(七) 鹃形目 (Cuculiformes)	杜鹃科 (Cuculidae)	杜鹃属 (Cuculus)	大杜鹃 (Cuculus canorus)
	(八) 鸮形目 (Strigiformes)	鸱鸮科 (Strigidae)	小鸮属 (Athene)	纵纹腹小鸮 (Athene noctua)
	(九) 雨燕目 (Apodiformes)	雨燕科 (Apodidia)	雨燕属 (Apus)	楼燕 (Apus apus)
	(十) 佛法僧目 (Coraciiformes)	戴胜科 (Upupidae)	戴胜属 (Upupa)	戴胜 (Upupa epops)
	(十一) 䴕形目 (Piciformes)	啄木鸟科 (Picidae)	啄木鸟属 (Dendrocopos)	斑啄木鸟 (Dendrocopos major)
	(十二) 雀形目 (Passeriformes)	1. 百灵科 (Alaudidae)	短趾百灵属 (Calandrella)	亚洲短趾百灵 (Calandrella cheleensis)
			凤头百灵属 (Galerida)	凤头百灵 (Galerida cristata)
			角百灵属 (Eremophila)	角百灵 (Eremophila alpestris)
		2. 燕科 (Hirundinidae)	燕属 (Hirundo)	家燕 (Hirundo rustica)
			毛脚燕属 (Delichon)	白腹毛脚燕 (Delichon urbicum)
		3. 鹡鸰科 (Motacillidae)	(1) 鹡鸰属 (Motacilla)	①黄鹡鸰 (Motacilla flava) ②黄头鹡鸰 (Motacilla citreola) ③灰鹡鸰 (Motacilla cinerea) ④白鹡鸰 (Motacilla alba)
			(2) 鹨属 (Anthus)	①田鹨 (Anthus richardi) ②草地鹨 (Anthus pratensis) ③水鹨 (Anthus spinoletta)
		4. 伯劳科 (Laniidae)	伯劳属 (Lanius)	①红尾伯劳 (Lanius cristatus) ②灰背伯劳 (Lanius tephronotus)
		5. 椋鸟科 (Sturnidae)	椋鸟属 (Sturnus)	灰椋鸟 (Sturnus cinereus)

纲	目	科	属	种
鸟纲 (Aves)	(十二) 雀形目 (Passeriformes)	6. 鸦科 (Corvidae)	喜鹊属 (Pica)	喜鹊 (Pica pica)
			拟地鸦属 (Pseudopodoces)	地山雀 (Pseudopodoces humilis)
			山鸦属 (Pyrrhocorax)	红嘴山鸦 (Pyrrhocorax pyrrhocorax)
			鸦属 (Corvus)	大嘴乌鸦 (Corvus macrorhynchos)
		7. 岩鹨科 (Prunellidea)	岩鹨属 (Prunella)	①褐岩鹨 (Prunella fulvescens) ②棕胸岩鹨 (Prunella strophiata)
		8. 鹟科 (Muscicapidae) 8.1 鸫亚科 (Turdinae)	(1) 红尾鸲属 (Phoenicurus)	①贺兰山红尾鸲 (Phoenicurus alaschanicus) ②白喉红尾鸲 (Phoenicurus schisticeps)
			(2) 䳭属 (Oenanthe)	①沙䳭 (Oenanthe isabellina) ②漠䳭 (Oenanthe deserti) ③白顶䳭 (Oenanthe hispanica)
			(3) 矶鸫属 (Monticola)	白背矶鸫 (Monticola saxatilis)
			(4) 鸫属 (Turdus)	①棕背鸫 (Turdus kessleri) ②赤颈鸫 (Turdus ruficollis) ③斑鸫 (Turdus naumanni)
		8.2 画眉亚科 (Timaliinae)	噪鹛属 (Garrulax)	①山噪鹛 (Garrulax davidi) ②橙翅噪鹛 (Garrulax elliotii)
		8.3 莺亚科 (Sylviinae)	(1) 柳莺属 (Phylloscopus)	①黄腹柳莺 (Phylloscopus affinis) ②黄眉柳莺 (Phylloscopus inornatus) ③黄腰柳莺 (Phylloscopus proregulus)
			(2) 戴菊属 (Regulus)	戴菊 (Regulus regulus)
			(3) 凤头雀莺属 (Lophobasileus)	凤头雀莺 (Lophobasileus elegans)
			(4) 雀莺属 (Leptopoecile)	花彩雀莺 (Leptopoecile sophiae)

纲	目	科	属	种
鸟纲（Aves）	（十二）雀形目（Passeriformes）	9. 山雀科（Paridae）	山雀属（Parus）	①黑冠山雀（Parus rubidiventris） ②褐头山雀（Parus montanus）
		10. 䴓科（Sittidae）	䴓属（Sitta）	黑头䴓（Sitta villosa）
		11. 旋壁雀科（Tichodromidae）	旋壁雀属（Tichodroma）	红翅旋壁雀（Tichodroma muraria）
		12. 旋木雀科（Certhiidae）	旋木雀属（Certhia）	普通旋木雀（Certhia familiaris）
		13. 文鸟科（Ploceidae）	麻雀属（Passer）	树麻雀（Passer montanus）
		14. 雀科（Frinfillidea） 14.1 雀亚科（Frinfi linea）	（1）金翅雀属（Carduelis）	金翅雀（Carduelis sinica）
			（2）朱雀属（Carpodacus）	①拟大朱雀（Carpodacus rubicilloides） ②红眉朱雀（Carpodacus pulcherrimus） ③普通朱雀（Carpodacus erythrinus） ④白眉朱雀（Carpodacus thura）
			（3）交嘴雀属（Loxia）	红交嘴雀（Loxia curirostra）
		14.2 锡嘴雀亚科（Coccothrauslinae）	拟蜡嘴雀属（Mycerobas）	白翅拟蜡嘴雀（Mycerobas carnipes）
		14.3 鹀亚科（Emberizinae）	鹀属（Emberiza）	①白头鹀（Emberiza leucocephalos） ②白眉鹀（Emberiza tristrami） ③灰眉岩鹀（Emberiza cia） ④田鹀（Emberiza rustica） ⑤红颈苇鹀（Emberiza yessoensis）
爬行纲（Reptilia）	有鳞目（Squamata）	1. 游蛇科（Colubridae）	锦蛇属（Elaphe）	白条锦蛇（Elaphe dione）
		2. 蝰蛇科（Viperidae）	蝮蛇属（Agkistrodon）	蝮蛇（Agkistrodon halys）
		3. 蜥蜴科（Lacertidae）	麻蜥属（Eremias）	荒漠麻蜥（Eremias przewalskii）
		4. 鬣蜥科（Agamidae）	沙蜥属（Phrynocephalus）	荒漠沙蜥（Phrynocephalus przewalskii）

附表 3 真菌资源名录表

目	科	属	种
伞菌目 (Agaricales)	1. 球盖菇科(Strophariaceae)	1. 球盖菇属(Stropharia)	(1) 皱环球盖菇[S. coronila (Fr. ex Bull.) Quél]
			(2) 半球盖菇[S. semiglibata (Batsch. : Fr.) Qué]
		2. 环锈伞属(Phouota)	(1) 黄伞[P. adiposa (Fr.) Quél]
			(2) 黄褐环绣伞[P. spumosa (Fr.) Sing]
		3. 光盖伞属(Psilocybe)	粪生光盖伞[P. coprophila (Bull. : Fr.) Kummer]
	2. 光柄菇科(Pluteaceae)	草菇属(Voluariella)	小草菇[V. pusilla (Pers. : Fr.) Sing]
	3. 白蘑科(Tricholomataceae)	1. 白蘑属(Tricholoma)	草黄口蘑[T. lascivum(Fr.) Gillet]
		2. 灰假杯伞属(Pseudoclitocybe)	灰假杯伞[P. cyathiformis(Bull. Fr.) Sing]
		3. 杯伞属(Clitocybe)	(1) 污白杯伞[C. gilva(Pers. : Fr.) Kummer]
			(2) 卷边杯伞[C. inversa(Scop. : Fr.) Quél]
		4. 蜜环菌属(Armillaria)	北方蜜环菌(A. cf. borealis Marxmüller &Korhonen)
		5. 小皮伞属(Marasmius)	蒜叶小皮伞(M. alliaceus Fr)
		6. 球果伞属(Strobilurus)	污白松果伞[S. trullisatus (Murr.) Lennox]
		7. 口蘑属(Tricholoma)	黄褐口蘑[T. fulvum (DC. : Fr.) Rea]
		8. 小皮伞属(Marasmius)	橙黄小皮伞[M. ordeades(gartn. et;Fr. Quel]
		9 铦囊蘑属(Melanoleuca)	草生铦囊菌[M. graminicola (Vel.) Kuhn. Mre]
	蘑菇科(Agaricaceae)	蘑菇属(Agaricus)	(1) 蘑菇 (A. campestris L. : Fr.)
			(2) 假根蘑菇(A. radicata Vittadini Sensu Bres)
			(3) 双环林地蘑菇 (A. placomyces Peck)
			(4) 拟双环地蘑菇(A. sp.)
			(5) 双孢蘑菇[A. bisporus (Large) Sing]

目	科	属	种
伞菌目 (Agaricales)	鬼伞科 (Psathyrellaceae)	1. 白鬼伞属 (Leucocoprinus)	雪白鬼伞 [L. cepaetipes(Sow. : Fr.) Part.]
		2. 花褶伞属 (Panaeolus)	(1) 黄褐花褶 [P. foeniseeii (Pers. : Fr.) Maire.]
			(2) 粘盖花褶伞 [P. phalenarum (Fr.) Quél.]
			(3) 花褶伞 (P. retirugis Fr. Gill.)
			(4) 钟形花褶伞 [P. campanulatus (L.) Fr.]
		3. 鬼伞属 (Coprinus)	(1) 长根鬼伞 [C. macrorhizus (Pers. : Fr.) Rea.]
			(2) 褶纹鬼伞 [C. plicatilis (Curt: Fr.) Fr.]
			(3) 粪鬼伞 (C. stergulinus Fr.)
			(4) 毛头鬼伞 [C. comat(Mull. : Fr.) Gray]
		4. 小脆柄菇属 (Psathyrella)	(1) 草地小脆柄菇 [P. lompestris (Earl.) Smith]
			(2) 白黄小脆柄菇 [P. candolleana (Fr.) A. H. Smith]
	粪锈伞科 (Bolbitiaceae)	粪锈伞属 (Bolbitius)	粪锈伞 . [B. vitellinus (Pers. : Fr)]
	锈伞科 (Cortinariaceae)	田头菇属 (Agrocybe)	田头菇 [A. praecox (Pers. : Fr.) Fayod]
	丝膜菌科 (Cortinariaceae)	1. 丝膜菌属 (Cortinarius)	(1) 黄褐丝膜菌 (C. decoloratus F)
			(2) 紫丝膜菌 (C. purpurascens Fr)
			(3) 白紫丝膜菌 [C. albonilaceus (Pers. : Fr.) Fr]
		2. 丝盖伞属 (Inocybe)	粗鳞丝盖伞 [I. alamistrata (Fr.) Gill]
	蜡伞科 (Hygrophoraceae)	湿伞属 (Hygrocybe)	小红湿伞 [H. miniatus (Fr.) Kummer]
	小皮伞科 (Marasmiaceae)	皮伞属 (Marasmius)	硬柄小皮伞 [M. oreades (Bolt. : Fr.)]
鬼笔目 (Phallales)	鬼笔科 (Phallaceae)	多孔菌属 (Polyporus)	多变拟多孔菌 [P. varius (Pers. : Fr.) Karst]
多孔菌目 (Polyporales)	褐褶菌科 (Gloeophyllaceae)	褐褶菌属 (Gloeophyllum)	褐褶菌 [G. striatum (Swartz. : Fr.)]
非褶菌目 (Aphyllophorales)	多孔菌科 (Gloeophyllaceae)	大孔菌属 (Favolus)	(1) 棱孔菌 [F. alveolaris (DC. : Fr.) Quél.]
			(2) 漏斗大孔菌 [F. arcularius (Batsch : Fr.) Ames]

目	科	属	种
灰锤目 (Tilostoraatales)	灰锤科 (Tulistomataceae)	柄灰锤属 (Tulostoma)	(1) 柄灰锤 (T. brumale Pers)
			(2) 白柄灰锤 (T. ajourdanii Pat)
		灰锤属 (Schizostoma)	裂顶柄灰锤 (S. laceratus Ehrenb)
灰包目 (Lycoperdales)	地星科 (Geastraceae)	地星属 (Geastru)	(1) 毛嘴地星 [G. fimbriatum (Fr.) Fischer.]
			(2) 尖顶地星 [G. triplex (Jungh.) Fisch.]
			(3) 粉红地星 (G. fescens Pers.)
马勃菌目 (Lycoperdales)	马勃菌科 (Sclerodermataceae)	马勃属 (Discased)	小马勃 (Lycoperdon pusillus Batsch:Pers.)
蜡钉菌目 (Helotiales)	地舌菌科 (Geoglossaceae)	地勺菌属 (Spathularia)	黄地勺菌 (S. flavida Pers. :Fr)
盘菌目 (Pezizales)	盘菌科 (Pezizaceae)	盘菌属 (Peziza)	(2) 茶褐盘菌 (P. praeternisa Bers)
			(2) 粪缘刺盘菌 [Cheilymenia coprinaria (Cooke) Boud.]
	羊肚菌科 (Morchellaceae)	羊肚菌属 (Morchella)	黑脉羊肚菌 (M. angusticeps Peck)
	马鞍菌科 (Helvellaceae)	1. 马鞍菌属 (Helvella)	(1) 黑马鞍菌 (H. atra Holmsk:Fr.)
			(2) 马鞍菌 (H. elastic Bull. :Fr.)
		2. 根盘菌属 (Rhizina)	波状根盘菌 (R. undulata Fr.)

彩 图

(a)

(b)

(c)

(d)

(e)

(f)

彩图　东大山风景

彩图 3-1　青海云杉

（ *Picea crassifolia* Kom. ）

彩图 3-2　祁连圆柏

（ *Sabina przewalskii* ）

彩图 3-3　叉子圆柏

（ *Sabina vulgaris* Ant. ）

彩图 3-4　中麻黄

（ *Ephedra intermedia* Schrenk ex Mey. ）

彩图 3-5　吉拉柳

（ *Salix gilasnanica* C. Wang et. P. Z. fu ）

彩图 3-6　珠芽蓼

（ *Polygonum viviparum* L. ）

彩图 3-7　盐爪爪

[*Kalidium foliatum*（Pall.）Moq.]

彩图 3-8　地肤

[*Kochiq scoparia*（L.）Schrad]

彩图 3-9　驼绒藜

[*Ceratoides latens*（J. F. Gmel.）Reveal et Holmgren]

彩图 3-10　马齿苋

（ *Portulaca oleracea* L.）

彩图 3-11　甘青铁线莲

[*Clematis tangutica*（Maxim.）Korsh.]

彩图 3-12　独行菜

（ *Lepidium apetalum* ）

彩图 3-13　播娘蒿

[*Descurainia sophia*（L.）Schur]

彩图 3-14　鹅绒委陵菜

（ *Potentilla anserina* L.）

彩图 3-15 二裂委陵菜

（*Potentilla bifurca* L. ）

彩图 3-16 多裂委陵菜

（*Potentilla multicaulis* Bge. ）

彩图 3-17 金露梅

（*Potentilla fruticosa* L. ）

彩图 3-18 银露梅

（*Potentilla glabra* Lodd. ）

彩图 3-19 蒙古扁桃

［*Amygdalus mongolica*（Maxim）Ricker］

彩图 3-20 披针叶黄华

（*Thermopsis lanceolata* R. Br. ）

彩图 3-21 苦马豆

［*Sphaerophysa salsula*（Pall. ）Dc. ］

彩图 3-22 高山锦鸡儿

（*Caragana alpina* Liou f. ）

彩图 3-23 甘草

（*Glycyrrhiza uralensis*）

彩图 3-24 红花岩黄芪

（*Hedysarum multijugum* Maxim.）

彩图 3-25 老鹳草

（*Geranium wilfordii* Maxim）

彩图 3-26 骆驼蓬

（*Peganum harmala* L.）

彩图 3-27 狼毒

（*Stellera chamaejasme* L.）

彩图 3-28 红砂

［*Reaumuria songarica*（Pall.）Maxim.］

彩图 3-29 柳兰

（*Epilobium angustifolium* L.）

彩图 3-30 西藏点地梅

（*Androsace mariae* Kanitz）

彩图 3-31　黄花补血草
［*Limonium aureum*（L.）Hill］

彩图 3-32　秦艽
（*Gentiana macrophylla* Pall）

彩图 3-33　甘肃马先蒿
（*Pedicularis kansuensis* Maxim）

彩图 3-34　车前
（*Patago asiatical*）

彩图 3-35　猪殃殃
（*Gallium aparinel* L.）

彩图 3-36　中亚紫菀木
（*Asterothamnus centrali-asiaticus*）

彩图 3-37　高山火绒草
（*Leontopodium alpinum* L.）

彩图 3-38　茵陈蒿
（*Artemisia capillaris*）

彩图 3-39　蒲公英

（*Taraxacum mongolicum* Hand-Mazz）

彩图 3-40　山丹花

（*Lilium pumilum* DC）

彩图 3-41　天蓝韭

（*Allium cyaneum* L.）

彩图 3-42　马蔺

［*Iris lactea* Pall. var. *chinensis*（Fisch.）Koidz.］

彩图 3-43　醉马草

［*Achnatherum inebrians*（Hance）Keng］

彩图 4-1　岩羊

（*Pseudois nayaur*）

彩图 4-2　甘肃马鹿

（*Cexvas elaphus kansuensis*）

彩图 4-3　狐

（*Vulpes*）

彩图 4-4 猞猁

(*Lynx lynx*)

彩图 4-5 普通鸬鹚

(*Phalacrocorax carbo*)

彩图 4-6 赤麻鸭

(*Tadorna ferruginea*)

彩图 4-7 绿翅鸭

(*Anas crecca*)

彩图 4-8 红隼

(*Falco tinnunculus*)

彩图 4-9 暗腹雪鸡

(*Tetraogallus himalayensis*)

彩图 4-10 矶鹬

(*Actitis hypoleucos*)

彩图 4-11 白腰草鹬

(*Tringa ochropus*)

彩图 4-12 大杜鹃

（*Cuculus canoru*）

彩图 4-13 纵纹腹小鸮

（*Athene noctus*）

彩图 4-14 戴胜

（*Upupa epops*）

彩图 4-15 斑啄木鸟

（*Dendrocopos major*）

彩图 4-16 亚洲短趾百灵

（*Calandrella cheleensis*）

彩图 4-17 家燕

（*Hirundo rustica*）

彩图 4-18 黄鹡鸰

（*Motacilla flava*）

彩图 4-19 白鹡鸰

（*Motacilla alba*）

彩图 4-20　红尾伯劳

（*Lanius cristatus*）

彩图 4-21　喜鹊

（*Pica pica*）

彩图 4-22　金翅雀

（*Carduelis sinica*）

彩图 4-23　白条锦蛇

（*Elaphe dione*）

彩图 4-24　蝮蛇

（*Agkistrodon halys*）

彩图 5-1　草黄口蘑

［*Tricholoma lascivum*（Fr.）Gillet］

彩图 5-2　蘑菇

（*Agaricus campesteris* L.；Fr.）

彩图 5-3　双环林地蘑菇

（*Agaricus placomyces* Peck）

彩图 5-4　草地小脆柄菇

[*Psathyrella lompestris*（Earl.）Smith]

彩图 5-5　紫丝膜菌

（*Cortinarius purpurascens* Fr.）

彩图 5-6　白紫丝膜菌

[*Cortinarius albovilaceus*（Pers.：Fr.）Fr]